绳结技艺入门手册

数十种常用绳结的制作方法，使你一学即会

结绳大全

梁云滢　编译

光明日报出版社

图书在版编目（CIP）数据

结绳大全 / 梁云滢编译 . -- 北京：光明日报出版社，2012.6（2025.1 重印）

ISBN 978-7-5112-2361-6

Ⅰ. ①结… Ⅱ. ①梁… Ⅲ. ①绳结—手工艺品—制作—图解 Ⅳ. ① TS935.5-64

中国国家版本馆 CIP 数据核字 (2012) 第 075516 号

结绳大全

JIESHENG DAQUAN

编　　译：梁云滢

责任编辑：李　娟　　　　责任校对：日　央

封面设计：玥婷设计　　　　封面印制：曹　净

出版发行：光明日报出版社

地　　址：北京市西城区永安路 106 号，100050

电　　话：010-63169890（咨询），010-63131930（邮购）

传　　真：010-63131930

网　　址：http://book.gmw.cn

E - mail：gmrbcbs@gmw.cn

法律顾问：北京市兰台律师事务所龚柳方律师

印　刷：三河市嵩川印刷有限公司

装　订：三河市嵩川印刷有限公司

本书如有破损、缺页、装订错误，请与本社联系调换，电话：010-63131930

开　本：170mm × 240mm

字　数：200 千字　　　　印　张：15

版　次：2012 年 6 月第 1 版　　　　印　次：2025 年 1 月第 3 次印刷

书　号：ISBN 978-7-5112-2361-6

定　价：49.80 元

前　言

PREFACE

在日常生活中，我们常常需要用结绳来实现各种目的，比如通过结绳把盛有面粉的口袋系起来，但这是最简单的结了，稍微复杂一些的呢？比如，搬家时如何把一摞书捆起来而不至于掉东掉西？钓鱼时如何把钓线绑在钓钩上？驾船出海时如何固定或升降船帆，以及如何系锚？可以说，生活中的方方面面都需要我们懂得一些结绳技巧，可见它有着极高的实用价值。同时，结绳也是一种很有意思的消遣活动，是一项颇具艺术创造力的活动。通过用不同颜色、不同类型的绳索，我们可以制作出各种美观漂亮的装饰结。你可以制作一个漂亮的席垫放在自家客厅的大理石桌上，还可以用色彩美观的绳索为自己打一个手链或钥匙链，等等。

不仅如此，结绳还可以锻炼我们的动手能力，启发心智，正如著名格言所说："人的智慧在手指尖上。"同时，结绳有助于我们充分发挥想象力和创造力，从而提高我们的创新思维能力。而这也正是每年都有大量新式绳结问世的原因所在。

本书详细介绍了近200种绳结的制作方法，几乎囊括了所有的绳结种类，包括捆绑结、套结、缠结、绳环、席垫和吊索等。书中既有简单的单结、拇指结，又有较为复杂的抓结、中式纽扣结和各式土耳其方结等。每一种绳结都配有步骤说明图和文字说明，一个步骤一个图片，清晰而直观，简单易学。此外，本书还系统介绍了绳结的历史和基本知识，包括绳结的历史渊源，用于制作绳索的材料，绳索的拉伸强度，以及绳索的保养，等等。本书内容详实、全面，直观而实用，是一部有关结绳技法的百科全书。

使用说明

本书内容丰富，体例简明，介绍了近200种绳结的制作技巧。书中还配有大量的图片，并附有详细的步骤说明，可以为读者提供更加直观的信息。

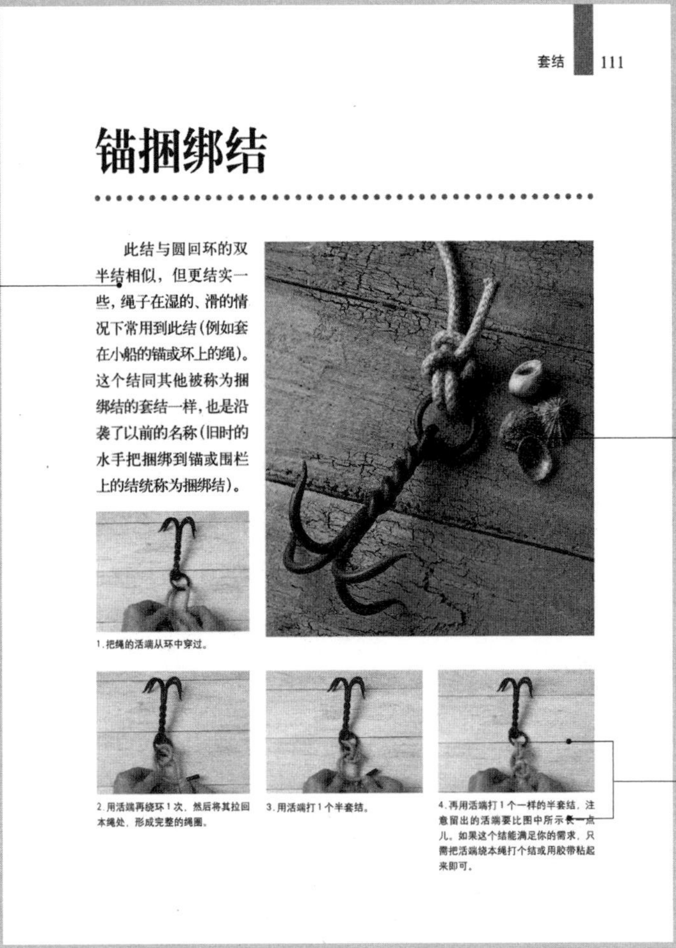
套结 111

锚捆绑结

此结与圆回环的双半结相似，但更结实一些，绳子在湿的、滑的情况下常用到此结（例如套在小船的锚或环上的绳）。这个结同其他被称为捆绑结的套结一样，也是沿袭了以前的名称（旧时的水手把捆绑到锚或围栏上的结统称为捆绑结）。

1.把绳的活端从环中穿过。

2.用活端再绕环1次，然后将其拉回本绳处，形成完整的绳圈。

3.用活端打1个半套结。

4.再用活端打1个一样的半套结，注意留出的活端要比图中所示长一点儿。如果这个结能满足你的需求，只需把活端绕本绳打个结或用胶带粘起来即可。

正文向读者解释每一个绳结的历史来源以及用处。

展示绳结完成后的完整形状，可作为参考。

图片和步骤：详细介绍每一步骤具体的操作方法。

目　录

CONTENTS

绳结基本知识

对于多数的普通人，即使是对最简单的绳结技艺也知之甚少。

——R. M. 阿布拉翰姆，《冬夜里的消遣》，1932 年

绳结是一种古老的艺术，也是一种很有意思的消遣活动。在文字产生之前，人们用结绳记事的方法来帮助记忆。如今，虽然绳结的这一功能逐渐消失，但它在生产和生活的各个领域中所具有的实用性和工艺装饰性却越来越为人们所认识、开发和利用。

大多数人都能学会如何打结并能形成自己特别的打结技巧。人们可以根据不同的需要，不同的绳索质地，不同的编结方法，创造出各种不同种类的绳结。

本章详细介绍了与绳结有关的基本知识，包括绳结的历史、来源和使用，怎样切割与保养，绳结的技术术语与相关工具。虽然并没有具体讲解绳结的打法，但本章是学习绳结技法的基础。

绳结的历史、来源和使用

充满艺术美感的几何图案绳结。

当人类还住在洞穴里的时候，就开始打绳结了。20 世纪 60 年代，美国作家赛勒斯·劳伦斯·德认为史前（也许几百万年前）时期人们就学会了打绳结，当时人们刚学会如何用火和耕地，刚发明了轮子，刚知道如何利用风能。不幸的是，对于绳结没有留下任何有形的证据，有关专家猜测最初的打结材料是藤、动物身体上的肌腱或是成条的生兽皮。至今为止最可信的资料是考古学家发现的绳结和绳索，这些绳结和绳索是 30 万年前的人们用不易腐烂的材料制成的。我们通过探查史前人类的足迹，研究在其上发现的将近 1 万年以前的网、钓鱼线、护身符和衣服的碎片，能确定新石器时代的人们已经会使用包括单结、半扣结、平结、双套结和连续活索在内的多种绳结。

他们用这些绳结来诱捕动物、拖拉重物，可能也将其用做外科手术的吊索，或用其来勒死突袭的敌人或是献祭时的牲畜。新石器时代出现在瑞士的人是优秀的制索者和纺织者，他们知道如何在渔网上编网打结（有点类似绳结），而且他们很快就认识到网袋可以用来罩在玻璃的鱼漂上以保护鱼漂（这种鱼漂后来曾一度被用来挂在远航舰队的刺网和漂流网上，现在还能在许多水边咖啡馆找到）。人类有史可载时便有几何图案的绳结了，这种打法传承自史前时期。

⊙绳结的知识

在绳上打结是远古时期人们用来记录日期、事件和宗谱的方法，这使得人类的知识和传奇故事得以传下来。比如在祈祷和忏悔时用绳结来帮助记忆，或是用绳结来记录交易的情况和内容。所以念珠和算盘都有可能来源于绳结。古秘鲁的印加人用龙舌兰和龙舌兰属植物来制绳，这样的绳索非常结实，可以用来系山谷中的悬索桥。除此之外他们还会制作漂亮的纺织品。由于没有文字，印加人依靠绳索的颜色和打结的穗子来记事，这种方法称为奎普（盖丘亚族：奎普＝打结），他们用这种方法来进行十进制的记数和管理方圆 5000 千米的地区。

用网袋保护起来的古玻璃鱼漂。

在夏威夷，直到 1822 年，仍有不识字的收税者使用符木来记录所收缴的岛上居民的税款，他们通过在 800 余米的绳索上打结来记录账目，不同颜色和材料的结分别代表美元、肥猪、狗、檀香木和其他物品。

很可惜，古埃及文化中很少提及绳结技艺。不过我们知道他们用古希腊数学家毕达哥拉斯（公元前 580 年～公元前 500 年）的公式解决了实际的测量和建造问题，即通过在绳上打等距的 12 个结，再把绳折成边长分别为 3、4、5 的三角形来解决问题。

套了针织套的玻璃瓶和水瓶，以及索具装配员的帆布工具包。

在古希腊的传说中，戈耳尔迪人打的结是一个谜。戈迪斯是迈达斯的父亲，原本是一个农民，后被推为佛吉里亚的国王。在故事的开始，他把满载货物的货车用皮制的绳索系在神殿上，献给宙斯。问题是这个结打得很复杂，没有人能解开。宙斯宣称无论谁解开这个结，就可以成为亚洲之王。亚历山大大帝曾试图解开这个结，却很快失去了耐心，就用剑砍开了这个结，就如“快刀斩乱麻”这句俗语来形容迅速地解决复杂的问题。

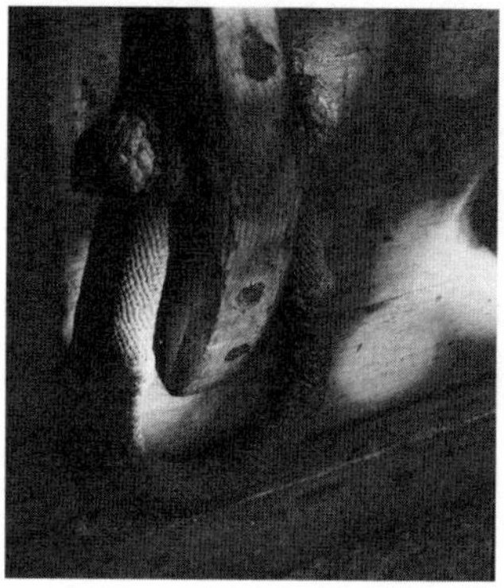
水手装饰柜的捻环。

⊙水手和牛仔

不是只有船上才需要绳结（如今这种需要已经越来越少了），也不是只有水手才能促进绳结的发展，虽然绳结确实是在 18、19 世纪时由于水手们的使用而得到了快速的发展，从当时水手柜子上的捻环就能想象他们利用业余时间制作装饰性绳结的情景。在此后不到 150 年的时间，牛仔也可以制作出各种复杂的绳结和编织物。在陆地上，绳结一直是那些从事贸易和特殊行业的人的有用工具，比如渔民、编篮人、打铃人、书籍装订者、建筑工人、屠夫、马车夫、补鞋匠、牛仔、码头工人（海边）、放鹰人、农夫、消防人员、渔夫、珠宝制作者、磨坊主、小贩、索具装配员（马戏团和剧院）、店员、士兵、高空作业者、搬运工、外科医生等。

用绳子制作的毛掸子和敦实的门挡（用绳子制成）曾经很流行，几乎家家户户都有。

⊙巫师和医师

在古代人们需要用到大量的绳结，绳结被认为有一些超自然的特性，巫师就经常利用绳结来达到自己的目的。具有传奇色彩的古希腊诗人荷马（生活在公元前 8 世纪的盲人游吟诗人）在他的诗中也曾写到埃俄罗斯（风神）给了奥德修斯一个扎紧了袋口的“风袋”。

码头工人货车上的挂钩，也可以作为断肢的海盗的辅助工具。

古希腊哲学家柏拉图（公元前 428 年～公元前 347 年）很厌恶绳结神秘的一面，所以他在法典里写道：“那些利用绳结来施魔术和骗人的人应当处以死刑。”到了1718年，法国的波尔多参议院还曾因某人用绳结来蛊惑一家人而把此人判处火刑。

罗马科学家和历史学家普林尼·埃德在他的《自然史》一书中写道：“用大力士结（也称帆索结和方结）可以更好地愈合烧伤的伤口。”实际上在学习急救的方法时，大家往往也会学到用此结来做吊索和绑绷带。

经典的绳结船挡。

公元4世纪希腊帕加马的医生奥瑞巴斯所收藏的医疗用具中就有18种绳结，这些绳结早在3个世纪以前就被赫克拉斯称为外科结。但很遗憾没有留下图片，这些绳结中包括单结、帆索结、双套结、活索、渔人结、水壶结、瓶吊索、傻子汤姆结、猫咪摇篮结、真爱结和营造结等。

早在斯堪维尼亚时代，当一对夫妻认为他们的孩子已经足够多了时，就常会把他们的最后一个孩子叫作Knut（结的意思），想以此来控制生育。在一些地方，人们认为在一根细绳上打结可以治疗疣，一个疣打一个结，然后把细绳扔掉，而第一个捡到此绳的人就会被传染上疣。

最早的纹章结是撒克逊的一个首领海尔沃德·威克——他在公元1071年打败了侵略者威廉——用在大帆船上的捆绑结。在纹章学里，这种结也称为威克结。

富于浪漫色彩的真爱结在公元1495年后才在英国的文学作品中出现。尽管没有证据证明确实存在这样的一种结，但现在那些在结身上有两个互锁部分的绳结，也被称为真爱结。

⊙经典的结

是谁发明了这些经典的结？一些简单的结，可能会在世界各地同时出现。例如某人捡起一条绳子或带子，无聊地摆弄，然后就制作出了这样的结，而这些结又因各国的商人或是侵略者而传到国外去了。你可以想象出绳结的传播过程，例如，水罐或水瓶的吊索结，从一只手传到另一只手，一个世纪传到另一个世纪。

材料

每根大缆是由3根绳以左手系(S形)拧成。每根绳又是由3股子绳以左手系拧起来而成，而每股子绳则是由无数根植物纤维纺成的子线以右手系（顺时针）拧成的。

从石器时代起人们就利用一切可得的材料来制绳。1万年前的欧洲狩猎者种植的庄稼中就有一种不是用来吃，而是专门用来制绳的材料，这就是亚麻。古埃及和波斯人也用纸莎草和亚麻来制绳。甚至连发情的猩猩也会将藤打结，用以荡来荡去。

随着历史的发展，人们逐渐改良制绳的材料，并将绳索应用于各个方面：绳索使人类得以探索深穴，在深井里寻找燃料和矿石，背着背包在崎岖的路上行走，捕捉野兽，驯服动物，给马套上马具，远渡重洋寻宝、从商、开拓殖民地等。绳索也可以集中劳工的力量搬运巨石建造金字塔，可以作为索具使中世纪的泥瓦匠建起哥特式的天主教堂和城堡。

⊙植物纤维绳索

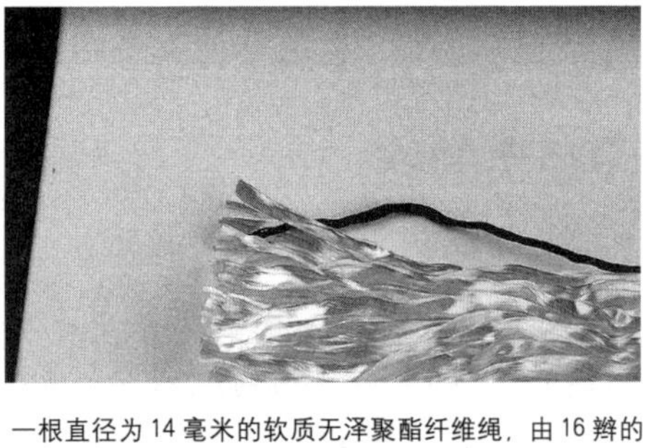

一根直径为14毫米的软质无泽聚酯纤维绳，由16辫的绳壳以及数千高韧性的聚酯纤维组成的缆式绳芯组成。

正如我们知道的，19世纪人们从亚麻和黄麻的根茎、剑麻和大麻的叶片中提取相应成分来制绳。制绳的纤维种类多种多样，有籽（棉籽）、富含纤维的可可壳（椰子壳纤维）、马和骆驼（甚至是人的）的毛发、海藻、芦苇、细茎针草、

植物纤维绳结的自然成分。

天然纤维绳。

羊毛、丝。

因为这些材料是天然的，所以用这些材料制成的绳索也称为天然纤维绳索。这些纤维是以顺时针（或右手系）方向纺成的，可以织成长长的丝。把这些丝沿逆时针方向拧成1股，最后再把这样的3股绳沿顺时针（右手系）方向拧，就变成一根标准的绳子了。

⊙天然纤维绳

有些怀旧的人希望系方索的帆船仍然存在，他们对那些被替代的植物纤维绳自然的清香和金棕色的淡影很怀念。然而，随着合成（人造）纤维绳的出现，天然纤维绳的缺点变得不容忽视。无论多粗的天然纤维绳，比起合成纤维绳来说，总显得强度不够。

天然纤维绳索不耐磨，而且易生霉菌、易腐烂、易遭到虫害，遇湿会膨胀（此时绳结就不易解开），在零度以下会结冰，这些都会使其韧性受到损害、变脆，使绳摸起来很粗糙。

天然纤维绳的原料有限，价格又比较高，所以现在天然纤维绳已经很少使用了，除非在特定的情况下（如拍舞台剧，装配一条古典木船，设计室内舞台，装饰海上酒吧、俱乐部、饭店的窗户）才会用到这种绳索，以

剑麻纤维结实并多毛，触感柔软。

增添古典韵味。然而，一些人（这些人因为鼓励人们使用天然纤维绳而被指责为浪费资源）预言，未来我们可以通过种植可再生的植物来获得原料，使天然的纤维绳索在不破坏生态平衡的前提下，再次进入人们的视野。

剑麻制的绳现在仍用于许多地方；孩子们在学校体育馆里攀爬的绳就是由柔软的大麻制成的，它们的质量很好。椰壳纤维绳可以用做船挡，而专业装配索具的人使用的防风雨的绳（由大麻中提取的纤维制成，上面涂上焦油再绕成团）现在仍有售卖，而且各种尺寸都有。

绳索的长度不再受制绳场地的限制。

以前的绳最长也只有

制绳的场地周长那么长（由制绳棚的长度或宽度决定），当然也可以把两三根绳接起来用。现代机器已经克服了这个缺点，可制出各种长度的合成纤维绳。

⊙合成（人造）纤维绳

20 世纪 30 年代的化学家研制的合成纤维绳的主要种类如下：质量非常好的连续的多纤维丝，具有标准的圆截面，其平均直径不超过 50 微米；单纤维丝则比较粗糙，个别直径还会超过 50 微米；不连续型纤维绳（长度从 2 厘米到 2 米不等），由长度不等的多纤维丝或单纤维丝组成。平窄的带状细绳由经过压制的纤维膜片制成。这种绳绕成的绳球通常能在五金店买到，而一些大一点的园艺用或农用绳球和管纱（圆柱形的卷轴）则需要到专门的园艺中心才能买到。

不管什么尺寸的合成纤维绳都比相应的植物纤维绳更结实并且更轻。一根 3 股线拧起来的尼龙绳比同样的马尼拉麻绳要结实 2 倍，而长度为同样的马尼拉麻绳 4 ～ 5 倍的尼龙绳却只有马尼拉麻绳的一半重。合成纤维绳还可以染色（各种颜色都行）。合成纤维绳即使受潮也能有同样的韧性，

人造绳比天然的纤维绳更光滑、结实。

有很强的拉伸强度并能抵抗突然的冲击。合成纤维绳虽然不像天然纤维绳容易受一些自然因素的影响而变得不结实，但却易受由摩擦产生的热的影响，其受热易软化、熔化，甚至断裂。

最常见的人造材料是：聚酰胺（尼龙）——最结实的人造绳，聚酯（其中最常见的是涤纶和涤纶织物），聚丙烯、聚乙烯——通常以合股线球的形式售卖，还有“神奇纤维”（凯夫拉尔、达尼马、光谱）——代表了制绳技术的最前沿。尼龙有两种等级：尼龙 66，由杜·彭在实验室里发现的，它是制绳工业第一种性能优良并有可继承性能的人造纤维，另一种是尼龙 6，是由 I.G. 法布尼德特后来研制出来的。涤纶是由印花印刷协会在英国投资研制出来的。

人造材料

“神奇纤维”

凯夫拉尔——早在 1965 年杜·彭就发现了这种材料。这种材料由有机聚合体组成，不会受潮和腐烂。相同重量的凯夫拉尔绳的强度是尼龙绳的 2 倍，但是弹性低，现已替代了金属丝式的升降索。光谱或称河普（商标的名字），是生产超轻聚乙烯的应用化学公司的产品（以达尼马和旗舰 2000 为标志），这种材料于 1985 年上市，以拉伸强度比不锈钢还高而出名，将来也许还会取代凯夫拉尔，其价格虽然很高，但对追求竞争和安全的海上赛艇和登山者来说还是值得的，但这种材料的绳不适合打结。

聚酰胺（尼龙）

由聚酰胺制成的绳索是所有的人造绳索中最结实的（但受潮后绳的强度会降低 10%～15%），而且价格比聚酯绳索低。它极有弹性，在荷载的情况下可伸长 10%～40%，卸载后可恢复原始强度，所以适宜用做泊船绳索、拖索和登山绳索。但在狭小的洞穴和拥挤的停泊处不宜使用这种绳索。此外，因尼龙绳不会漂浮，所以也常用来固定游艇的锚。选用尼龙绳时，最好选用白色的，因为染色大约会降低其 10% 的纤维强度（而且染色绳价格更高）。尼龙绳的熔点高达 260℃，不会因为熔化而断裂。但尼龙和所有的合成材料一样，在比熔点低得多的温度下就会软化并不可恢复其强度，所以使用时要注意。聚酰胺可以抵抗碱（也可抵抗少量酸的作用）、油、有机溶剂的作用。它还有一定的抵抗光化学反应的能力，如由阳光中的紫外线导致的退化、磨损。尼龙绳常作为拖绳用于深海中并广泛用于近海油田中。

■ 聚酯（涤纶和涤纶织物）

聚酯绳的强度约为尼龙绳的 3/4（不过不受潮湿与否的影响），弹性不到尼龙绳的一半，如在制作过程中预先拉伸的话，会失去其本身具有的弹性。聚酯一般用来制作固定索具、帆脚索、升降索。聚酯绳的弹性虽然不尽如人意，不过其拉伸强度很高，甚至可以取代金属丝。聚酯可以抗酸（以及少许碱）、油和有机溶剂的作用，它和尼龙绳一样不会漂浮，而且和尼龙绳有同样高的熔点，可以抵抗阳光照射，不过聚酯绳更耐磨一点。

■ 聚乙烯

聚乙烯绳价格便宜、密度小（但在水中刚好可以漂浮），不能伸长，相当耐磨，而且在 4 种聚合材料中熔点最低。聚乙烯绳一般在五金商店里以合股线团的形式售卖，常用于钓鱼业，但因太硬没有弹性而不容易打成结。

■ 聚丙烯

聚丙烯绳的价格和性能介于植物纤维绳和最好的人造纤维绳（尼龙、涤纶）之间。其形式多样，可由多纤维丝、单纤维丝、分级纤维和分裂薄膜等品种制成。在五金店、DIY 店均有各式各样的聚丙烯绳售卖。聚丙烯绳断裂强度大概为尼龙绳的 1/3 到 1/2，熔点很低，大约为 150℃，当温度达到 150℃时绳索就会断裂而完全失去作用。但因聚丙烯绳的重量在所有合成绳中最轻，能漂浮，所以是滑水运动的拖索和安全绳的最佳选择。聚丙烯绳完全不会腐烂，能抵抗大多数的酸、碱和油的作用，但漂白剂和一些工业溶剂会对其产生不利影响。一些质量不够好的聚丙烯绳在阳光直射下会改变其性质。喜欢传统绳索的人可以选择一种由聚丙烯制成的仿大麻浅棕色绳，这种绳质量可靠、耐磨，而且其价钱比天然纤维绳便宜。

绳的种类

植物纤维一般都比较短，只能纺在一起绕成长长的线再用来制绳。无数的纤维末端使绳索多毛并容易被抓紧。而合成纤维非常长，可从长绳的一端延伸到另一端，所以人造绳是光滑的，除非故意把合成纤维弄断变短，使之具有天然绳索易抓紧的特点。纤维和线的数目越多，制成的绳就越粗。一般来说，如果一根绳的直径是另一根绳的 2 倍，它的强度就约是另一根绳的 4 倍（强度与绳的截面积成正比）。

⊙绞绳

绞绳之所以会出现几何外观，并且强度和弹性都非常好是由于在其制作过程中使用了拧绞的工艺。在这个过程中如果使用的力小，制得的绳就会松软柔韧（软绞绳），反之，制得的绳就会坚硬结实（硬绞绳）。硬绞绳更耐磨，但是软绞绳更适合用来打结。3 股绞绳就能拧成一根标准的缆，3 根缆以左手系拧起来就成了一根 9 股的索。4 股（横桅索）的绳不太常见，而且需要用纱线绳芯来填充绳索中间的空隙。左手系的缆（右手系的索）

主要的绳索种类（具体说明见第 24 页）

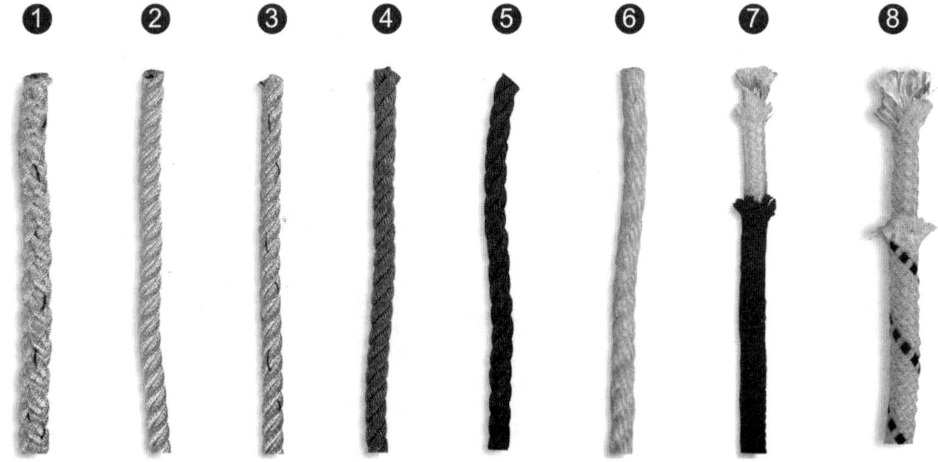

都比较少见。纺织工人和编绳者都习惯用S形和Z形来代表左手系和右手系的绳索。

⊙编织绳

除了小尺寸的旗帜升降索和窗帘的拉绳外，植物纤维编织绳是比较少见的。这种绳常用于合成工艺，因为其比较适合合成8股或16股的编织绳。它比绞绳弹性好，而且不易被拉长。编织绳不会扭绞，即使在荷载作用下也是这样（绞绳则相反）。有些编织绳是中空的，但大部分都加有绳芯，而且因为绳壳具有抗摩擦、耐磨损、抗光、抗化学物等特性，所以编织绳更结实。绳芯有不同类型，能搭配不同绳壳。里外都是编织绳的绳索是所有绳中最结实的，其用途也最广泛。

⊙辫形绳

8～16股绳（通常是尼龙绳），成对编织在一起就可以制成超大型油轮的停泊曲绳。

⊙绳壳和绳芯

登山绳是一种特制的绳索，通常是指欧洲国家设计的夹心绳（有绳芯、绳壳）。静力绳要承受登山者的全部重量以及登山时通常会出现的磨损、抻拉和短暂坠落的力。动力绳用做安全绳，一般是不承受荷载的，但应有

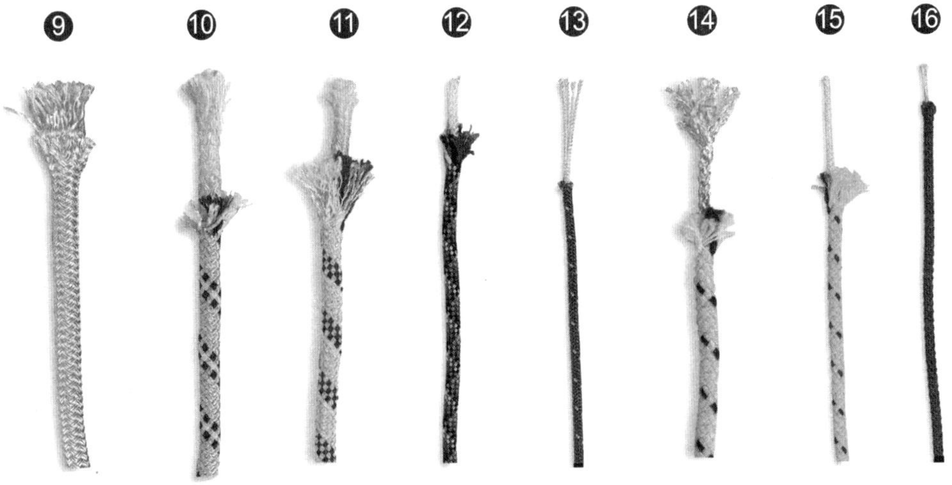

很好的弹性和强度，能够承受潜在的、突然的下坠和旋转。一般单根绳的直径约是 11 毫米，偏差约为 5 毫米，而半根绳直径约是 9 毫米，偏差约为 2 毫米，一般是两根绳一组。登山绳应有较高的熔点，以抵抗因沿绳下滑和拴绳摩擦所产生的热量。如需查找这些绳索的详细特性和专业意见请见 UIAA（国际登山联合协会）的认定标签。

可用做吊索或其他用途的夹心绳，一般直径为 4 ~ 11 毫米。编织的尼龙带绳直径为 10 ~ 75 毫米，但 25 毫米的更为常见。管状的带子外形像平的中空管，易弯曲所以易打结和处理，但扁平的编织绳，有点像汽车的安全带，有更高的强度，更坚硬，更耐磨损。背带、皮带、吊索都是多种多样的，并且价格不贵，是用于绑扎汽车行李架的最好工具。

主要的绳索种类

1. 8股的尼龙编织锚绳，直径约16毫米。

2. 3股的尼龙缆绳，直径约14毫米。

3. 3股的聚酯缆绳，直径约14毫米。

4. 3股的纺织的聚酯缆绳，直径约14毫米（与天然纤维绳相似）。

5. 3股的单纤维聚丙烯缆绳，直径约14毫米。

6. 3股的织成分类聚丙烯缆绳，直径约14毫米。

7. 16辫的无泽聚酯绳，内外都是辫形绳，有特别的绳芯（16辫里包8辫），共有3层，直径约16毫米。

8. 8辫的无泽聚酯绳，内外都是辫形绳，有2层绳芯，直径约16毫米。

9. 16辫的先拉聚酯绳，内外都是辫形绳，（有8辫的绳芯），直径约16毫米。

10. 16辫的达尼马绳，内外都是辫形绳，有2层绳芯，直径约12毫米。

11. 16辫的达尼马绳，内外都是辫形绳，有2层绳芯，直径约10毫米。

12. 16辫的聚丙烯绳，内外都是辫形绳，有坚硬的8辫绳芯，直径约9毫米。

13. 16辫的聚酯绳，有绳壳和绳芯（有4个3股线的绳芯），直径约6毫米。

14. 8辫的无泽聚酯绳，内外都是辫形绳，有8辫的绳芯，直径约10毫米。

15. 8辫的多纤维聚丙烯绳，内外都是辫形绳，有8辫的绳芯，直径约8毫米。

16. 8辫的经过预拉处理的聚酯绳，有绳壳和绳芯（有3个3股线的绳芯），直径约6毫米。

断裂强度（拉伸强度）

绳索说明书里一般都有表格列出每种品种和规格的绳索的平均最小断裂强度。但是，生产商不同，说明书里的数据也各不相同，因为这些数据主要是由生产商的实验设备和方法来决定的。

⊙规格

产品的规格往往并不固定。举例来说，为特定的市场制作的停泊绳，应该是由有弹性的尼龙绳芯和耐磨的聚酯绳壳组成的，但市场上的很多绳索质量要差很多，价格也便宜得多。不过，我们还是可以对主要绳索进行大致的评估：直径为 4 毫米的尼龙纤维制成的 3 股绳或 8 股的辫形绳最小断裂强度大约为 320 千克，能承受两个 159 千克的日本相扑手的拔河比赛；而同样直径标准的 3 股线的聚酯绳索的断裂强度则要略低些，大约为 295 千克；经预拉处理过的 8 辫结构的聚酯绳，其断裂强度可达到 450 千克；同样直径的聚丙烯绳的断裂强度从 140 千克到 430 千克不等。相同直径的聚乙烯绳索的断裂强度为 185 千克，同样直径的达尼马、旗舰 2000 或光谱的断裂强度高达 650 千

植物纤维绳的强度要比合成纤维绳强度差一些，并且使用寿命要短。

克。天然纤维要达到此强度，马尼拉麻绳要增加25%的直径，达到5毫米，剑麻绳要增加33.3%的直径，达到6毫米。

⊙粗绳索

直径为10毫米的细3股线缆绳的绳索的最小断裂强度可达到2400千克。同等的聚酯绳强度要小一些，大约为2120千克，聚丙烯绳约为1382千克，聚乙烯绳约为1090千克。达尼马、旗舰2000或光谱品牌的绳索可达到4000千克。同样尺寸的马尼拉麻绳只能达到710千克，剑麻绳只能达到635千克。

最后，直径为24毫米的绳，断裂强度如下：尼龙为13吨，聚酯为10吨，聚丙烯为8吨，聚乙烯为6吨，达尼马、旗舰2000或光谱品牌的绳索可高达20吨。最好的马尼拉麻绳直径尺寸要扩大2倍（4倍的强度）才能达到以上强度。

⊙小结

以上这些数据都不考虑磨损、拉扯（打结也不考虑在内）、损坏、使用不当（如承受突然下坠的重物、过度摩擦）所产生的力。一般的安全工作荷载要比断裂强度低——是断裂强度的1/5～1/7，所以一般要买比所需强度高好几倍的合成纤维绳，例如需要的是直径为4毫米的绳，则最好购买直径为25毫米的绳。而且小直径的绳即使能承受一定的荷载，

合成纤维绳比植物纤维绳更结实，而且使用寿命更长。

也不能让人很好地抓握和提起。

绳结制作者通常无须知道绳索的分子结构和实验数据。但出于安全考虑，探索洞穴者、攀岩者、飞行员（包括滑翔机和机动滑翔机）和参与有风险活动的人（包括宇航员和海底探险者）都应从绳索制造商那里获得所需的技术数据。对于大多数使用者来说，对绳索的主要品种有个大概的了解，就能在购买的时候选择适当的绳索。

合成纤维绳与天然纤维绳对照表

	天然纤维绳				合成纤维绳			
	剑麻	棉	大麻	马尼拉麻	聚乙烯	聚丙烯	聚酯	聚酰胺
冲击荷载	●	●	●●●	●●	●	●●●	●●	●●●●
可操作性	●	●●●●	●●●	●●	●●●	●●●	●●●●	●●●●
耐久性	●	●●	●●●●	●●●	●●	●●●	●●●●	●●●●
抗腐烂性	●	●	●	●	●●●●	●●●●	●●●●	●●●●
抗紫外线	●●●●	●●●●	●●●●	●●●●	●●	●	●●●●	●●
抗酸性	●	●	●	●	●●●●	●●●●	●●●●	●●●●
抗碱性	●●	●●	●●	●●	●●●●	●●●●	●●●●	●●●●
抗磨损	●●	●●	●●●	●●●	●●	●●	●●●●	●●●●
贮存条件	干燥	干燥	干燥	干燥	潮湿或干燥	潮湿或干燥	潮湿或干燥	潮湿或干燥
浮力	下沉	下沉	下沉	下沉	（刚好）浮起	浮起	下沉	下沉
熔点	不受影响	不受影响	不受影响	不受影响	大约128℃	大约150℃	大约245℃	大约250℃

说明：●差 ●●可接受 ●●●好 ●●●●优秀

注意：绳索可能在低于熔点20%～30%时就软化并使强度变低。

绳索的保养

保养绳索注意以下几点：不要让绳索或细线（棉线、细丝、细绳）在阳光下曝晒；避免化学污染（如汽车电池酸液）；合成纤维绳要避免摩擦生热，远离火星、氧乙炔切割火焰及各种燃烧物；不要让湿绳结冰。绳索要保存在阴凉、干燥、通风的地方，存放环境的相对湿度应为40%～60%，温度为10～20℃。绳索脏了要清洗，去除上面摩擦纤维的粗沙，并让其自然晾干。同样的道理，在航海结束时，要把绳索放在淡水里浸泡，去除上面的盐晶体。在不良的环境里使用绳索或是使用不合适的导索器、夹板都会造成绳索的磨损，不过无论是日常使用还是同一位置重复使用，受到一定程度的磨损是不可避免的。即使再小心保存，长期不用的绳索也会因为时间太久而变得不结实。

帆索结卷绳

如果使用者不希望到达目的地时绳索绞成一团，可以将绳索像这样卷起来运输。

阿尔卑斯卷绳

登山者喜欢用这种方式携带他们的绳索。

⊙检查绳索

定期检查绳索，在光线良好处一米一米地加以检查，查出松散、磨损、有断线或断股的地方。绳索上起毛是不可避免的，只要稍加保护就可以避免进一步的磨

8 字卷绳
开商店的人喜欢用这种方式收挂绳索，这样可以清楚地看到绳索卷绕的顺序。

损。在受到化学污染的地方会出现污点或是发生软化。

受热造成的损坏比较难检查出来，除非绳索已经熔断或者出现焦黄色。绳芯的磨损可以通过平放绳索比较绳芯的几股线来检查，但是辫形绳就比较难查出来（特别当绳芯已被磨损，强度降低，而绳壳磨损较少时）。所以在对辫形绳做风险评估时就需要把绳索的近期使用记录纳入考虑范围。绳索的直径减小或股与股之间角度改变时会使强度降低（一般由拉伸引起）。绳壳和绳芯可能会发生分离。用于攀登和提拉的绳索一旦出现老化现象就不能再使用了，以免造成危险。每根绳都应有相应的使用日志，记录其工作情况。公共俱乐部的绳索（即任何人在任何时候都能借用）应在使用 2 ~ 3 年后弃之不用，私人的绳索在使用 4 ~ 5 年后，就只能用做教授打结或攀爬之外的其他用途了。

绳索似乎也有自己的“心思”，在尚可很好使用时，它有时也会难以操控，有小小的“脾气”；相反，当绳索变得柔软、“顺从”、易操作时，却只能弃之不用。不要踩、拧、扭绞绳索或使它们从高处坠落，应该把它们松松地卷起来挂在钉子上。

消防员卷绳
这种方法非常简单，值得推广。

工具

准备一把锋利的工艺刀用来切割绳索，剪刀只用来剪细绳或合股线。本书中的绳结都可以直接用手收紧，或用圆珠笔的笔尖辅助。只有少数的结（如土耳其方头结）可能需要用到下面图中的一两件工具（为了更容易打结）。

⊙紧锥

紧锥由绳索工艺人斯达特 · 格兰格手工制成，有点像小的瑞典木钉，有精巧的可附合股线的尖端，打绳结时可把绳拉出来。这种工具有两种尺寸，一种应用于直径为 7 毫米的绳索，另一种应用于直径为 12 毫米的绳索。

⊙网针

这是用来保存细线的，有缠绕细线的线轴，可以防止细线乱成一团。尺寸从小的 11.5 厘米到大的 30 厘米，或是更大的都有。避免购买粗糙的制品，应选用打磨过的光滑网针。一般来说，卖主会向你示范这种工具的使用方法。

⊙圆形镊

圆形镊用于收紧绳结的交叉部分。该工具在许多五金店或是 DIY 店都有卖。购买时应该选择合适的尺寸：小尺寸的（称为珠宝镊）约有 10 厘米长，大的大概有 15 厘米长。

⊙瑞典紧锥

一般用来戳绳结以获得使合股线能塞进去或是拉出来的空隙。可从游艇零售商或是绳索商处买到，尺寸从 15 厘米到 38 厘米以上不等。

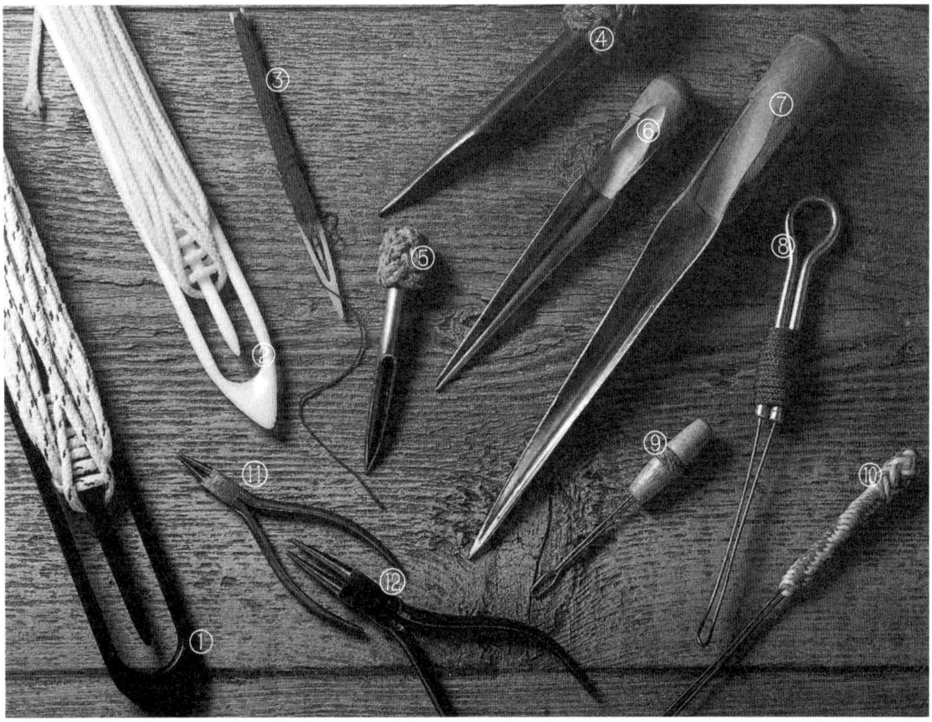

用图中所示的工具制作绳结更为方便（具体说明见本页“主要的工具”）。

⊙金属圈

金属圈是人工制作的，用坚硬而有弹性的金属丝制成，直径一般为0.25厘米，也有更细的。用于把线塞进绳结内，处理细线时可作为紧锥的替代物。紧锥最初是用硬木制成的长钉，可在古董店或是小木具市场找到。

主要的工具

- 1. 网针（大号）。
- 2. 网针（中号）。
- 3. 网针（小号）。
- 4. 紧锥（大号）。
- 5. 紧锥（小号）。
- 6. 空心的瑞典紧锥（小号）。
- 7. 空心的瑞典紧锥（大号）。
- 8. 自制的金属圈（大号）。
- 9. 自制的金属圈（小号）。
- 10. 自制的金属圈（中号）。
- 11. 珠宝镊。
- 12. 圆形镊。

切割和保护端口

⊙系绳或粘胶带

在切开绳索之前，先在预定切断处系根小绳或用胶带粘住以防止磨损，但粘胶带并不是最好的选择，特别在一些具有特殊工艺效果的绳结上更不可使用。在绳上绕上胶带然后在胶带中间切一刀，就能得到两个光洁的断面，也可以在预定切断处的两边各拴一个勒紧结，然后在两个勒紧结中间切一刀。

系绳

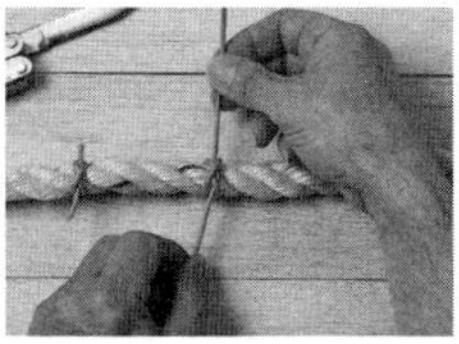

1. 预定切断处两边各系 1 个勒紧结。

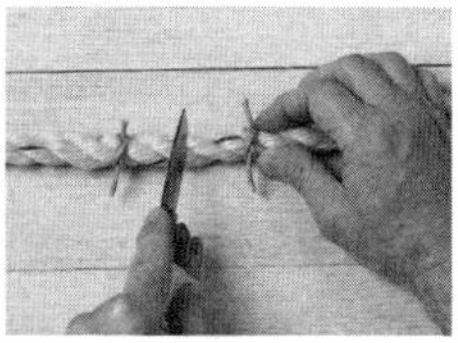

2. 在 2 个结之间垂直地切下去。

粘胶带

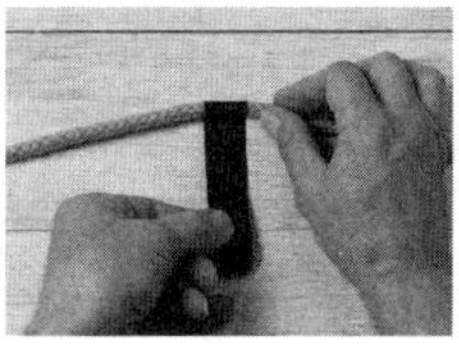

1. 在绳索上绕 1 圈胶带。

2. 在胶带的中间位置垂直地切下去。

⊙热封

这是常用的一招，无须系勒紧结或粘胶带。绳索制造商和零售商通常用电热切割机切和热封绳索，但这对我们来说不太现实，而用火柴的外焰能得到同样的效果。如果要切粗绳或是大量绳，可以用气焊的蓝焰烧一下铅笔刀，直到刀刃变红，停下稍凉一会后再烧，然后快速地切下去。这时，尼龙有可能熔化、滴落、燃烧，并形成白色的灰，也有可能一下子燃起来，形成黑色的烟。

热封 1

用电热切割机或是加热的刀片（图中未示）切割，绳就被整齐地切开并热封了。

热封 2

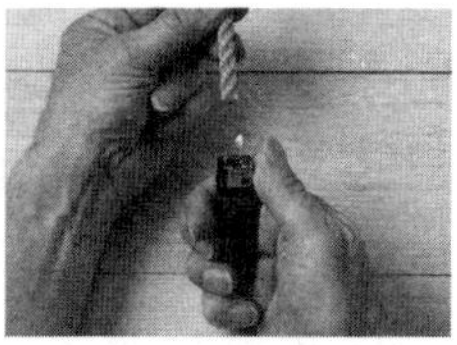

用火柴或打火机的明火迅速地接近绳索的切口，完成热封。

聚丙烯和聚乙烯在更低温度下就能迅速收缩，这时应该使绳远离热源，然后抓住尾端，用食指和拇指揉搓，注意把指尖润湿，以免被烫伤。有些合成的绳索没有熔化前就已烧焦甚至出现火苗了，这说明它是人造纤维。

术语和技术

⊙简单的术语

在打结过程中参与到打结过程的尾端称为活端或有时被渔民称为标记端，不被使用的部分称为固定端或本绳，把绳对折后弯曲的部分称为绳耳。如果这样做是为了找到绳的中心点，则称对中。如果两相邻部分交叉，绳耳就称为绳环，交叉在一起的部分就成为绳肘，把绳缠绕本绳好几次而把一个绳环或绳耳变成一个临时的绳眼的过程称为夹钳。打绳环的过程中用力要轻，如用力过猛成了扭绞时就会损坏绳索并使之变形。

绳索这个词一般是指任何编织的、辫形的、平放（几股线）而成的直径超过10毫米的索，当然也有例外（如一些攀登的绳索直径仅为9毫米）。其余直径小于此标准的称为绳、细绳、合股线、细丝。绳和索合称为绳索，或是细索。绳索一般是指有特殊用途的绳（拖索、洗衣绳、安全带、拉绳或提绳），或分得更细（系索、拉筋或套索）。在交叉空间里，用来拖一条更重的绳的轻质绳称为吊线绳。编织绳和辫形绳这两个词是可以交换使用的，不过有一些人认为编织的绳更为扁平，而辫形绳在截面上看起来是三维的。

制绳人经常说“打个弯”的目的是通过摩擦的方式来确认荷载。把活端弯折到一定程度，使其靠着本绳，然后打结形成一个圆的回环。把一个单层结改为2层、3层（或更多层）的结时，可以用活端顺着原来的指向

注意

这本书里的许多绳结都是用很粗的绳来打的，这样做是为了使整个打结的过程更加清楚。例如，绳头结和渔夫结本来应该用很细的合股线或单纤维线来打，书中用的是较粗的绳。吊桶结用较粗的绳更容易打紧，当然，用钓鱼用的单纤维线也是能打紧的，只是要花更多的时间和精力才能打成有效的绳结。

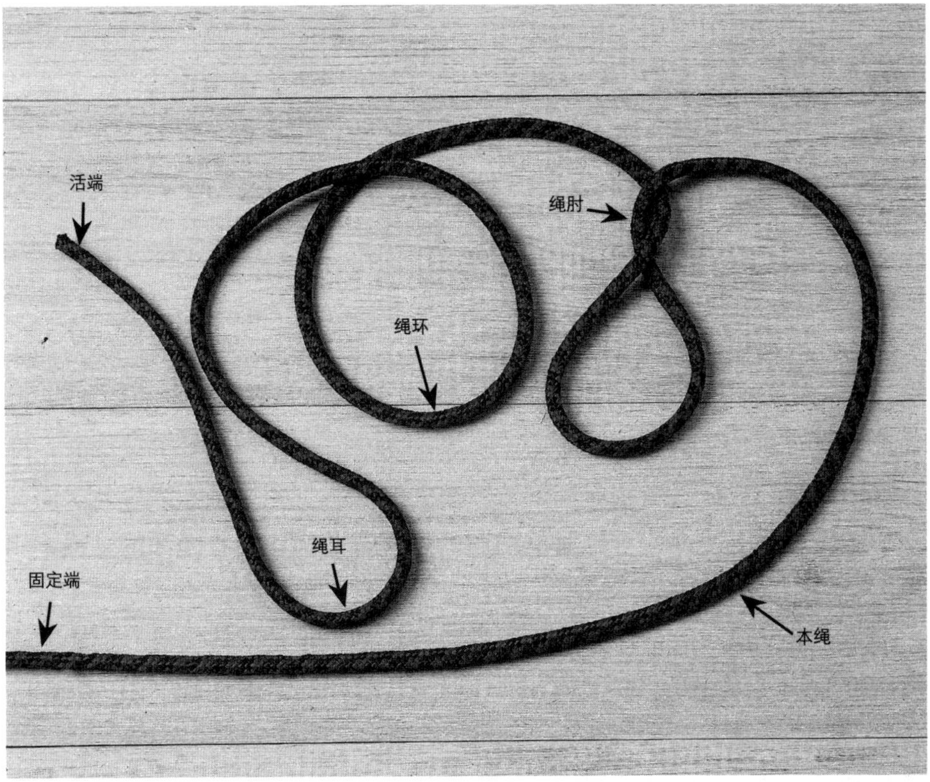

绳结各个部位的名称。

绕第二圈或更多圈。在打结的地方摩擦力集中的现象称为夹捏。把绳端塞入绳结是为了使结固定，防止它松散或完全散开，称为回锁。当活端位于固定端上方形成一个简单的绳环称为上手绳环，相反活端在固定端下面称为下手绳环。

⊙打结技巧

大多数绳结的打法不止一种。书中演示了所有的方法，以供你挑选。多多练习就可以发现更多巧妙的打结方法，同时还可以练就灵巧的双手。如何为自己找到最快最巧妙的打结方法呢？最好的方法就是手里拿一个打好的绳结，“反向追踪”其打结方法，一次解开一步，看这个结是如何打的。你会发现一些捷径，然后将来就可以用这种方式打结了。

“绳耳打结法”是不从活端开始打结的一种打法。当一个套结或是一个绑扎结从它打结的地方滑开散掉时，或是一个绳环拆开不需用到绳端时

1. 双套结多是从活端开始打的。

2. 把双套结从底座的一端滑下，结就散开了。

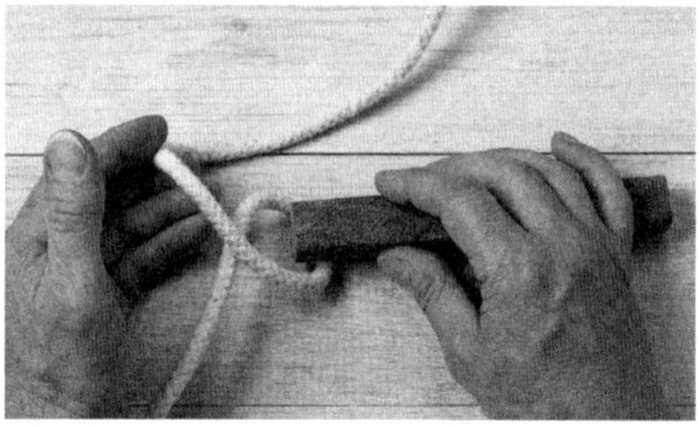

3. 一旦与底座分离，除了绳子本身，结就不存在了。

4. 这次从绳耳开始重打双套结，首先打 1 个上手绳环。

5. 在第一个绳环旁边打 1 个下手绳环。

6. 把这 2 个环重叠，沿底座的一端滑回后就形成双套结了。

（也就是说，从绳耳解开），那它们也可以从绳耳打起来，这是哈利 · 亚什在 20 世纪 80 年代中期提出的“套结和绳耳法则”。许多结都可用这种方法打成。知道这个法则也可以让绳结制作者知道看似差不多的结之间细微差别，例如，背包结可从绳耳打成，而袋口结则不能。

大多数结都是先松松地打起来，然后再慢慢拉紧，轻轻扯其两端，这样这个结就固定了。

基本的绳结、捆绑结和套结

每一种绳结都是基于摩擦上的练习，最简单的往往是最有效的。

——布莱登·多斯，《绳索学徒》，1984 年

所有的绳结归纳起来就是3种类型：绳结、捆绑结和套结。套结就是把一根线系在柱、横杆、桅杆、环甚至是另一根绳上；捆绑结是把两根绳系在一块；而绳结就是除了捆绑结和套结以外的所有结，现在“绳结”这个词已被广泛使用。本章中介绍的20种基本结，都很容易打，只需准备两根同样长的绳，长度在1～2米，直径为5～10毫米即可。大多数绳的两端不加以处理，就会散开，而绳头结是一种比粘胶带、热封更美观的处理绳头的方法，所以这一章中将会详细介绍4种绳头结。

简单的单结或拇指结

这是最基本的活结，能阻止一些细线（棉线、细丝、细绳）自孔中滑出或防止绳端散开。当线穿过针孔为防止线从针孔滑出时可用此结。在海滩上将衣角打个结用的也是这种结。此结非常简单。

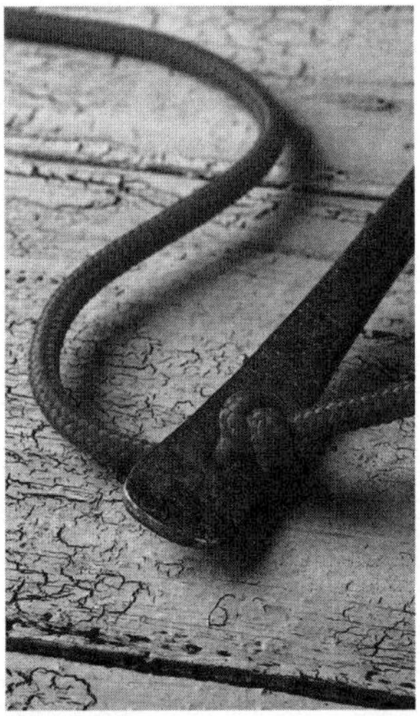

1. 打 1 个绳环。

2. 把活端塞到成形的环内，并拉固定端收紧。

有捻环的单结

有捻环的单结很容易解开，而且如果在捻环上再打 1 个死结绳结会更结实。打结者常常低估这种结的作用，实际上这种结可以用在很多方面，本书中会经常出现这种结。

打 1 个单结，但要在活端被拉出前就收紧。

2 股线单结

这是另一种简单得连小孩也会打的绳结。它能形成更大的结，可用棉线或细线打。打结时需要把两股线并排同向放置。这种结可用于防止睡衣、游泳衣、运动裤裤带不用时被抽出。

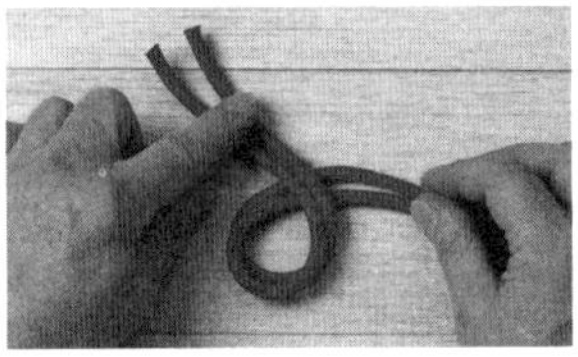

1. 把两根细线或细绳并排放置。

2. 打 1 个单结，拉紧，注意让两根线平行延伸。

双重单结

虽然这种结和普通单结一样只能防止绳从小洞中滑出，但它看上去却比普通单结要大。因为打其他结的时候需要用到它，所以也可以把它作为一种基本的打结技巧。

1. 打 1 个单结，把活端再塞入绳环 1 次。

2. 轻轻地拉住两端，把它们向不同的方向扭曲。如上图所示，左手向下拉，右手向上拉，这个结就呈现出所需的样子了。继续拉紧，可以看到对角结部分扭曲。拉两端收紧绳结。

三重和多重单结

3次或多次把活端塞回绳环里就能形成三重或多重单结。这样可以使绳子缩短，或用来做装饰，就像修女和修道士腰间的三重结一样，象征着他们的三重神圣宣誓。

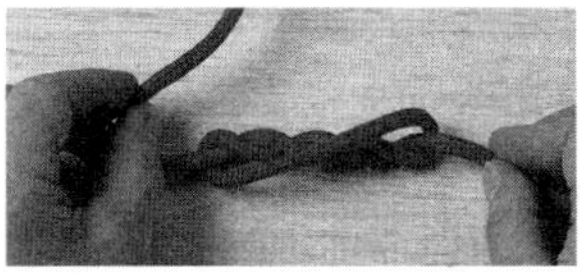

2. 拉住两端，使它们向不同的方向旋转，对角结就会扭曲。

1. 打1个双重单结，先不要拉紧，然后再一次把活端塞入绳环。

3. 修整绳结的各部位，使绳结各个部分紧挨在一起，然后拉紧两端。

勒紧结

把1个双重单结系在某个东西外面，就形成了1个勒紧结。这种绳结可用在切开的绳端，用以阻止绳头散开。也可用来固定卷成筒状的东西，如地毯、工艺画、墙纸等。本书里还有其他有用的缠结，但这个结仍然是一种很有用的基础结。可再试做1个有捻环的勒紧结。

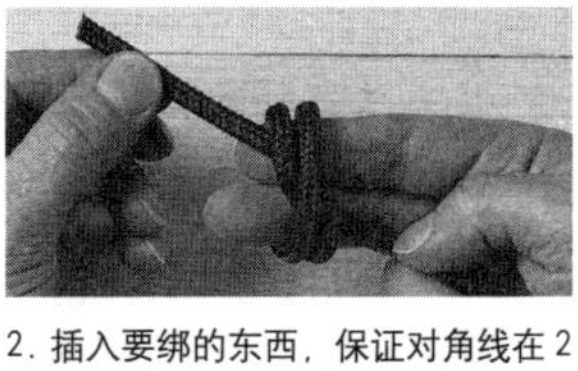

2. 插入要绑的东西，保证对角线在2个结之间，然后拉两端收紧绳结，剪掉多余的绳端。

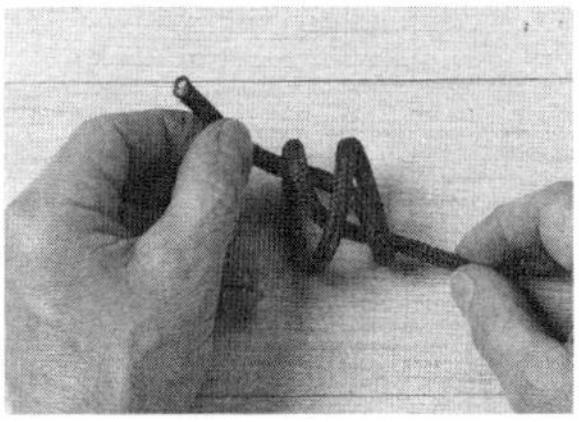

1. 打1个双重单结，不要收紧绳端。

单套结

这种结一般指的是半套结。单独用的话，这种结并不牢固，它只能做临时用或是绑一些很小的东西（1个捻环是有帮助的），但它是完成其他结实的套结的基础。

1. 打结的时候一般会绕过一些结实的物品，如一支粗毛笔，整理活端的线圈。

2. 留着长的活端，不要把它完全拉过去，从而形成1个捻环。

2个半套结

2个半套结是把绳系在环或横杆之类的物品上的可靠方法。不管系在什么物体上，方法都是一样的，把活端以和半套结同样的方法绕本绳两次就可以了。

1. 用活端打1个半套结。

2. 再打1个同样的半套结，然后拉紧使2个半套结紧挨在一起。

围绕结

这是1个经典的绳结，相当结实。它可用来拴船、拖一辆抛锚的车或是固定重物。

1. 在需要打结的地方绕1个回环，然后把活端沿着本绳打1个半套结。

2. 再打1个半套结完成这个牢固的结。

单结和半套结

纺织者会用这种结来装配织布机，因纽特人用其来给弓上弦，渔民用其来给工具的导杆上绳圈或是用来打包，所以这种结有时也称为打包结。

1. 打1个有大的捻环的单结，调整绳圈到合适的尺寸。

2. 把活端绕本绳打1个半套结，轮流拉绳圈的两端收紧绳结。

单结绳环

这是用来打包或者实现其他类似功能的最基本的绳结，一般是用细线打的。这种结一般不容易解开，所以如果不再需要它了，也就不用费力解了，可以直接剪掉。

1. 把绳对折（打1个绳耳）。

2. 打1个单结，保持整个绳结两条线都是平行的。轮流拉两端收紧绳结。

双单结绳环

这种绳结比单结绳环体积大，也更复杂，更结实。用完后不用费力解开，直接剪掉即可。

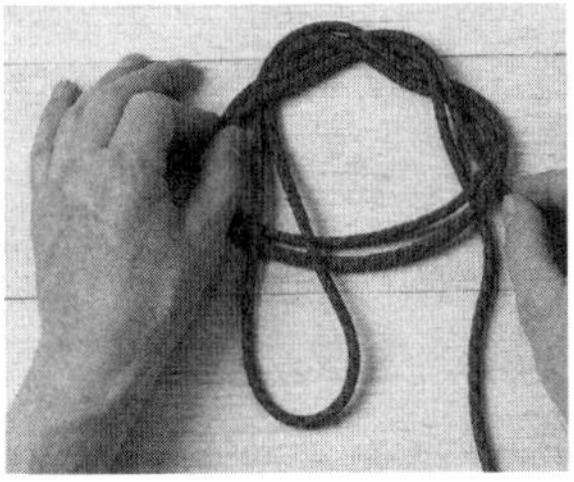

1. 用更长的绳耳打1个双重单结。

2. 不要交叉绳结的任何部分，轻拉绳结直至其呈现应有的形态。轮流拉4个结的两边慢慢收紧绳结。

外科绳环

这是一种三重的上手绳环，因为又回塞了一次，所以更加结实，推荐使用渔线打此结。用普通的线打这种结，不用时可以直接将其剪掉，因为解开它很费劲。

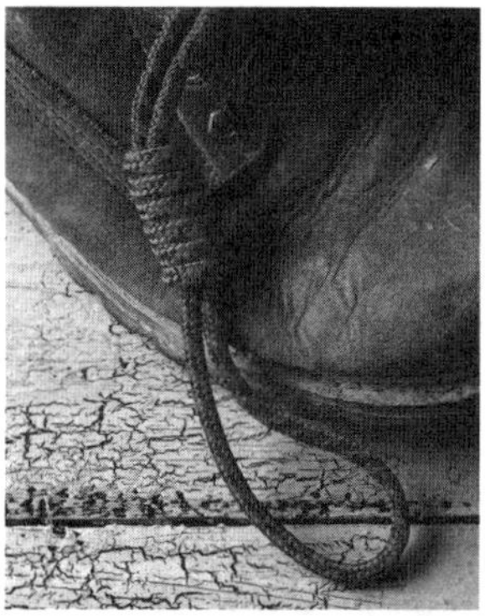

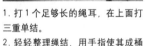

1. 打1个足够长的绳耳，在上面打三重单结。
2. 轻轻整理绳结，用手指使其成桶结。渔民常在单纤维线上吐唾液润滑它，使其更易打结。

简单的活索

这是一种用来打包或者实现其他类似功能的最简单的一种可滑动绳环。

从短端开始，在本绳上打1个单结（有捻环），把它拉紧。

秋千结

这是一种结实的可滑动绳环。可用这种绳结的绳环将一个金属或是塑料的垫片（称为支撑环）绕起来，然后收紧绳环，做成一个眼罩，用来保护眼睛。熟练的话，不用 30 秒就可以打成此结，绳结收得越紧，可承受的力就越大。

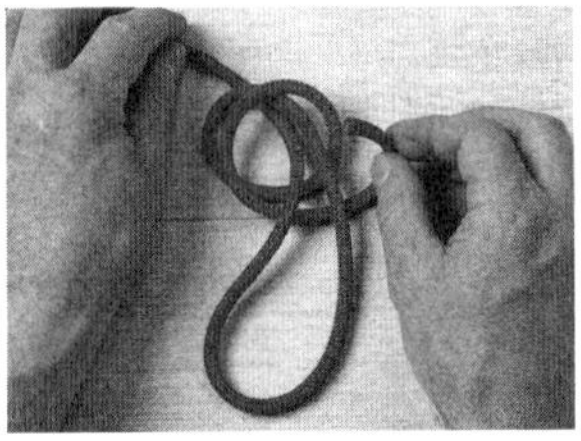

1. 打 1 个绳耳，用活端绕本绳打双重单结。

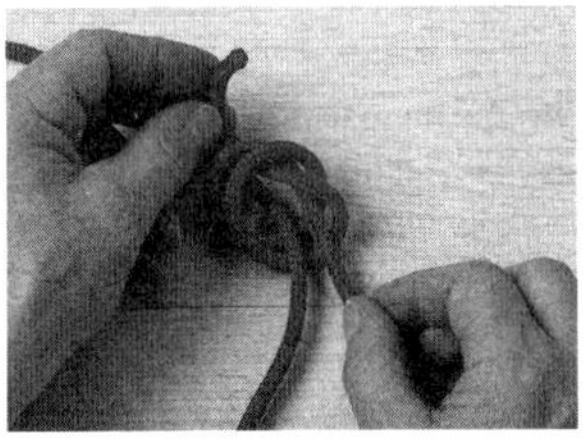

2. 把绳端和绳环的相应绳腿向不同的方向拉，收紧绳结。

多重秋千结

打 1 个双重的秋千结就是打 1 个三重的单结，这样的结会更结实些。打 1 个多重的秋千结就是打多个单结，但这么做除了锻炼手的灵活性外没有太大用处。

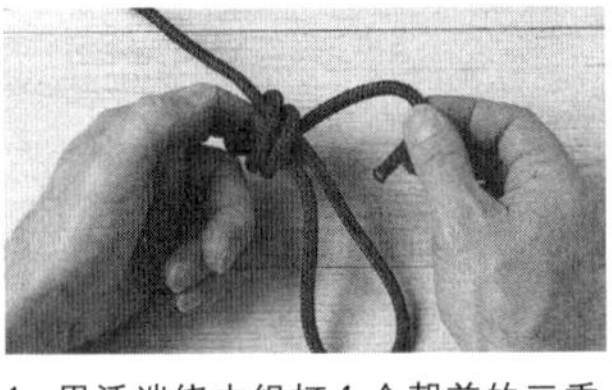

1. 用活端绕本绳打 1 个朝前的三重单结。

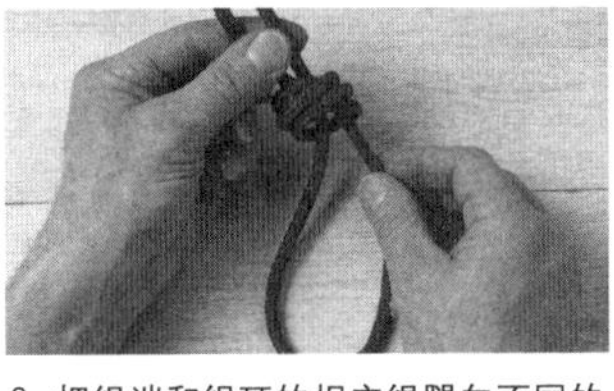

2. 把绳端和绳环的相应绳腿向不同的方向拉，收紧绳结。

固定单结

这种结又称为带结，打此结时推荐用扁平的编织带或管状线。洞穴探险者或是攀岩者经常使用此结。大多数的线都可以打此结，从最粗的绳索到最细的单纤维钓鱼线都可以。

2. 用第二条线的活端沿着第一个结的轨迹穿 1 遍。

1. 在一条线的一端打 1 个较松的单结，把另一条线的活端塞进此结内。

3. 要保证这个双重的绳结的两条线的各个部分都平行，把短端露在绳结上面，这样可以使绳结更牢固。

渔人结

在世界各地，渔人结都可以用在负重任务上。如果用绳打此结的话，可以轻松解开，但如果是用线打的，那就不要解开了，直接剪掉吧。

1. 把两条绳平行放置，彼此靠近，用一绳绕另一绳的尾端打 1 个单结。

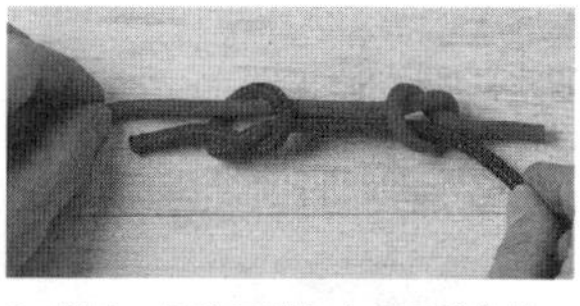

2. 用另一绳的尾端打 1 个同样的结，使两个结各自在绳的两端，分别收紧 2 个结，然后把两个结合在一起。

双渔人结

双渔人结要更加结实，被渔民称为微笑结（也许是因为最后在抽动此结的时候，它看上去就像一个人在微笑），这是一个很牢固的结。

1. 把两条绳平行放置，用一条绳的活端绕另一条绳的本绳打 1 个双重单结。

2. 用另一绳的活端打 1 个同样的结，使两个结各自在绳的两端，分别收紧 2 个结，然后把两个结合在一起。

三重渔人结

三重渔人结也被称为渔人双重微笑结，一般用细的、有弹性的、光滑的线打成。

如双渔人结一样制作，但在打结时要打成三重的单结，如双渔人结一样收紧。

强度和安全性

打结会使绳、索和线的强度降低，如果在鱼线或是晾衣绳上保留1个不想要的单结，会使其断裂强度下降一半多。相对来说大的结对绳索强度的损害要小些，双渔人结使绳的强度下降到原来的65%～70%，而血结能使绳的强度保持为原来的85%～90%,比尼米扭曲结则可使绳100%有效(也就是说，打结后的绳与不打结时有同样的强度）。对登山者来说，他们的生命安全依赖于这些结；对渔民来说，是这些结使他们能保存昂贵的工具并抓到很多的鱼。用绳来进行救援工作或使工地上的吊装设备有效地工作都需要结实的绳结。

安全与强度是绳结不同的特性，一个强度很高的结也有可能滑开、散开或出现别的损坏。一些结只要仔细制作并承受稳定荷载就很安全，但在间歇性的猛拉或是重复的摇晃后也会松动。

通过打1个双重单结可使8字结更牢固。

在不结实的帆索结上打1对双重单结可使其牢固。

双重渔人结尾端粘上胶带可使登山的皮带更加安全结实。

打 1 个单结可使称人结更加结实。

既然强度和安全是完全不同的特性，同时拥有两种特性的结就很理想了，为何人们还想要让绳结有其他特性呢？这是因为容易打结和容易解开结是同样重要的，也就是说绳结越简单越好。但绳结制作者也知道要获得一种特性就必须牺牲另一种特性。一些经典的结，尽管很结实，可是人们在对其进行检测时却惊讶地发现它使得绳索的强度和安全性大大降低了。比如通常的称人结会使绳索的强度降低到原来的 45% 以下。硬质的或光滑的绳很易出现问题。

绳结可以制得更结实，安全性更高。例如，相对结实的 8 字结可以通过把绳的短端绕相邻的本绳打双重单结而使它更牢固（上页左图）。同样，可把普通的称人结多绕一圈形成双结而增强其强度和安全性，即活端在相邻的绳环腿上打 1 个单结（上图）。帆索结是不安全的，可用 1 对双重单结牢固地把两端系在一起（上页中图）。而把一段称为“墙壳”的木楔附在高强度的光谱材料制成的绳上，附在渔人结上，能使绳索更结实，可用在登山或其他相似的运动中（上页右图）。当本绳的两端都附上此装置时更加安全。

普通绳头结

此结相对来说容易制作，一般是用来处理绳端，非常容易解开。

绳头结

用来打绳头结的合股线可以在零售店里买到。天然纤维绳的绳头结用天然纤维线缠绕，合成绳的绳头结用合成的线缠绕。绳头结不能用热封处理。为了使打结的步骤更清楚，图中所示的线比较粗，实际应用时不会用这么粗的线。

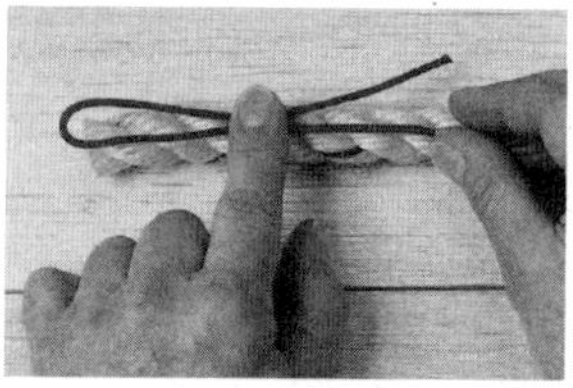

1. 打 1 个绳耳并如图所示平放在绳上。

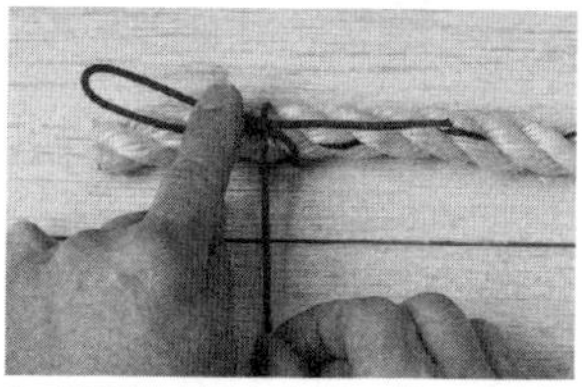

2. 用活端在绳上绕圈，第一圈就把绳耳的两根线绕在里面。绕的时候逆着绳子的纹路绕，这样有任何解开绳子的转动趋势反而都会收紧绳头结。

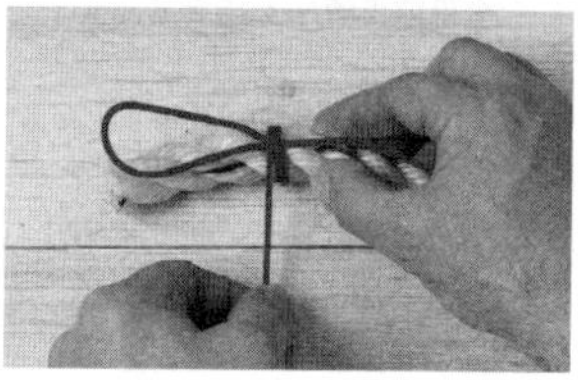

3. 继续朝绳端绕线，保持线圈紧密并且不重叠在一起。一直绕到线圈的长度和绳索的直径差不多为止。

4. 将活端从露出的绳耳中穿过。

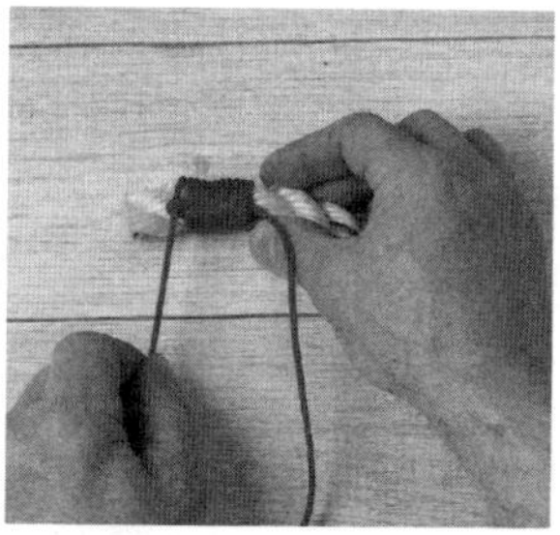

5. 拉绳的另一活端使绳耳被拉到线圈下面。当缠住的绳肘到达绳头结的中部时停止。如果线圈下面的绳肘露出来了，就绕松一点或是用粗点的线，但这么做会使线圈鼓起来。最后整理绳端。

完美的绳头结

这种改进的方法能够避免出现普通绳头结粗糙的绳肘。

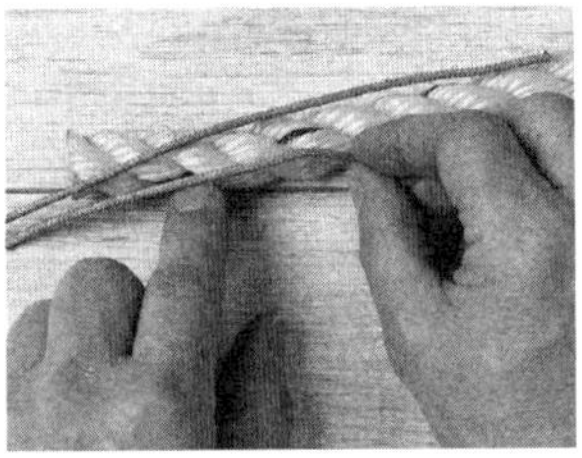

1. 把用来制作绳头结的合股线平放于绳上，使尾端朝向不同方向。

2. 用合股线长出尾端的部分来绕线圈。

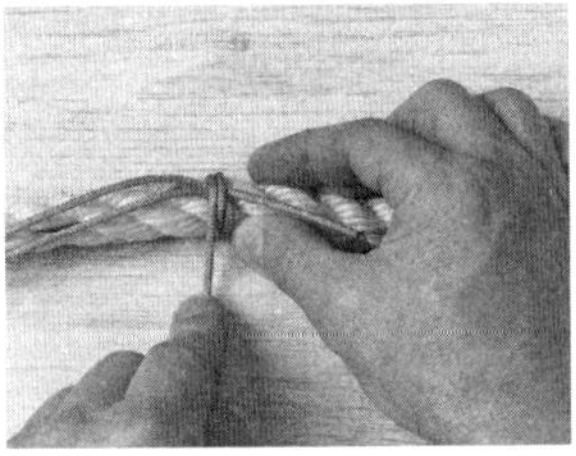

3. 尽可能使线圈紧贴在一起，并使被绕的两根线平行并紧靠在一起，在绳端不用解开活的绳耳（充分绕圈）。

4. 当绳耳收缩时，整理产生扭曲的部分（多练习就会打得更好，开始反向的扭曲会在工作过程中逐渐解开）。

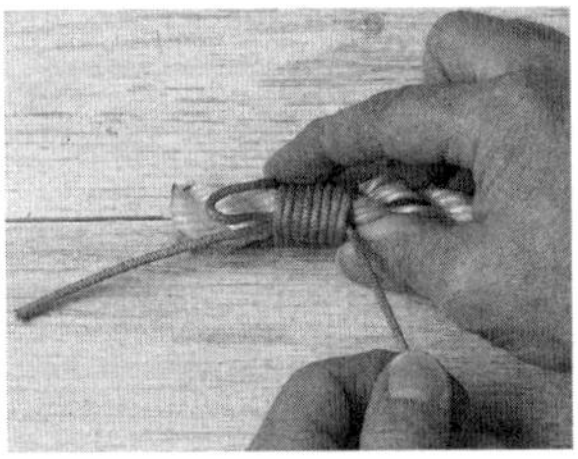

5. 在绕最后一圈时拉合股线尾端，收紧，完成绳头结。

西式绳头结

一些人认为这种结看上去很不美观，因为它在制作过程中需要重复打半结，从而造成了表面凹凸不平。而且严格地说并不能将其归成绳头结。它的确不如其他的绳头结看上去整齐，但许多重实际的绳结制作者认为这种结很实用，因为很多普通的绳头结不能使用的场合仍可用这种绳头结。

1. 在距绳端 2.5 厘米处打 1 个单结。

2. 把绳子翻过来在反面打 1 个同样的结。

3. 再把绳翻到正面，在第一个结旁边再打 1 个单结。重复这个在绳的两面打结的过程。

4. 在结束时打 1 个帆索结，把尾端用尖的物体塞到完成的绳头结下面。

帆工绳头结

打绳头结时可把合股线与组成绳索的绳股系在一起，这样可以加强强度和安全性。

1. 解开绳端，把合股线放置在离绳端大约5厘米处，把1股绳穿过合股线的绳耳，这样合股线就会在3股绳之间。

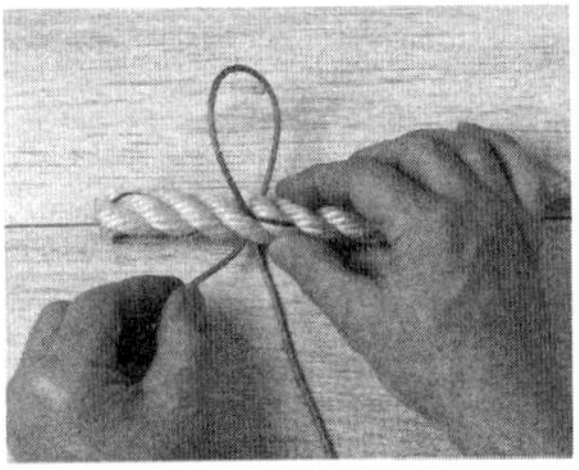

2. 把绳端编起来，选择合股线的一个活端开始绕线圈。

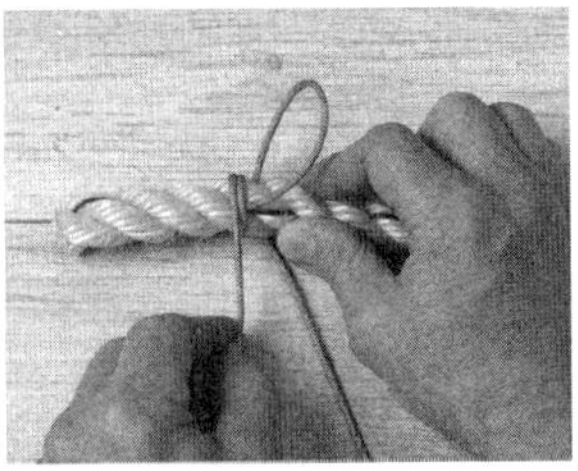

3. 从合股线的绳耳起整齐、紧密地向绳端绕圈。

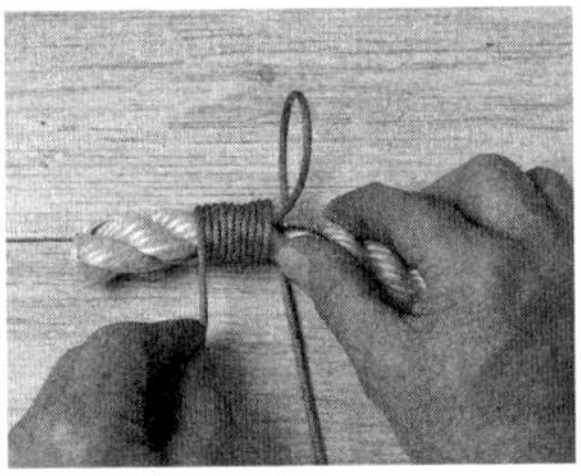

4. 继续绕圈直至绳头结的长度与绳的直径一致。

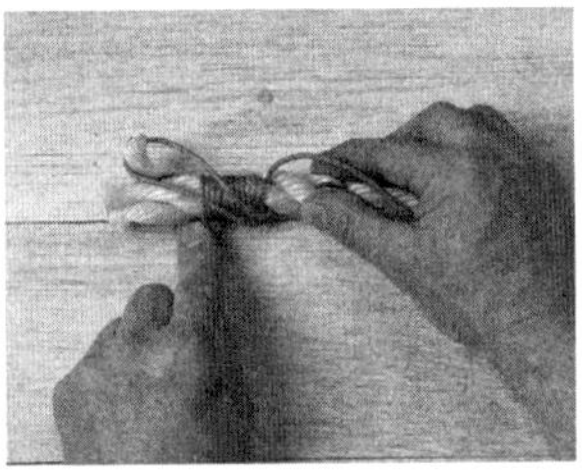

5. 把合股线的绳耳沿绳平放，把它放在绳股之间。

6. 把绳耳套在一根绳股上，拉合股线的两端收紧绳耳。

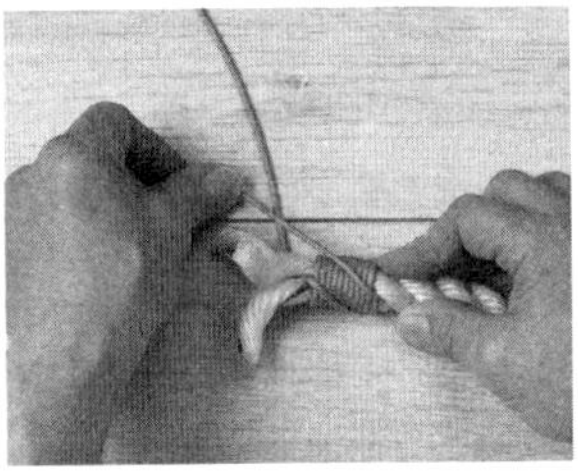

7. 把合股线的尾端沿绳端的绳槽旋转。

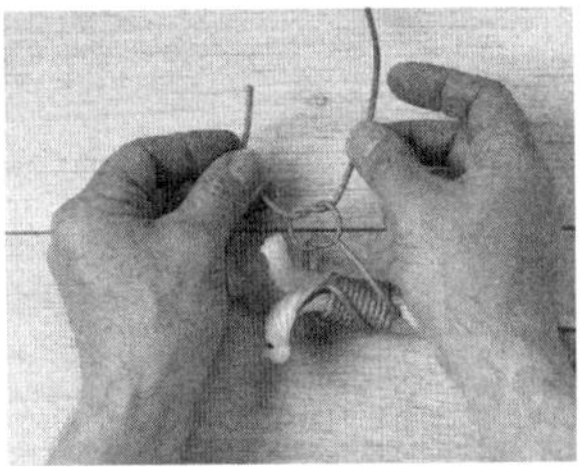

8. 把位于绳股之间的合股线的两端打1个帆索结（注意：收尾时也可打1个祖母结）。

捆绑结

为了防止绳索分离，我们把它们捆绑在一起。

——亨利·曼威宁爵士，《航海人词典》，1644 年

捆绑结是把两条绳或线绑在一起的任何一种结。总的原则是：这种结能够轻松解开，因为绳索是很实用的物品，解开后还可以用做他途。对一些打结后不易解开的材料，如细线、钓鱼的单纤维线或是其他类似的材料，可直接剪掉丢弃。大多数捆绑结是把同种材料的绳的两端绑在一起，但也有少数捆绑结捆绑的是不同材料、不同粗细的绳子，如接绳结和不同提升线的捆绑结。除此之外，还有许多不同材料的“绳索”打成的捆绑结，如用承重的皮带和攀岩、洞穴探险所用的连续吊索来打的捆绑结。这里有一个概念需要明确：把两根绳的两端（如包装绳和鞋带）系在一起称为绳结，而不是捆绑结。

佛兰德结

过去的航海人不喜欢这种结，因为用天然纤维绳打这种结很容易解开，但用合成绳打此结则会比较合适。登山者喜用此结，因它易于学会并且便于领队的检查。

1. 把要捆绑在一起的两绳中的一根绳的尾端打 1 个绳环。

2. 将绳环逆时针翻转（此例中为左手拇指翻转，也就是逆时针转动）。

3. 如图中所示用活端打 1 个 8 字结。

4. 插入第二根绳，使其与第一根绳平行。

5. 顺着第一根绳的轨迹，把第二根绳沿第一根绳轨迹绕 1 圈（这么做可以使绳结变得更加结实）。

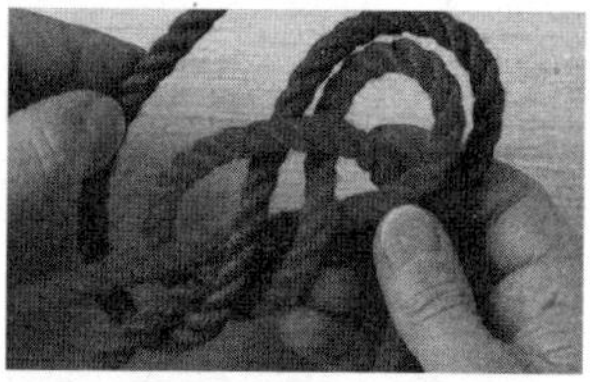

6. 继续沿第一根绳的轨迹走，把第二根绳绕到里面形成第二个捆绑结。

7. 完成这个 2 层的结，轮流拉每根绳的活端和固定端收紧此结。

双重 8 字结

此结的功能与渔人结相似，不同之处在于它是均匀的、双重的（两边看起来都一样）。一些有 8 字结形状的结被称为佛兰德结，或是佛兰德捆绑结。在最后抽拉的时候让两个结离得远一点，这样只要猛一用力，双重 8 字结就会变得很牢固了。

1. 用其中一根绳打 1 个 8 字结，然后使另一根绳穿过第一个结。

2. 用第二根绳打 1 个 8 字结。

3. 完成第二个 8 字结，然后使两绳尾端相对。

4. 拉第一根绳的活端收紧第一个结，然后拉两绳的固定端使两个结靠在一起。

林佛特结

用粗的有弹性的材料来打双渔人结（微笑结），此结是由渔民欧文.K.南特发明的。

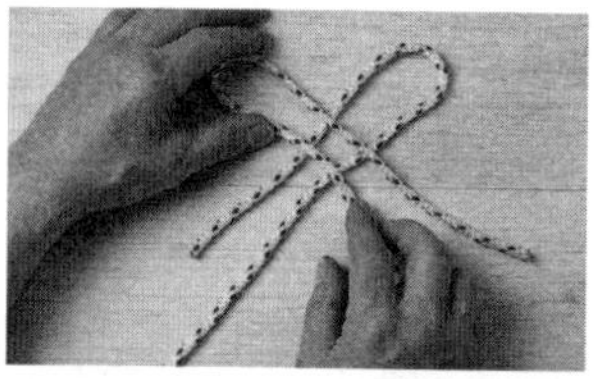
1. 如图所示，把两根绳分别对折，然后将它们呈十字交叉摆放。

2. 把上面绳的活端从右到左地塞到下面绳的下方。

3. 把下面绳的活端从左到右地放到上面绳的上方。

4. 把左手的活端按顺时针的方向绕左侧的本绳。

5. 把左手的活端从下向上穿过左侧的绳耳。

6. 把右手的活端按逆时针方向绕右侧的本绳。

7. 把活端从正面向下穿过右侧的绳耳，使绳结形成对称的形状，绳的两端与绳结位于本绳的同侧且与本绳垂直。依次拉两绳的活端和固定端收紧此结。

齐柏林捆绑结

这是由两个互锁的单结组成的系列捆绑结。虽然这种结看上去有点儿不美观，但是却非常结实和实用。美国的海军军官、航海英雄查尔斯·罗森达尔在20世纪30年代就曾命令他的船员用此结来停泊洛杉矶号。美国海军从那时起一直到1962年都用此结来系一些较轻的船。图中所示的结要比罗森达尔的结简单，是20世纪80年代由埃崔克·W.汤姆森改进的，可用任何重质的绳、缆或细绳打此结。

1. 把两绳的一端对齐，并使两者在同一方向。

2. 在靠近你身体的那根绳上打1个绳环。

3. 把这根绳的活端绕到两绳后面，再拉回来。

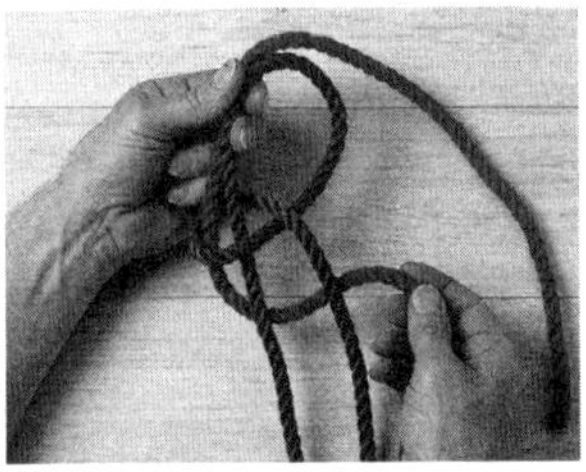
4. 把第二根绳的本绳向它自身的活端拉过去。

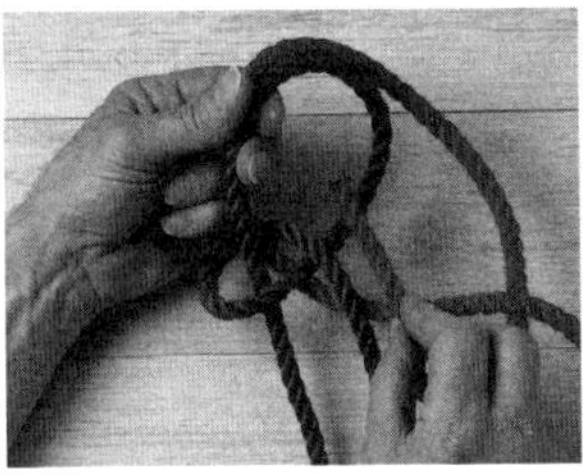
5. 把第二根绳的活端从其本绳下穿过塞到形成的绳环内，拉两绳的活端和本绳收紧此结。

可调整的捆绑结

用 2 个分开的孪生结来打这个捆绑结。在稳定、中等强度的荷载作用下，2 个结会保持分离状态，不过如果突然受力的话，这两个结会滑向对方，以缓冲力的作用。这个结是用绳索或是网带（带索）来打的。它是由加拿大登山者罗波特 · 切斯内尔于 1982 年设计的。

1. 把两根绳平行放置，然后用其中一根绳缠绕另一根绳（向短端绕）。

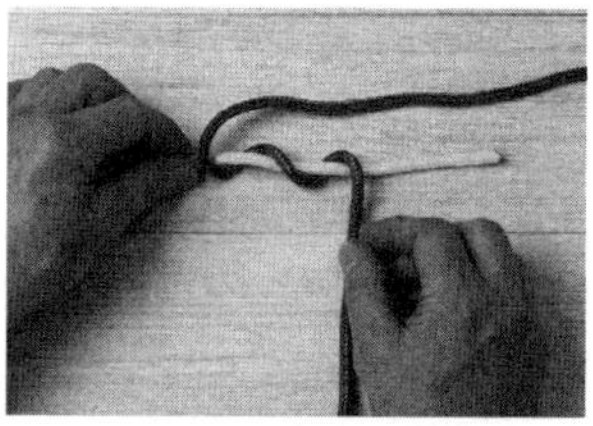

2. 用第一根绳在第二根绳上再绕 1 圈。

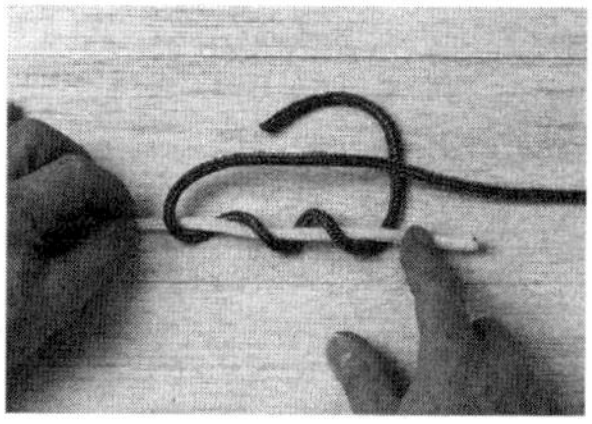

3. 将第一根绳的活端从被绕的绳和它自己的本绳下穿过。

4. 再把第一根绳的活端从它在第二根绳上绕的最后一个线圈下穿过。

5. 将这个结抽紧，然后用第二根绳在离第 1 个结大约 5 厘米处打 1 个同样的结。

亨特捆绑结

这个结与齐柏林结非常相似。美国医生史密斯在第二次世界大战中发明了此结，他称此结为索具捆绑结。英国医生爱德华·亨特于1978年重新设计了此结，他通过1982年成立的国际绳结制作指导协会把此结推广开来。图中所示的为亨特医生所发明的结。

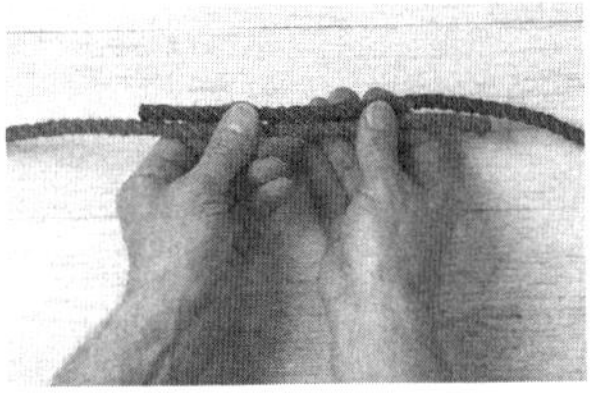

1. 将两根绳的活端平行地重叠在一起。

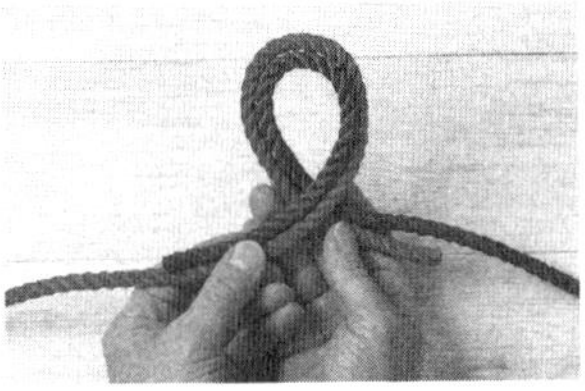

2. 打1个双绳环，并使两绳保持平行。

3. 把第一根绳的绳环的活端从后面穿入绳环内。

4. 把活端从绳环中拉出来。

5. 把另一根绳的活端从前面穿入两个绳环内。

6. 把这个活端从后面拉出，与第一根绳的活端方向相反。

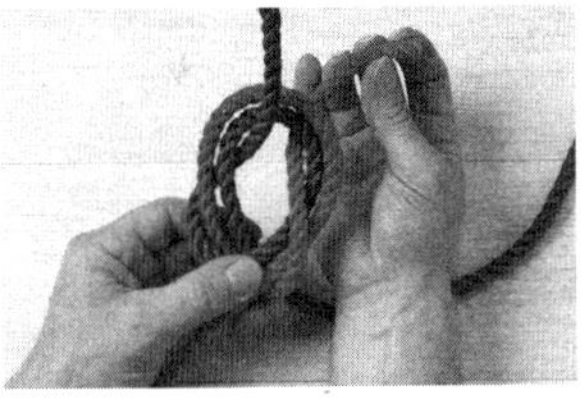

7. 开始收紧绳结，注意不要让活端从绳环中掉出来。

8. 轮流拉两根绳的活端和本绳，直到绳结完全收紧。

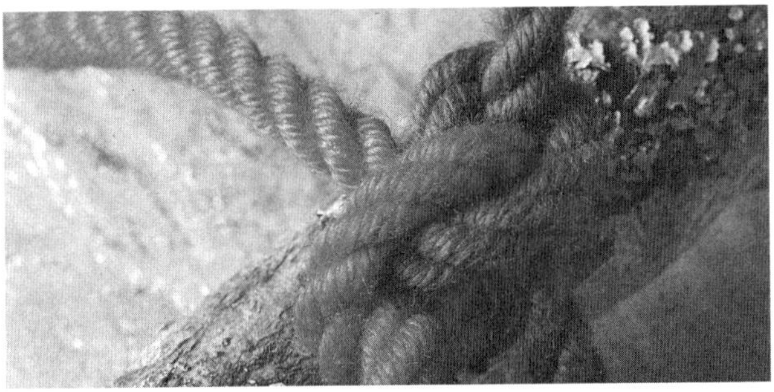

外科结

外科结通常也称为捆绑结（这样称呼也许是不正确的，因为这个收紧的结还是有一点松弛），当然这是1个整齐安全的结，就是使用合成绳也能达到这样的效果。此结曾用于外科缝合中，所以得此名。一般用细线打此结，不过用其他类型的绳也是可以的。

1. 如图所示交叉两绳，左手的绳在上，右手的绳在下。

2. 打1个半结，注意使两根绳以左手系或是逆时针绕在一起。

3. 把两根绳再绕一下，然后再令两活端交叉，不过这次是右手的绳在上。

4. 再打1个半结，这次方向与第一次相反，使两绳以右手系（顺时针）绕在一起。收紧此结时，先拉两活端的附属部分，然后拉本绳，可使上面的结稍稍扭曲一点，这样可形成从一角到另一角的对角线形式。

马具捆绑结

顾名思义，此结是马车夫在马车驮货时用来捆货的结，用皮革或是生牛皮带来打此结非常合适。绳索材料还可用酒椰叶和围栏绳。

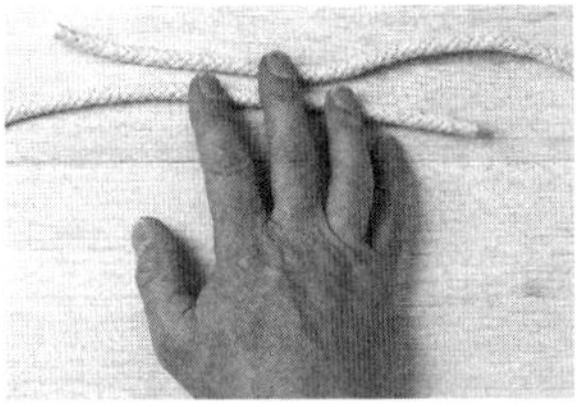

1. 把两根绳的活端平行地放在一起。

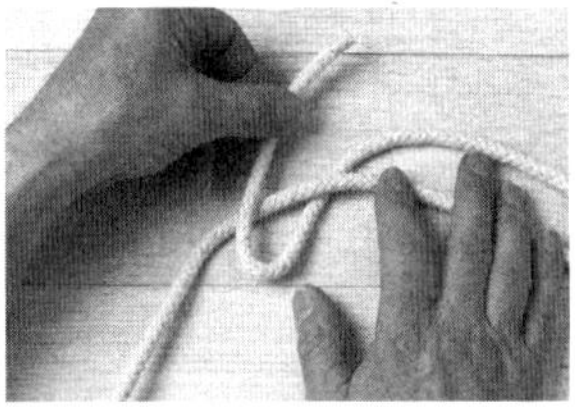

2. 把其中一绳的活端从另一绳下穿过，并拉到另一绳上方。

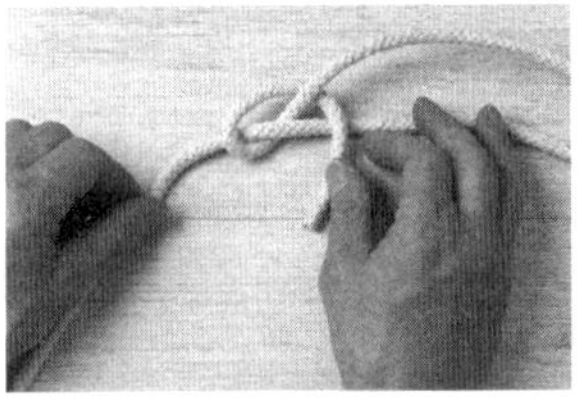

3. 把第一根绳的活端从两绳交叉处穿过来，完成第一个结。

4. 把另一根绳的活端从旁边第一根绳的本绳下穿过。

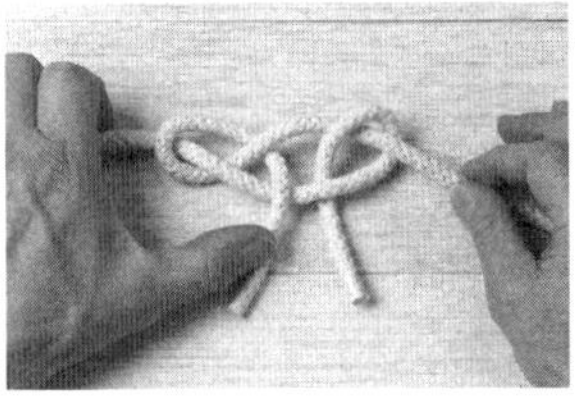

5. 用第二根绳的尾端制成1个半套环，收紧绳结，两绳的两个活端出现在绳结两个相反的方向上。

尾端平行的双马具捆绑结

许多绳结制作者都喜欢对称的结，因为这样的结容易学会，也容易打成。这个结比马具捆绑结更结实一点儿。

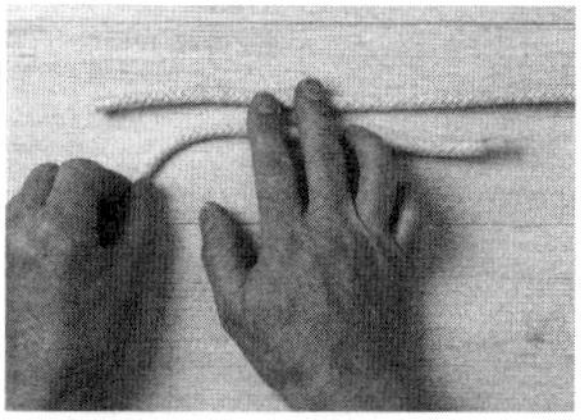

1. 把两根绳平行放置。

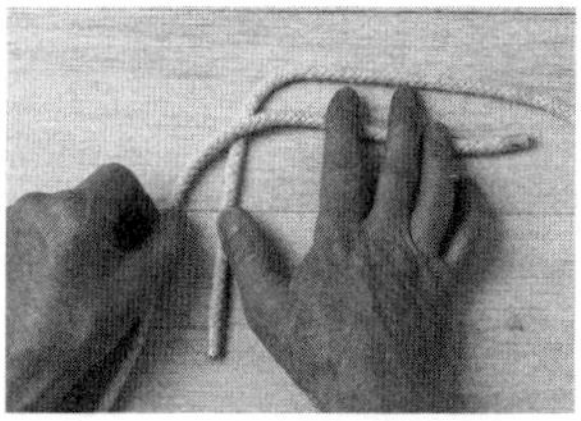

2. 把一根绳从另一根绳的下方穿过。

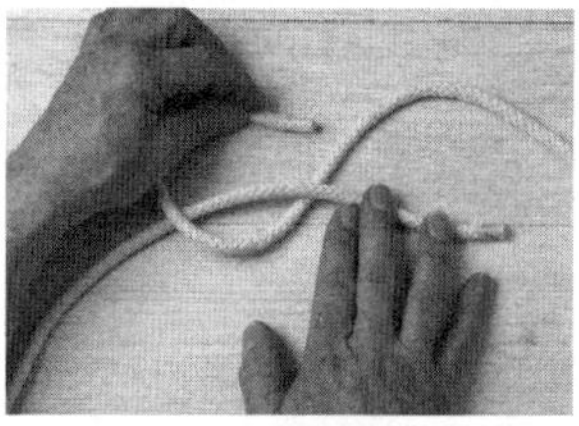

3. 把这根绳的活端拉上来。

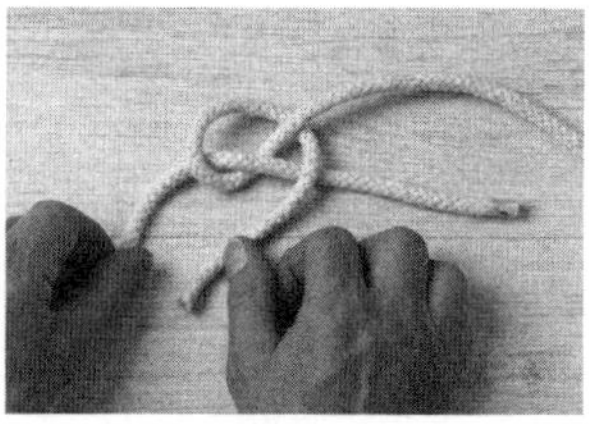

4. 把这根绳的活端从两根绳的交叉处穿过来，完成这个结的一半。

5. 然后用另一根绳的活端打1个相同的交叉结。把结收紧，两个尾端就会在绳结的同一侧。

皮带捆绑结

可以用这种方式将无数个绳圈或皮带连接起来。可以用不同颜色的橡皮筋接成长长的链子来逗小孩玩。这种结同样可以用于工地上和码头上。

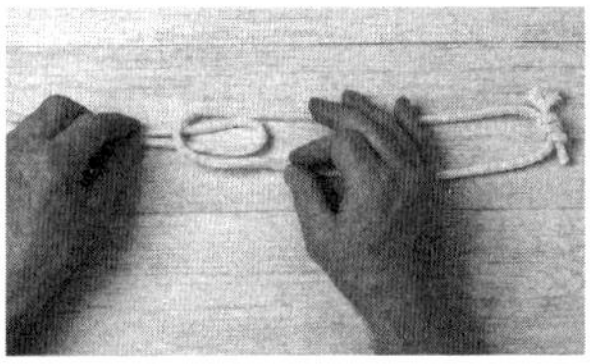

1. 打2个绳耳，并把其中一绳耳压在另一根绳耳上方。

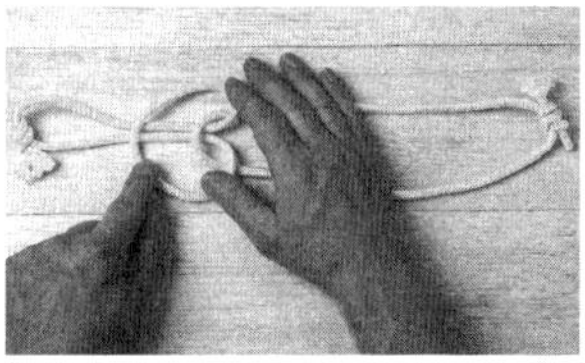

2. 把下方的绳耳从上方的绳耳中穿出来并拉向它自身，形成2个绳耳。

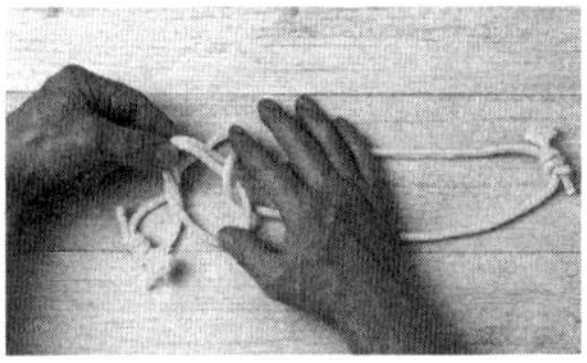

3. 如图将这个绳耳的本绳部分从绳耳中穿过。

4. 将这个绳环的本绳部分完全拉出来。

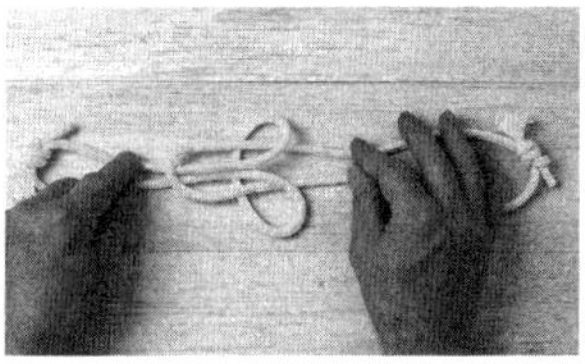

5. 把两根绳朝相反的方向拉。

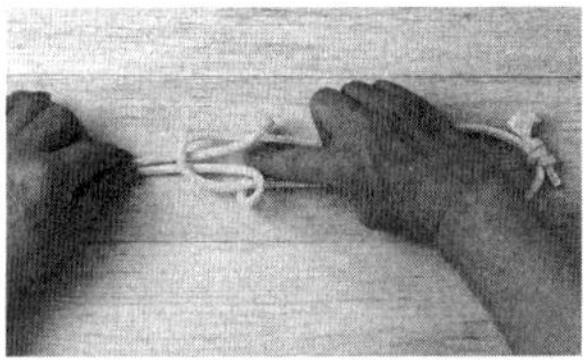

6. 继续拉，直至2个绳耳紧紧地锁在一起。

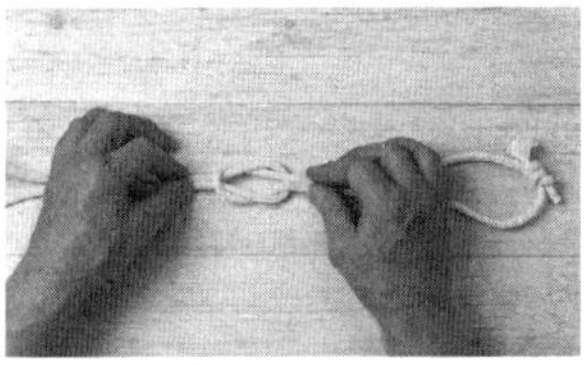

7. 拉绳腿收紧绳结。这个结很像帆索结，但它们在动力学方面的作用却是大不相同，只有当其中一条绳腿断掉时，这个结才会失效。

朝内卷的血结

这是几种经典的钓鱼结之一，因为有无数紧密的线圈，钓鱼结中又以血结或吊桶结最为有名。多个线圈的应用使这个结非常结实。渔民最先是用细线来打此结的，不过已证明如果不沾水的话，用粗绳打此结同样是牢固的。

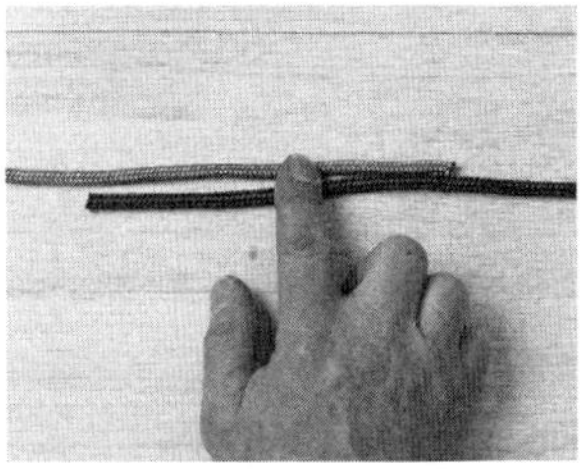

1. 把两根绳平行放置，两绳活端相对。

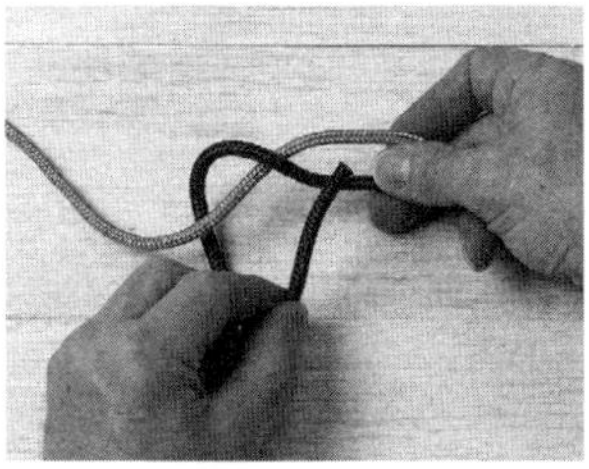

2. 用其中一根绳的活端来绕线圈。

3. 第一圈必须从前往后绕过两根绳。

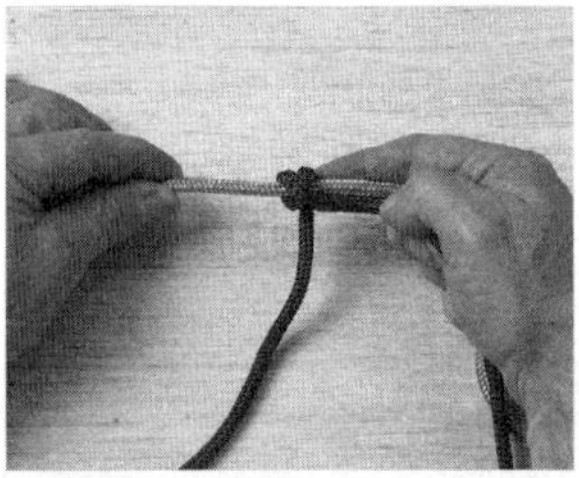

4. 保证第一圈足够紧，能够缠住本绳。

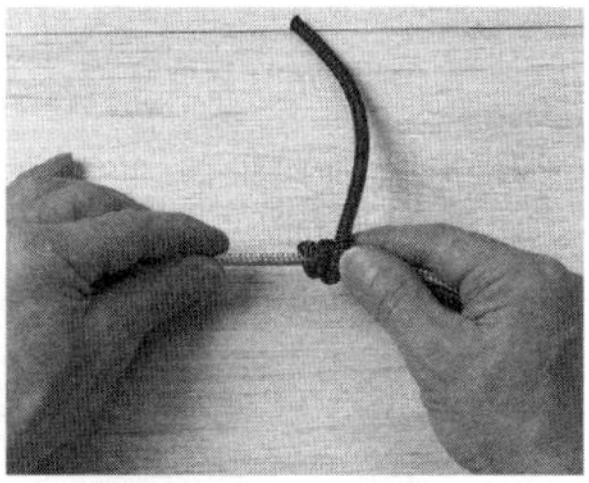

5. 继续绕线圈，使每个线圈都紧贴在一起。

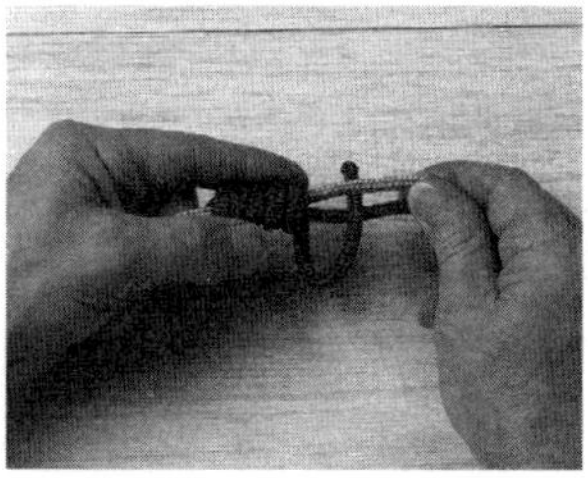

6. 当绕了 5 ～ 6 个线圈后，把活端从两绳之间穿过。

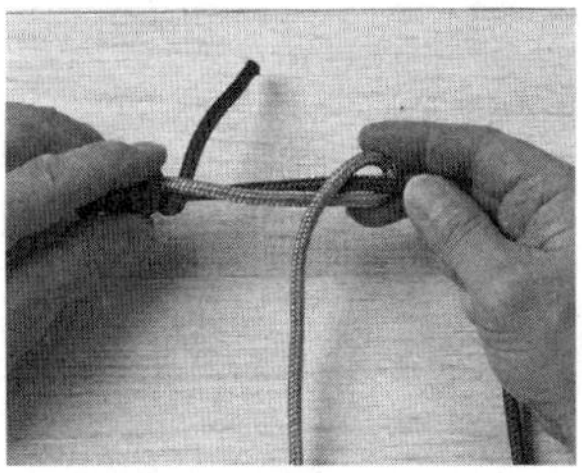

7. 用另一根绳的活端做同样的绕圈。

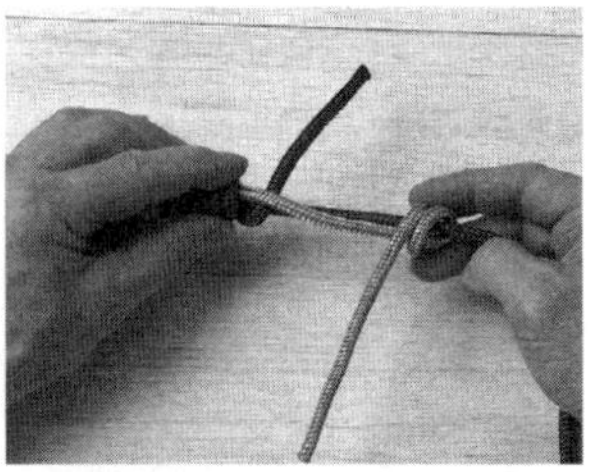

8. 重复同样的步骤，朝出现的结的中部绕。

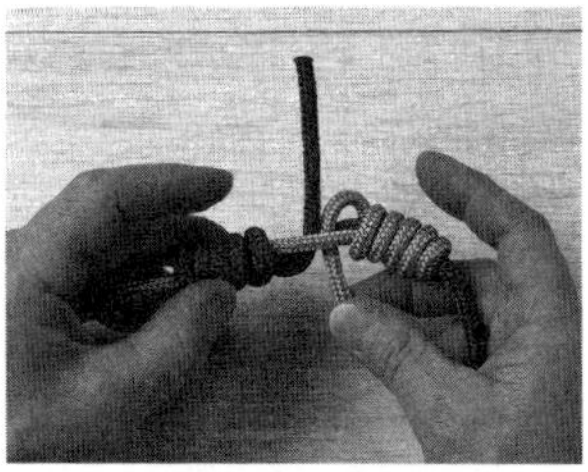

9. 把第二根绳的活端从两绳之间穿出（与第一根绳的活端反向），使所有的线圈紧密，拉两端收紧绳结。

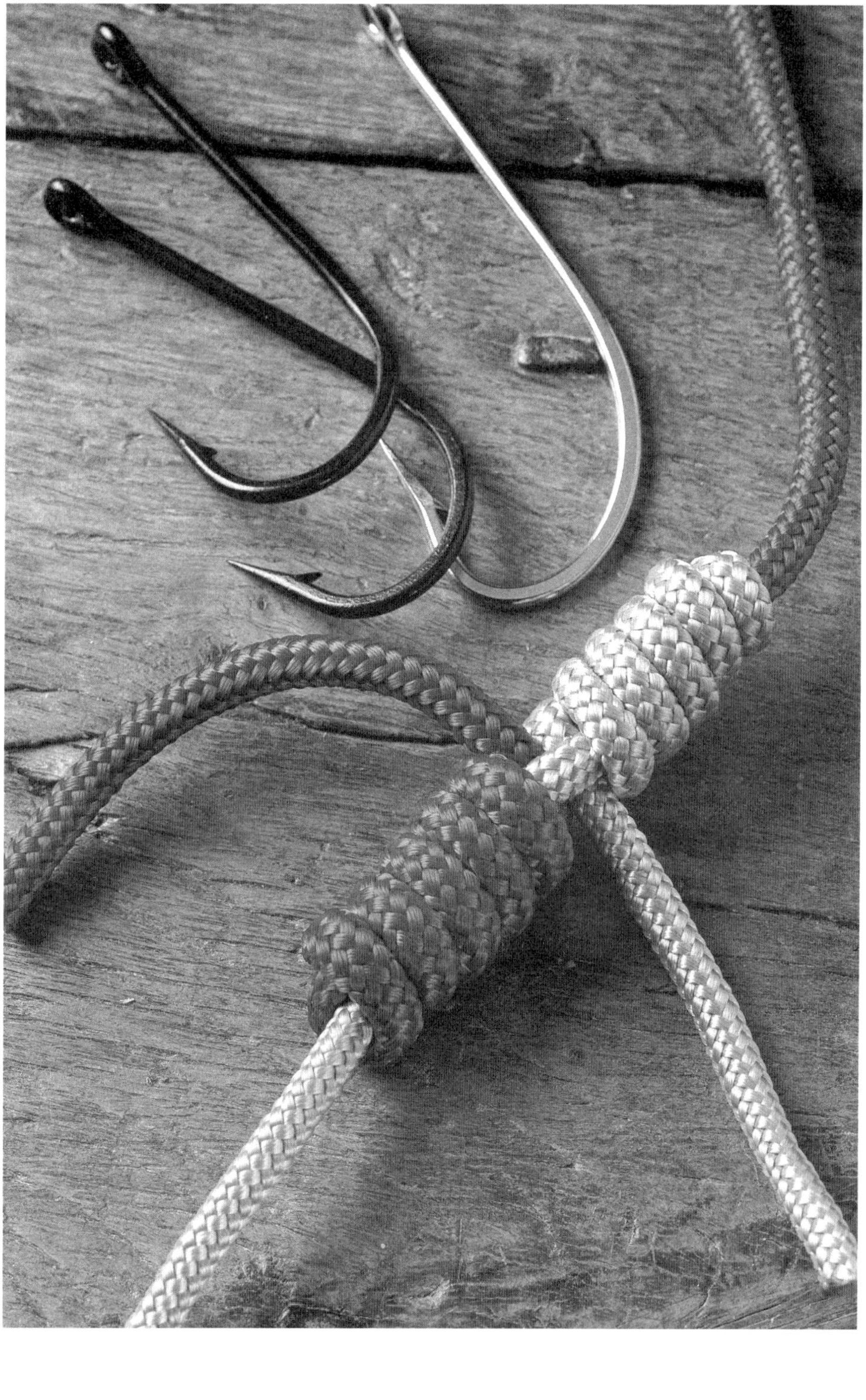

尾端相反的花联结

这种绳结可以追溯到18世纪，不过其真正的来源已不清楚。在爱尔兰的卡里克，伊丽莎白女王居住过的欧蒙德城堡就是用许多花联结来做装饰的。“carrick”是中世纪的一种商船，它的名字可能来源于康沃尔的法尔茅斯港外的大帆船路。这种结推荐用缆或粗索制作，因为它会使绳索的断裂强度下降到约65%，不过如果用今天的合成绳来打此结，相对来说，这种绳结还是有较高强度的。而且据说如果两绳的活端指向相反方向，绳结会更结实。

1. 用一根绳的活端打1个绳环，将活端压在本绳的上方。

2. 把第二根绳压在绳环上面，并如图所示将活端从第一根绳的本绳下穿过。

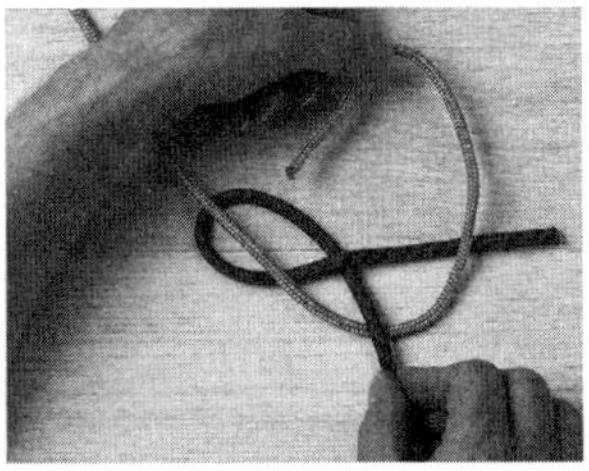

3. 把第二根绳的活端压在第一根绳的活端上方。

4. 把第二根绳的活端以“下、上、下”的顺序穿过第一根绳的绳环以及第二根绳的本绳，拉两绳的本绳收紧此结，当平面的绳结扭转起来时就会形成不同的形状。

尾端相邻的花联结

当花联结的尾端朝向同一方向时，就成为威克结的图案，是撒克逊的首领海尔沃德·威克（此人在1071年推翻了侵略者威廉的统治）的徽章图案。戴森蒙德·蒙德威尔（他研究不同捆绑结之间的联系长达25年。已故）发现所有绳结都与这个绳结有关。这个结主要是用于装饰用途，呈平整展开式。它尤其适合用来装饰窗帘束带、睡袍的腰带以及旧式的轻便马车。

1. 用一根绳打1个绳环，让活端压在本绳上。

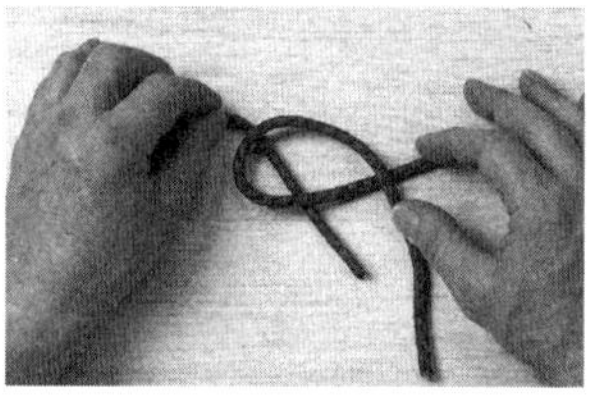

2. 将第二根绳放在绳环下，如图所示。

3. 把第二根绳活端拉到第一根绳活端上方。

4. 将第二根绳活端从第一根绳的本绳下面穿过。

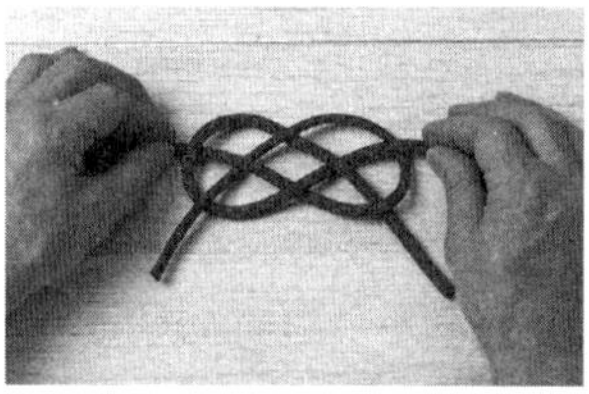

5. 把第二根绳按上、下、上的顺序穿过第一根绳的绳环，以使其"锁"在一起。

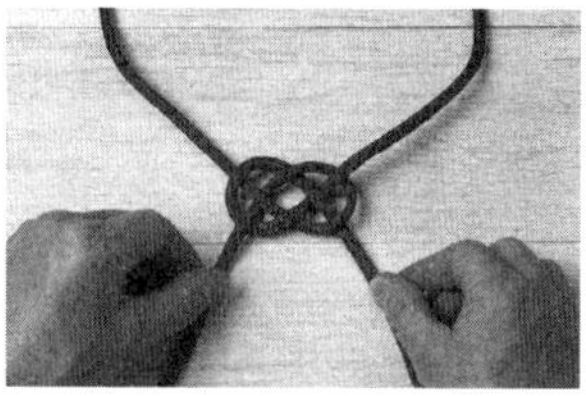

6. 不同于尾端相反的花联结，此结不需要抽得太紧。保持此结平整展开的样式。

反之亦然结

一些难处理的材料，如湿的、黏糊糊的皮带或是蹦极（弹性）的震动绳，总是难以固定并容易从其他的捆绑结中滑出。不过聪明的哈利 · 亚什却想出一种新结，可以使这样的材料打的结也一样牢固。这种结首次出现于 1989 年。此结因为有额外的绕圈和回塞使得它结实可靠。

1. 把两条要连接起来的绳平行放置。

2. 把一根绳的活端从另一根绳的本绳下方穿过。

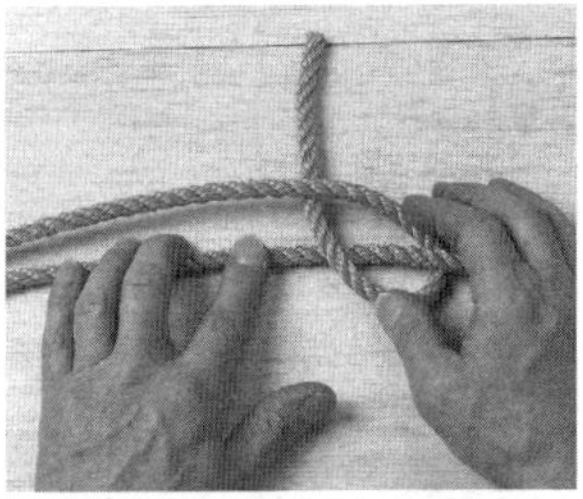

3. 把第一根绳的活端从另一根绳和它自身之间穿过。

4. 把另一绳左端的活端压在第一根绳上。

5. 把第二根绳的活端从第一根绳下方穿过，拉到前面的结前（不穿过去）。

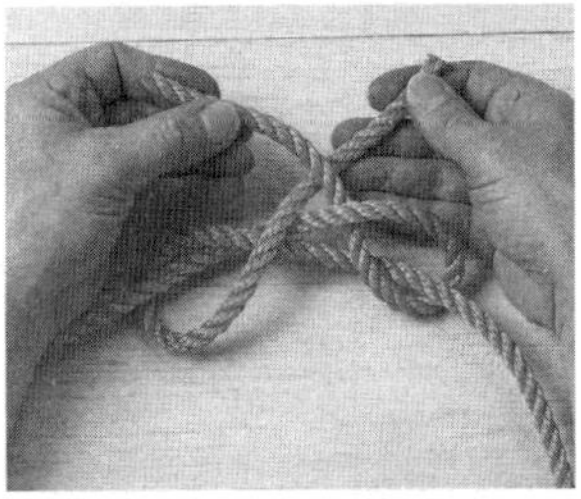

6. 把右侧的活端压在左侧的活端上面，并将其穿入左侧的绳环内，与自己的本绳靠拢。同样，右手抓住左侧的活端。

7. 把右手中的活端穿入右侧的绳环内使其与自己的本绳靠拢。拉动露出来的 4 条绳端收紧此结。

接绳结

这个结并不结实，而且会使绳索的强度下降约 55%，它在受到间歇性的猛拉时会散开，但会打此结是绳结制作者的基本技能。当这种结系上和环相连的系索时，就成了单缔结，系上纱线索时（用和单编结不同的方法）就成了编织结。

1. 用其中一根绳打 1 个绳耳。

2. 把第二根绳穿入绳耳内。

3. 把第二根绳从绳耳下方穿过。

4. 把第二根绳的活端从它自己的本绳下方穿过去，使第二根绳的两端都在结的同一侧（当把许多材料连接在一起时，用这种方式会更安全）。

双接绳结

如果两根绳粗细不同、强度不同，最好用粗的那根绳来打绳耳，打结时使双接绳结朝反向和会散开的方向打。细绳的活端没有必要第三次穿过本绳。如果此结不够有效，可用破裂结来代替。

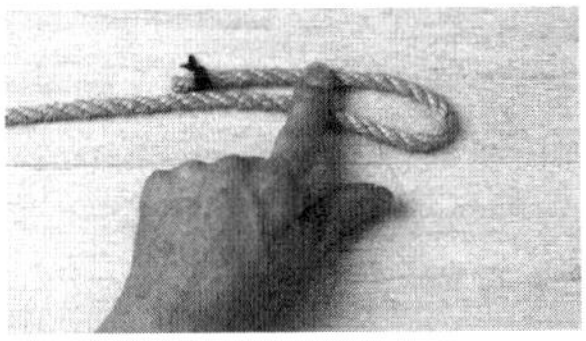

1. 用两根绳中粗的那根绳打 1 个绳耳。

2. 将细绳穿入绳耳内。

3. 将细绳从绳耳下方穿过。

4. 把细绳活端从它的本绳下面 4. 穿过去，使细绳的短端都在结的同一侧（当把许多材料连接在一起时，用这种方式会更安全）。

5. 把细绳活端从绳耳及它的本绳下方穿过，使其位于第一个线圈的右侧。

6. 把活端像第一次那样从它自己的本绳下方穿过完成这个双结。

单线接绳结

如果接绳结需要越过障碍物，那么用这种方式可以使绳结两侧短端的位置得以改善。这种改善方法虽然很简单，却很有效，特别是绳索在水中拖拉、穿过岩石缝隙或是暴露于强风中时。这种3个短端在一侧的结在拖拉时受水流冲击的力要小，穿过岩石缝隙时也不易被岩石卡住。

1. 用其中一根绳打1个绳耳。

2. 把第二根绳穿入绳耳内。

3. 把第二根绳的活端从绳耳下穿过去。

4. 把第二根绳的活端从它自己的本绳下方穿过去，使第二根绳的短端都在结的同一侧。

5. 把第二根绳的活端拉回来，形成1个8字。

6. 最后把这个活端从它在第一根绳上绕的线圈内穿进去，使它与另一根绳的两条绳腿平行。小心地收紧此绳结。

提线结

这种制作起来快速简单的结是把轻质的拉线（或称吊线）附在粗缆绳的绳耳或绳眼的拖拉部位上。此结第一次出现是在 1912 年的海员手册上。

1. 用缆绳打 1 个绳耳。

2. 把轻质绳平放在绳耳上。

3. 把轻质绳的活端从一侧（如图所示）转个方向，在缆绳的本绳上绕 1 圈并从下方穿出来，压在它自己的本绳上。

4. 把细绳的活端从缆绳绳耳的短边下面穿过。

5. 把细绳活端拉至左侧它自己所绕的线圈内，如图所示。注意，大图上显示的是完成的结的反面。

破裂结

破裂结是一种8字形的交织结，如图所示，它是用细的吊线“抓”牢粗绳，使粗绳绳耳的两部分紧密靠在一起，不会弹开。这种结比各种接绳结更能负重，具体能负重多少视绳的规格而定。它可用在远渡重洋的海船甲板上，用来连接粗索，也可用于连接用火柴杆做的大帆船模型上的合股线。

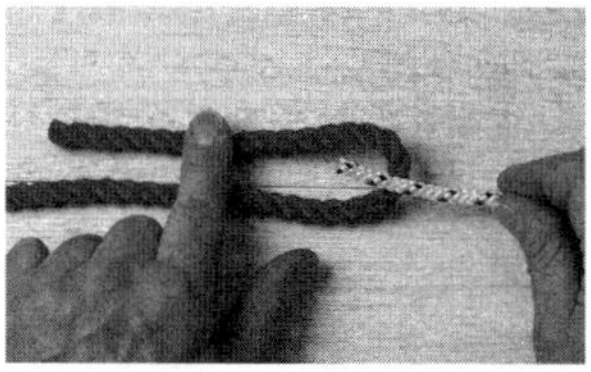

1. 用一根粗绳打1个绳耳，将细绳放在绳耳上。

2. 把细绳活端转个方向，从绳耳的一条绳腿下穿出。

3. 把细绳活端拉回来，压在刚穿过的那条绳腿上并从绳耳的另一条绳腿下穿出。

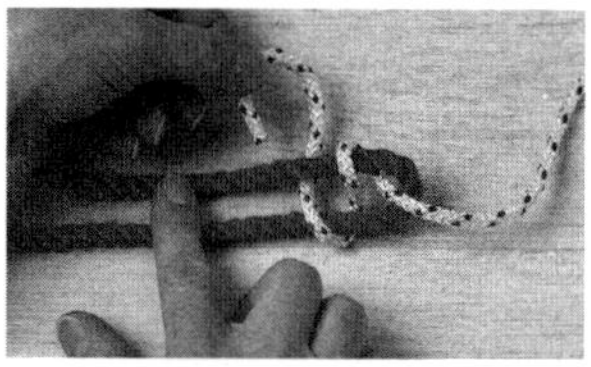

4. 把细绳活端向回绕，使其压在刚穿过的绳腿上，然后使其从另一条绳腿下方穿过。

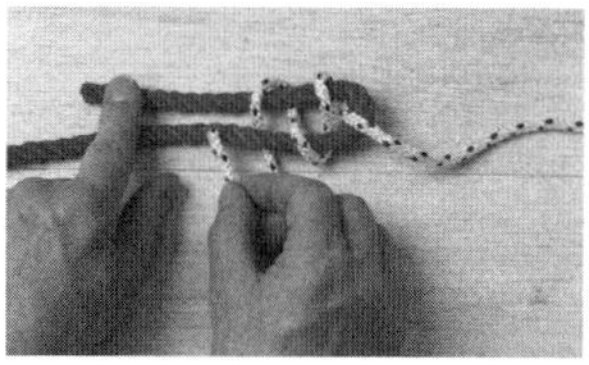

5. 继续这个过程，直至粗绳的绳耳能靠在一起。

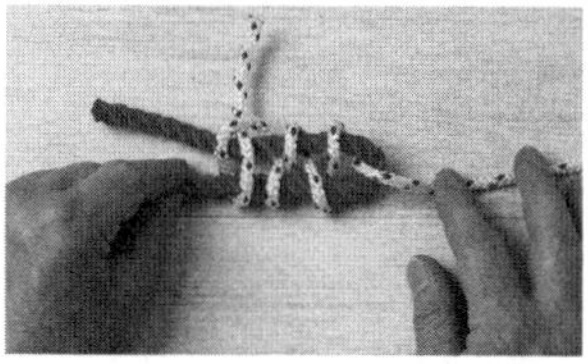

6. 把细绳活端从最后一个线圈中穿出。把线圈朝绳耳末端收紧，完成此结。

抓结

这种结具备提线结所需的安全性、强度，并容易解开。这是一种相对较新的结，由哈利·亚什于 1986 年发明。

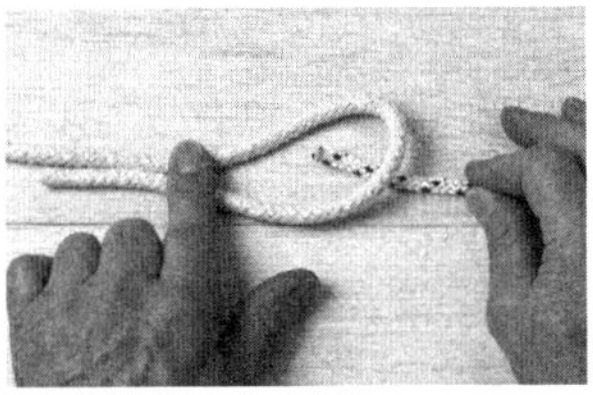

1. 用一根粗绳打 1 个绳耳，将细绳从绳耳下穿过。

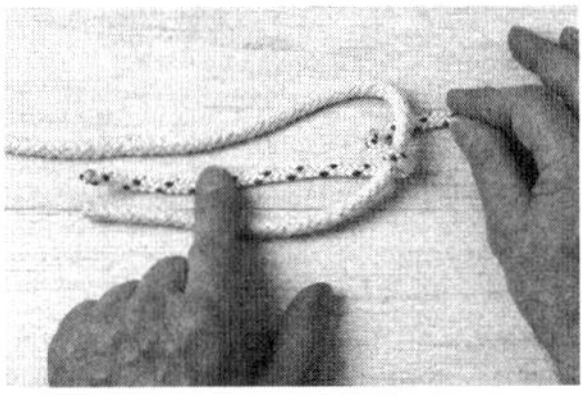

2. 用细绳的活端在绳耳端部绕 1 圈。

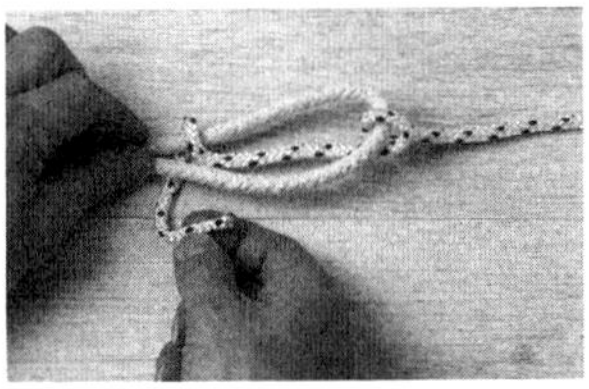

3. 把细绳的活端转向绳耳的一条绳腿，开始在上面绕圈。

4. 保证第一个绳圈缠紧细绳本绳。

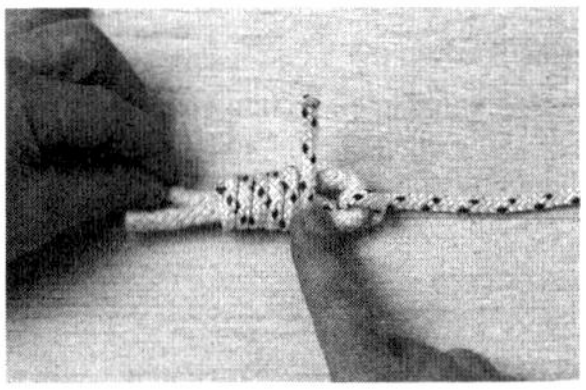

5. 继续用细绳朝着绳耳端部绕线圈，保持线圈整齐并紧贴在一起。

6. 把第一个绳圈松开，拉出 1 个绳环。

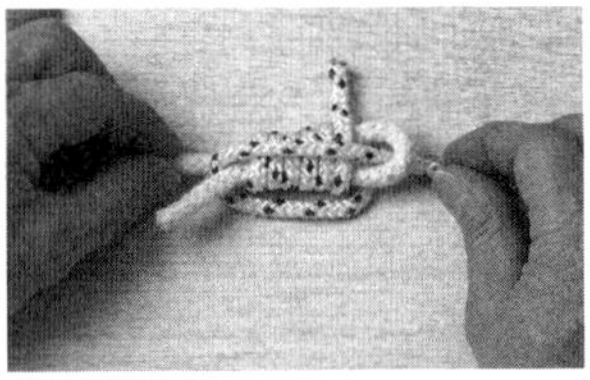

7. 把绳环套在所有的绳圈外，拉紧它，就可以使绳圈和活端都被紧紧地缠在内。为了更安全，可留出比图中所示更长的活端，然后在细绳的本绳打 1 个称人结。

奥尔布赖特结

这是一种经过不断尝试和改进的绳结，渔民常用它把单纤维线和编织绳或把编织绳和电线连接起来。为了更清楚地示范打结方法，图示中选用的绳比实际用到的更粗。此结被创造出来后，最初于1975年被公之于众，但之后又被命名为奥尔布赖特结，所以不知其初创者是谁。

1. 用一根粗绳打1个绳耳。

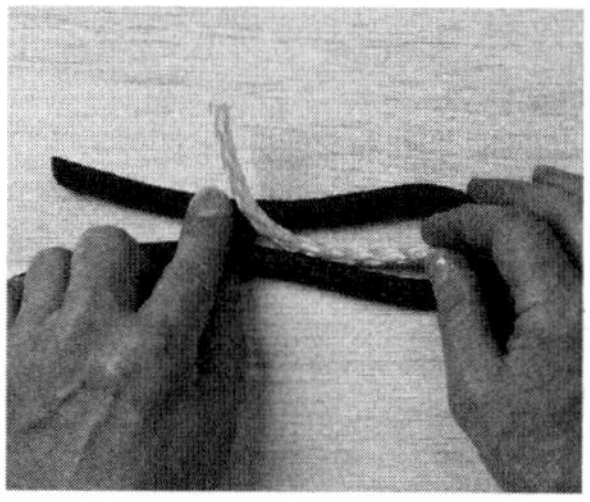

2. 把一根细绳平行放在绳耳上。

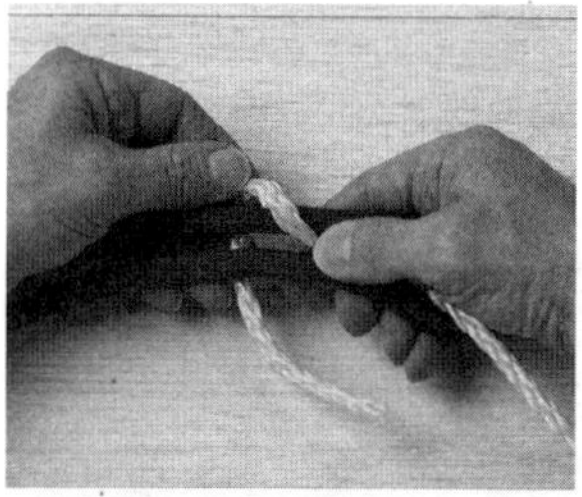

3. 把细绳活端转向绳耳的其中一条绳腿，准备开始绕圈。

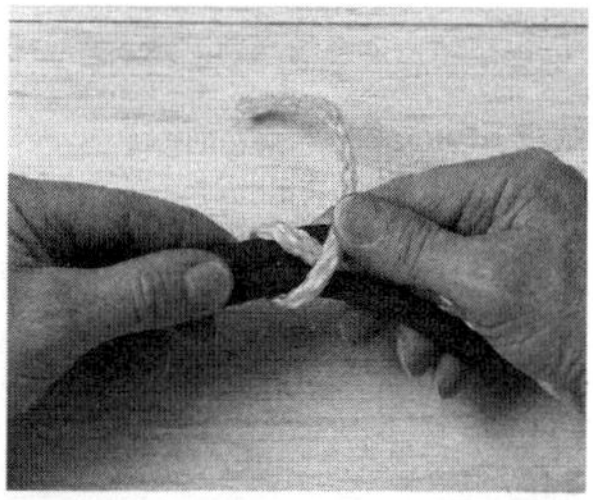

4. 把活端拉到绳耳的上面，将绳耳和细绳的本绳一起缠住，开始绕绳圈。

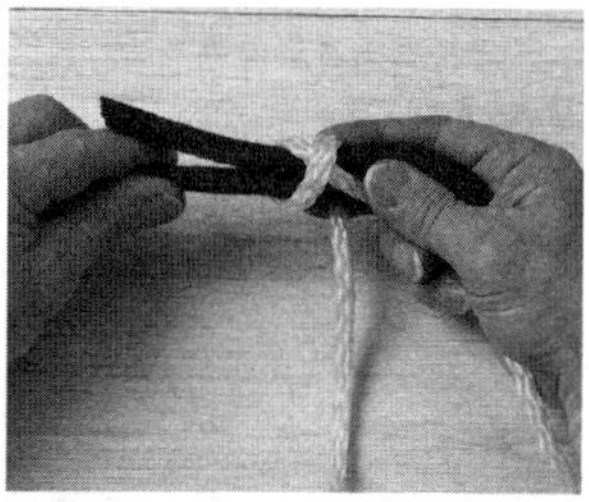

5. 继续绕绳圈，把绳耳的两条绳腿都绕在内。

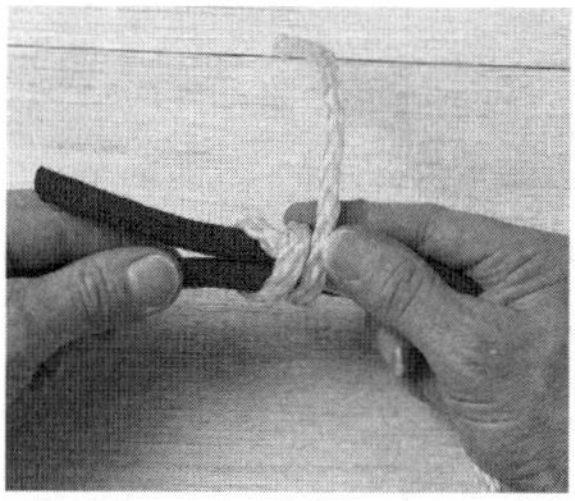

6. 让第二个绳圈紧贴着第一个线圈整齐排列。

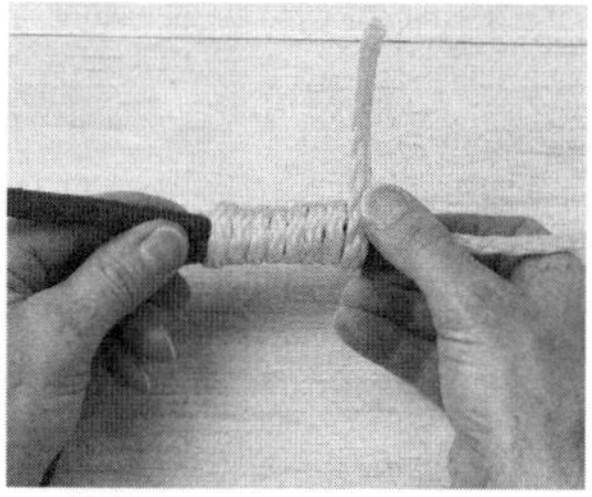

7. 保证绕足够多的绳圈，以使绳结安全、稳定。

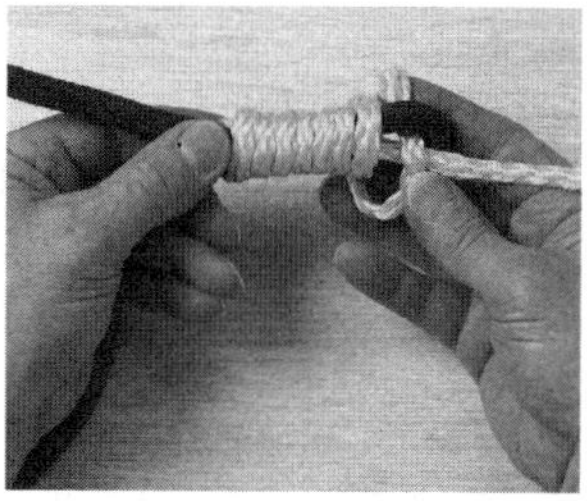

8. 最后，把活端从绳耳中穿过。

单西蒙上结

这种结（有两种不同的方式）是由哈利·亚什于1989年设计并公之于众的。用光滑的合成绳打此结效果更好，一旦掌握了技巧，就能轻易打此结。这种结很少通过书籍或报纸介绍给人们，不过因其可以用指尖轻松地完成，所以值得推广。

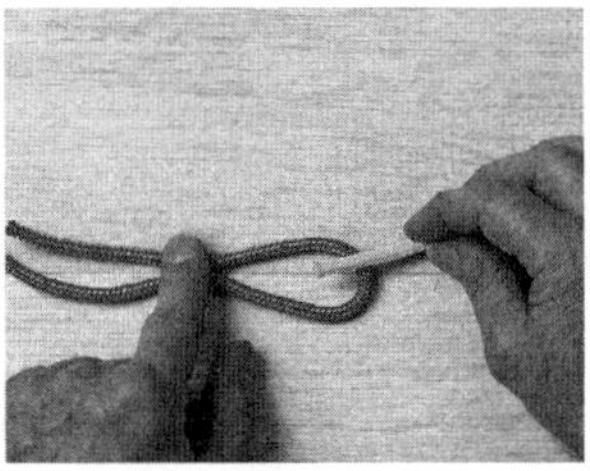

1. 用其中一根绳打1个绳耳，把另一根绳放在它上面。

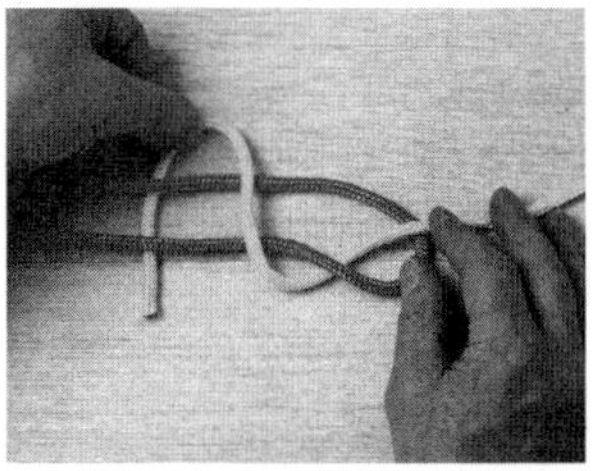

2. 把第二根绳的活端从第一根绳绳耳的一条绳腿下方穿出，压在绳耳的两条绳腿上，再将其从绳耳的两条绳腿下方穿过，呈Z形。

3. 把第二根绳的活端拉上来压在它的本绳上面。

4. 把第二根绳的活端从第一根绳的绳耳中穿出来，和原来的本绳平行。慢慢收紧，完成此结。

单西蒙下结

这是由哈利·亚什设计的单西蒙上结的另一种打法。这个结很像单西蒙上结，但更结实，而且可用不同材质、不同粗细的绳来打此结。这是一种非常有用的结，适合用光滑的合成绳打，值得推广。

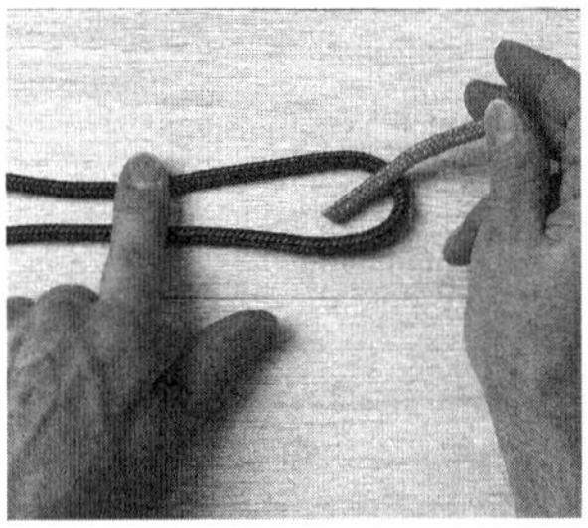

1. 用其中一根绳打1个绳耳，把另一根绳放在它上面。

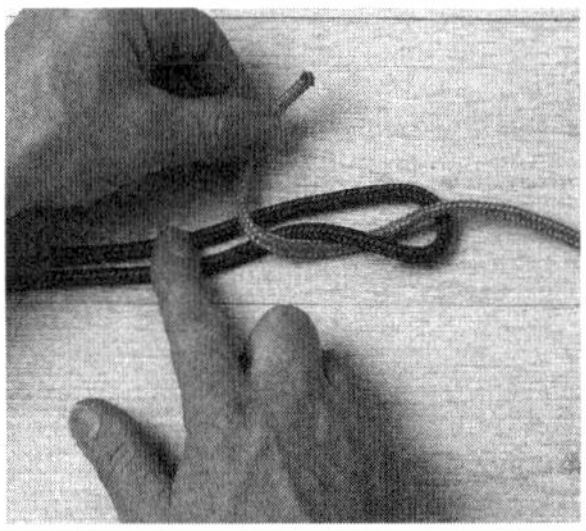

2. 把第二根绳的活端从第一根绳绳耳的一条绳腿下穿出（如图所示），再将其从绳耳的两条绳腿下方穿过，呈Z形。

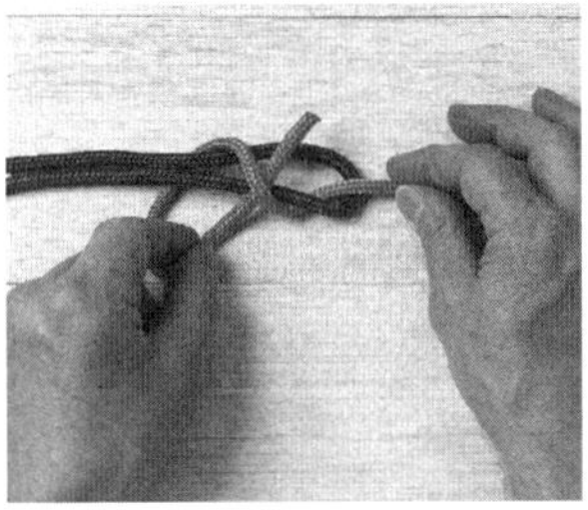

3. 再把第二根绳的活端拉上来从它的本绳中穿过。

4. 把第二根绳的活端从第一根绳的绳耳中穿出，和原来的本绳平行。慢慢收紧，完成此结。

西蒙双结

这是由哈利·亚什设计的单西蒙上结的又一种打法。这种结更安全，而且适合连接各种材质和粗细差异悬殊的绳。

1. 用其中一根绳打1个绳耳，把另一根绳放在这个绳耳上方（如图所示）。

2. 将第二根绳的活端向下穿过第一根绳的绳耳（如图所示）。

3. 用第二根绳的活端对第一根绳的绳耳进行绕圈。

4. 把第二根绳的活端压在绳耳上。

5. 再把第二根绳的活端从绳耳和它自身的本绳间穿出。

6. 把第二根绳的活端交叉放在它本身的本绳上面。

7. 将第二根绳的活端从绳耳中穿出，令其和原来的本绳平行。慢慢把结收紧，注意不要将结扭曲了。

握手结

这是最实用的结之一，但却几乎不为人知，它安全牢固，容易解开，尾端整齐排列。它是由哈利·亚什设计的，不过哈利·亚什承认他发明此结是受在此之前由克厉夫·爱斯利描述的一种绳环结的启发。

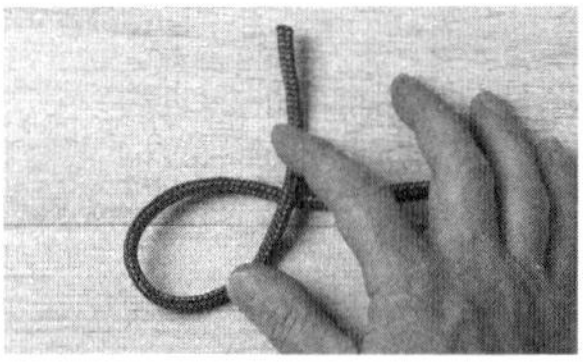

1. 用一根绳打1个绳环，活端压在本绳上面。

2. 将另一根绳穿过第一个绳环，打第二个绳环（活端在本绳下面）。

3. 把第一个活端从2个绳环中间交叉部分穿出。

4. 把第一个活端拉到2个绳环前面。

5. 把第二个活端从2个绳环的交叉部分穿入。

6. 轮流拉两根绳的活端和本绳收紧此结。

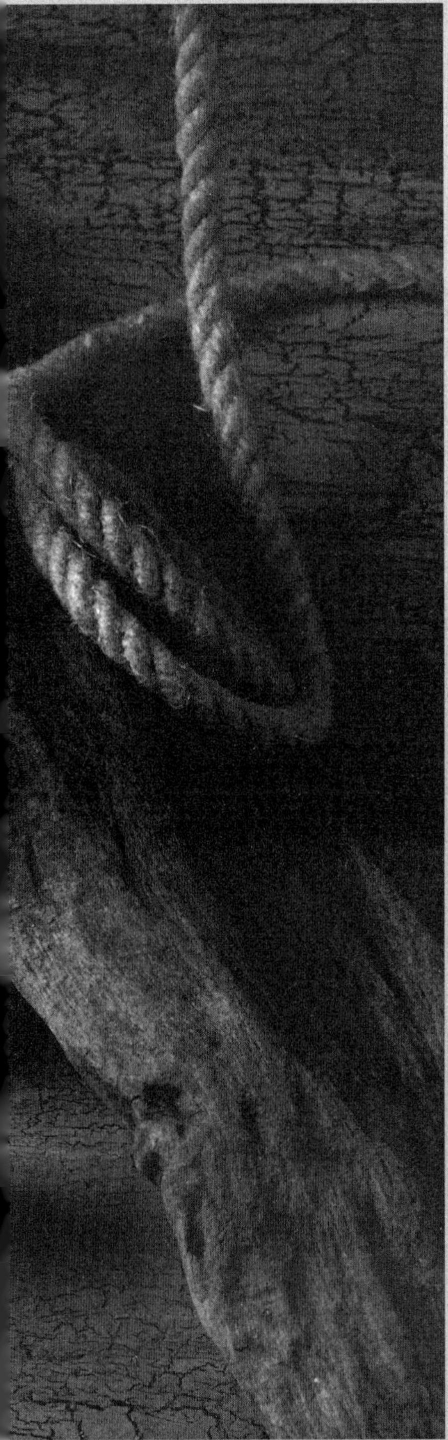

套结

套结是用来系诸如缆柱、桅杆、围栏、圆环或钩子的方式，当然，并没有哪一个套结是可以拴住所有物品的。

——赫维·盖略特·史密斯，《水手的艺术》，1953 年

一根绳用来“抓紧”（不是套住）不同的物品，甚至是另一根绳时，不用其他外物只用结本身来“抓紧”其他物品的结称为套结。一些套结在依附物的垂直方向拉紧可更好地发挥性能，另一些套结却适合从侧面或是不同方向来拉紧。偶尔也有少数套结朝着尖端方向收紧，本章也会介绍一种类似的结。实际上渔人结、锚结或上桅帆升降索结都是套结，都包括在这个范围内。有些结的名称有点不合适是因为旧时的水手常常把绳与环或桅杆连接的结称为捆绑结。索结也是一种套结，但因为已有另一种索套结存在，所以它才被称做绳结。

奶牛系列套结

这是一种非常有用的结，一般是沿依附物的垂直方向拉紧，可作为吊索用于悬挂花园顶棚或车库顶棚的挂物等。

1. 把活端在依附的物体上从前往后绕1圈向下悬挂。

2. 把活端拉到本绳的前面。

3. 把活端从要依附的物体后面绕过去，再从前面拉出来。

4. 把活端穿入绳耳，这样就形成了1个不太牢固的普通奶牛结。

5. 把活端从结的后面穿过去，使结更为牢固。

变种奶牛结

这种结比奶牛系列套结更为结实。它的外形和奶牛系列套结相似，是由哈利·亚什发明的。奶牛结是1955年法国的罗波特·庞特在魁北克公之于众的，并命名为匹威克·卡斯特（以打这种结的孩子命名，这个孩子是波斯·布鲁尔部落的）。此结可用来悬挂纪念品、挂脖颈上的珠宝或是护身符之类的物品。

1. 把活端在要依附的物体上从前向后绕1圈。

2. 用活端绕本绳打1个半套结。

3. 把活端绕到前面，再将其拉到上面从要依附的物体后面绕过来。

4. 把活端从前面拉下来，穿入封闭的绳圈内。

8 字形套结

这是一种很平常的夹紧的结，用在临时性的、要求不高的情况下。这种套结很简单，容易掌握。它有个额外的交叉部分，所以受到的摩擦比半套结要多。不过它比半套结牢固，特别是对直径较小的物体。但是使用时要注意，因为和其他很多套结相比，它的强度要低。

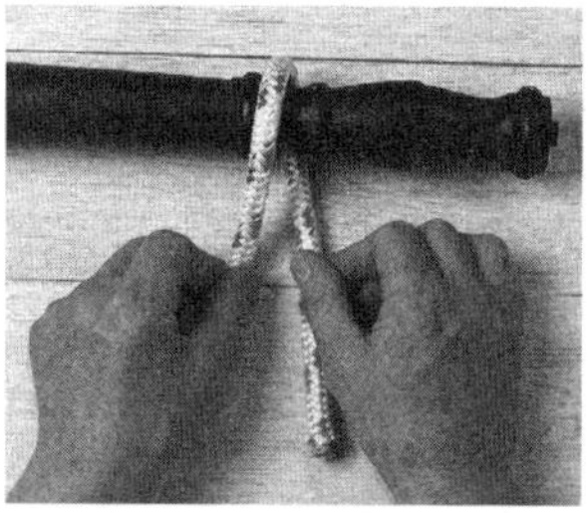

1. 把活端在要依附的物体上从前往后绕 1 圈。

2. 把活端拉到前面绕过本绳（从右到左）。

3. 把活端从本绳后面拉过来（从左到右）。

4. 把活端从绳环中穿过去，形成 8 字形的。

上升索套结

实际上，这种结是在1个半套结的基础上再打1个半套结，然后把绳子的活端固定在套结内。这种结常用在抖动厉害的绳索上，比如船桅和旗帜的升降索上。除此之外也用在横帆的卷帆索上（卷帆索抖动得很厉害，所以需要非常结实的结）。用扁平的绳索打这种套结后来演变成了19世纪60年代男士领带的打法。

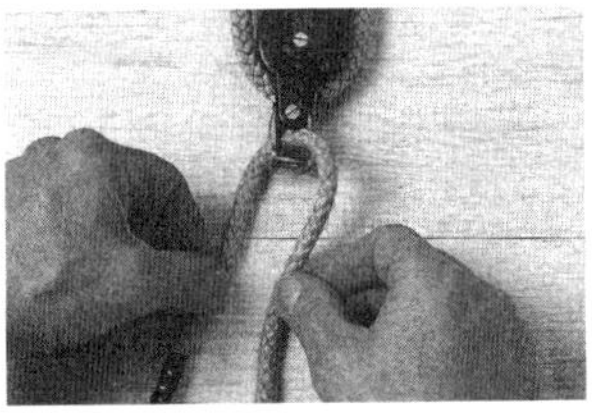
1. 把活端从前往后穿过绳结要依附的物体。

2. 把活端绕过本绳从后面穿出，形成8字形。

3. 把活端从形成的绳环上拉过。

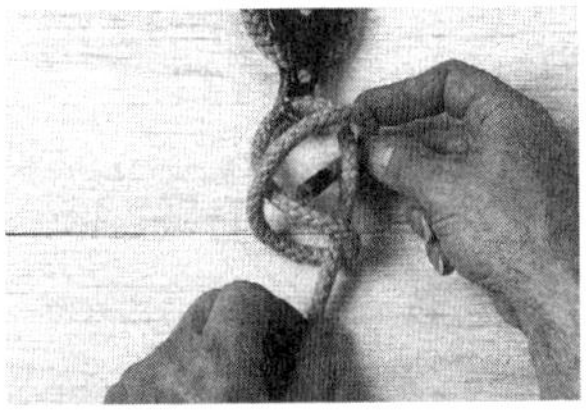
4. 把活端从绳环后面穿入。

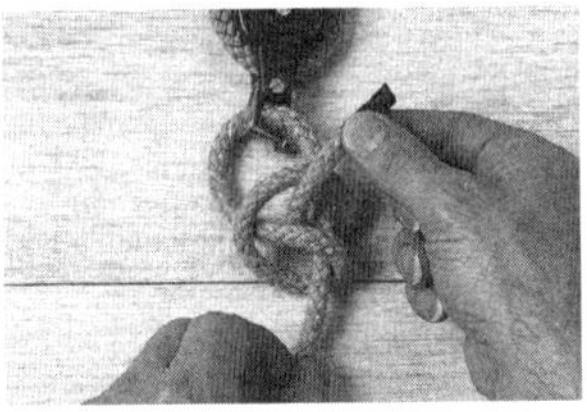
5. 把活端拉出，形成2个半套结。

用绳耳打的双套结

这种结很容易打，所以很受欢迎。但受到猛拉时这种结会移动，而且可能松开，所以可以考虑加1个捻环。此结可用来悬挂物品或是把一条小船拴在柱上。在海边，这种结又称为营造结。

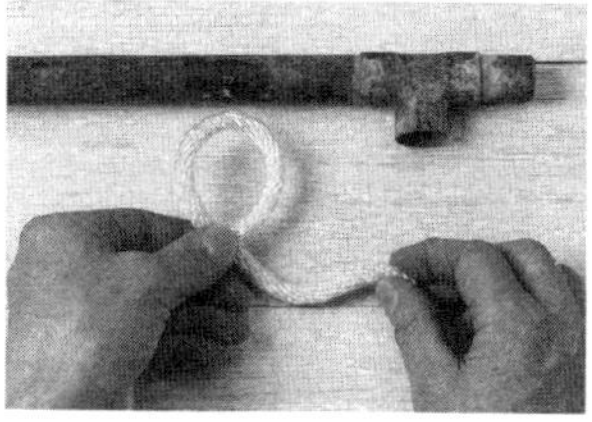

1. 在绳子合适的部位打1个上手绳环。

2. 隔一段距离打1个下手绳环，这2个绳环是反向的。

3. 让这2个绳环大小相同并靠在一起。

4. 稍稍旋转2个绳环，使它们重叠起来。

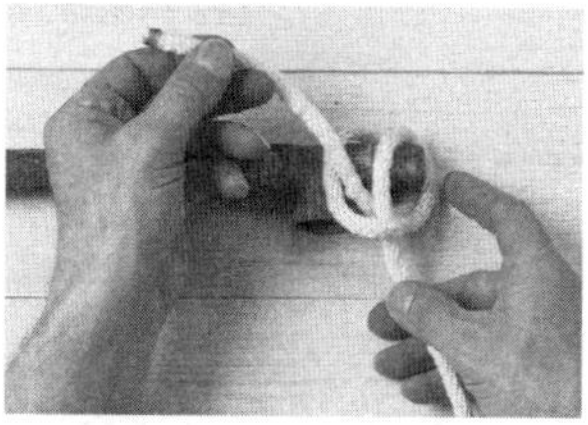

5. 把2个绳环套在围栏、桅杆、绳索或是其他物品上，然后拉两端收紧套结。

用活端打的双套结

这种方式打的结既不会从系船柱或是支柱上滑下，也不会从围栏一端滑出，还能系在环上。

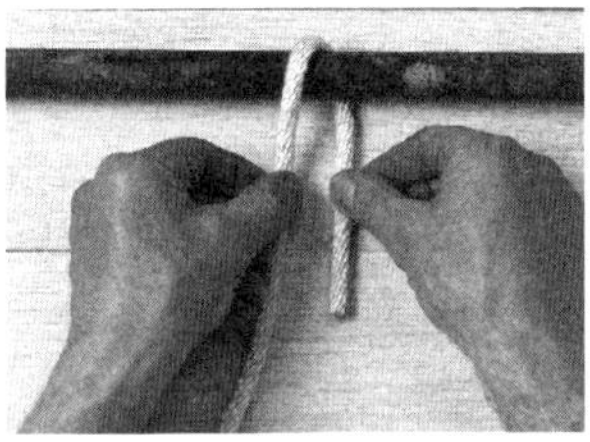

1. 把活端从前往后绕过要依附的物体。

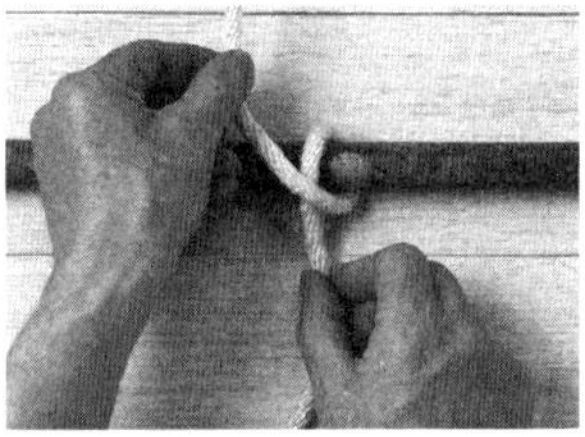

2. 把活端拉到前面，并以对角线形式交叉拉过本绳。

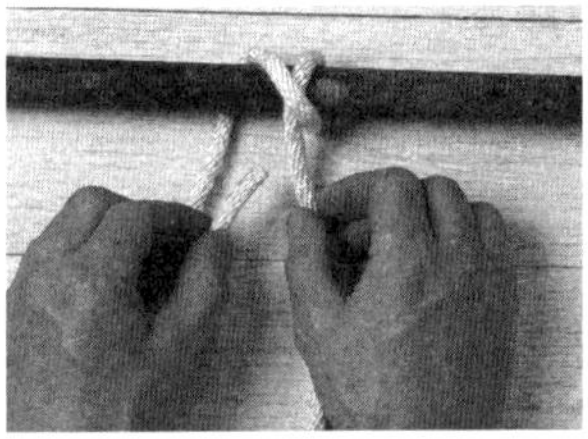

3. 把活端拉到被依附物后面，这样可以缠住本绳。

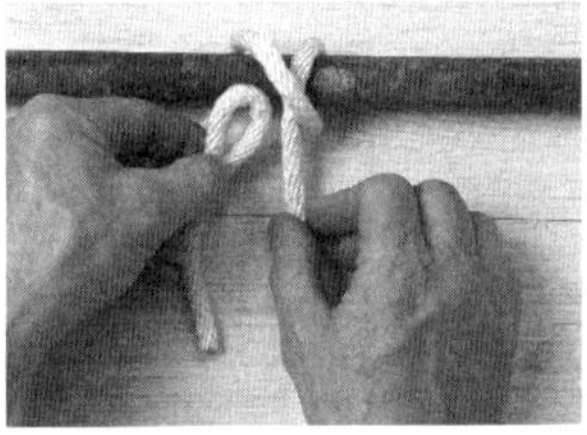

4. 把活端塞进“对角线”下面（活端折成N形，或是对折）。

5. 如果要求绳结能很快被解开，可留1个捻环。拉本绳收紧绳结。

地面线套结

这是一种简单易学的套结，可以把细的线系在粗的绳上。捕鳕鱼的渔夫常把此结用在捕鱼的拖网上，骑兵和野外探险者也用此结把绳系在支柱上。此外，地面线套结还可用在卷绳的末端以把卷绳绕在一起。可用各种规格和材质的绳索来打此结。如有需要可加1个捻环使结容易解开，此结一般用于比较单一的物品和稳定受力的情况下。

1. 把活端沿被依附物从前往后绕1圈。

2. 把活端拉到前面来（如图所示，拉到本绳的左边）。

3. 把活端以对角线的形式交叉拉过本绳。

4. 把活端从被依附物后绕过，在本绳的右边出现。

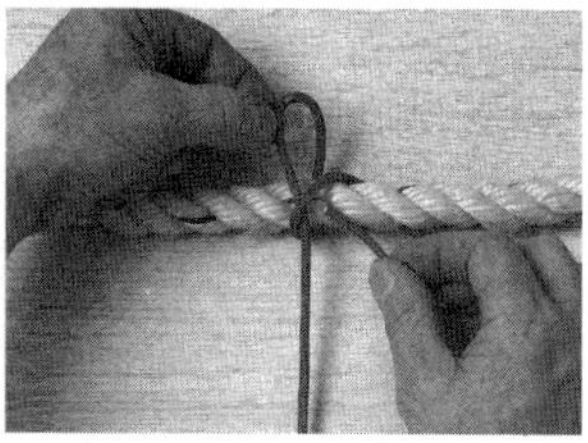

5. 拉本绳向上形成1个上绳耳。

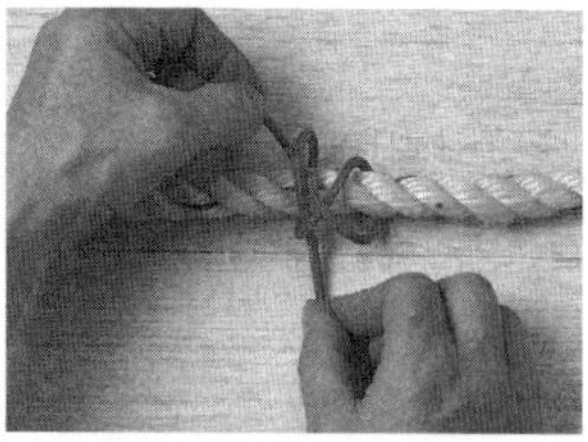

6. 把活端塞进新的绳耳内，拉本绳收紧此结。

牧童结

孩子们喜欢学习并展示这种结。虽然它外表看起来复杂，但实际上轻轻一拉短的绳端，结就会完全松开。做手工时可把这种结当作“第三只手”，也可用它来拴一艘船或是一匹马。虽然此结叫作牧童结，但并没有证据证明是因牧童使用而得名的。

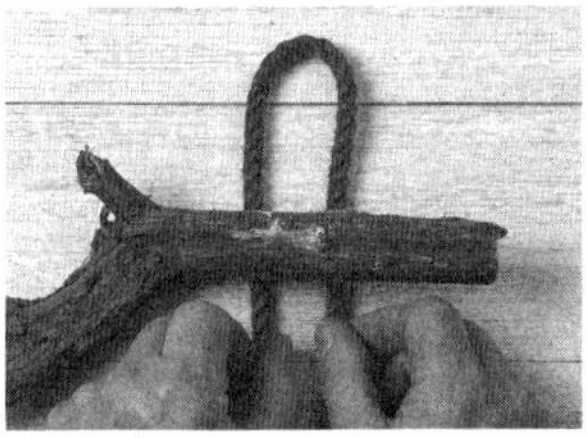

1. 用绳子一端打 1 个绳耳，放在围栏后面。

2. 在围栏的前面打 1 个一样的绳耳。

3. 把第二个绳耳穿入第一个绳耳内，拉活端收紧。

4. 用活端再打 1 个绳耳（这实际上是第三个绳耳）。

5. 把第三个绳耳穿入第二个绳耳内，拉本绳收紧。最后一个绳耳可能会承重。要解开此结，只要一拉活端就可以了。

三套结

这是一个复杂的双套结，可以承受纵向拉力。为了方便用力，结身上的两条斜线必须紧扣物体。

1. 把活端从前往后绕被依附物1圈。

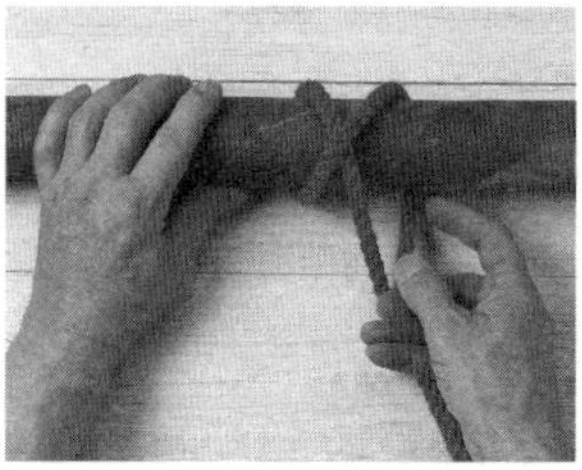

2. 把活端拉到前面，交叉压在本绳上。

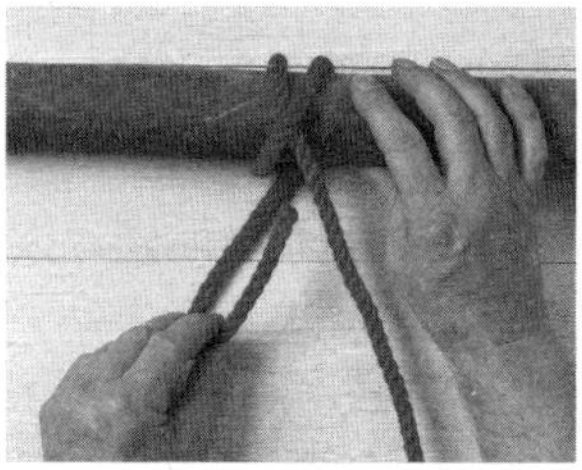

3. 再把活端绕被依附物1圈，从后面拉到斜的绳圈和本绳之间。

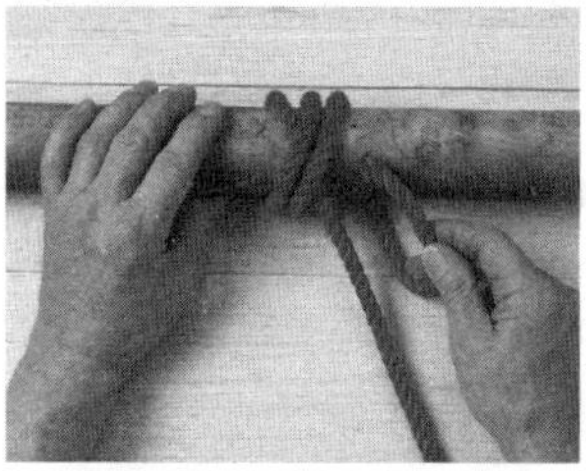

4. 用活端再绕1圈，紧挨着前面的线圈（同时紧靠本绳），然后再从被依附物后绕出。

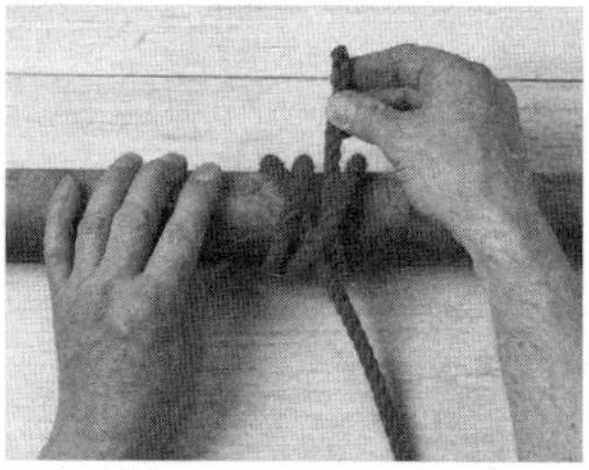

5. 把活端塞进后一个线圈内，收紧。

吊索套结

当渔网在波浪起伏的海里“行进”时，这种结可保护挂在捕鱼船后浸在水里的渔网下端。这种结是一种很小的套结，虽然简单，却能承受因为持续在水下运动而受到的水中各种力的作用。

1. 把活端从基绳后面穿下来。

2. 把活端拉上去并从本绳后面穿出来（如图，从左到右）。

3. 把活端绕到基绳后面。

4. 最后把活端越过第二个结穿入第一个结下面。

吊索结

此结位于吊索的上面，与浸在水里的吊索套结相比，它需要打得更结实才能抵抗海面上汹涌波浪的冲击。

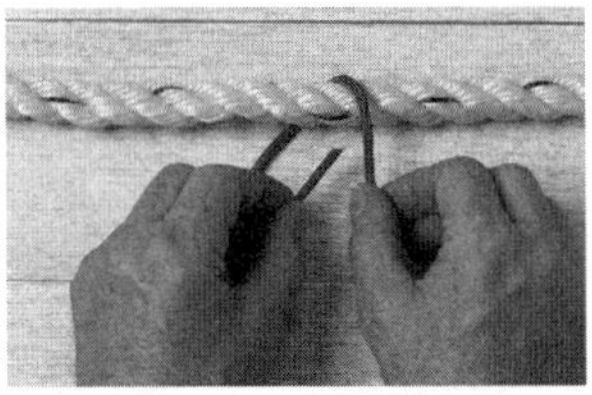

1. 把活端在基绳上从前往后绕 1 圈。

2. 把活端交叉压在本绳上，再从基绳后穿出。

3. 把活端沿第一个线圈斜向绕第二个线圈。

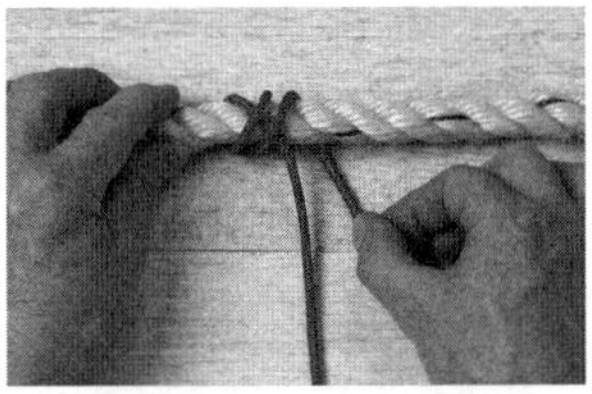

4. 完成第二个线圈，让其紧挨第一个线圈。

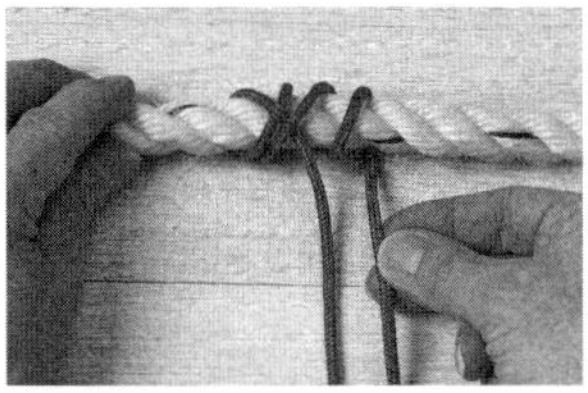

5. 把活端绕基绳 1 圈，这次不穿过本绳。

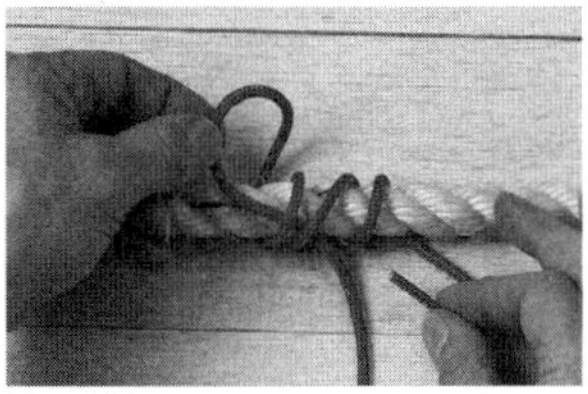

6. 从基绳后面的本绳上拉出 1 个松松的绳耳。

7. 把活端穿入绳耳内，拉本绳收紧。

斜桁上桅帆升降索捆绑结

这个结是从木船、帆船盛行的时代流传下来的，从它的名字就能让人联想到怒吼的波涛和海上的水雾。它之所以被称为捆绑结并不是因为它属于捆绑结，而是因为水手们习惯把系在环或围栏上的绳都称为捆绑结。在垂直于被依附物方向的拉力作用下，这个结是相当结实的。

1. 把绳索的活端从桅杆或是围栏的后面绕到前面。

2. 把活端在被依附物上绕一整圈。

3. 把活端拉下来，将其从本绳下方穿过。

4. 把活端穿入 2 个线圈内（图示为从左到右）。

防震动的套结

此结是美国物理学家埃莫尔·布罗奇·罗文斯在 20 多年前发明的，用于系在直径较大的物品上。对本绳的震动只会使这个棘齿般的绳结更加收紧。

1. 把活端从前往后绕被依附物 1 圈，然后将其与本绳以对角线形式交叉放置（活端在本绳下）。

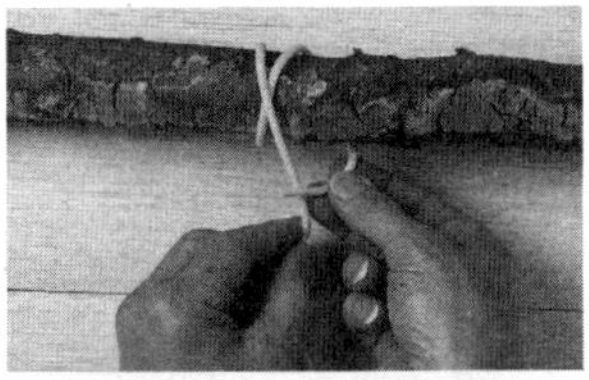

2. 把活端在被依附物上再绕 1 圈，从被依附物下面穿出。

3. 把活端压在本绳上，然后再将其从下面的"对角线"下方穿出（从左到右）。

4. 再将活端从下面的"对角线"上方穿出。拉本绳收紧绳结。

紧套结

这是一种相当新的绳结，直到 1987 年才受到关注，是由英国约克郡的欧文 .K. 南特发明的。多次的填塞和多道绳圈使这种结能够抵抗各种拉力，即使用合成绳打这种结也会很牢固。

1. 用活端绕被依附物 1 圈，然后交叉地压在本绳上方。

2. 把活端向被依附物后绕去，再拉到前面来。

3. 把活端交叉压在本绳上方，再穿入前面的线圈内。

4. 把活端拉到被依附物的下方。

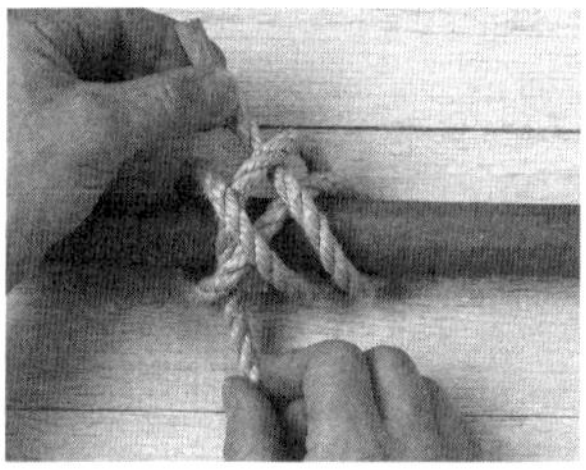

5. 再把活端拉到被依附物上方，压过绳结右侧的第一绳圈穿入第二绳圈内。

6. 将活端再次从被依附物后面绕过来并向上穿过另一个绳圈。把本绳从前向后绕被依附物 1 圈再从最下方的绳圈中穿过。最后收紧此结。

拉线套结

这种形状饱满并且很吸引人的套结是由克厉夫·爱斯利在 1944 年公之于众的。这种结可以很快地打起来，虽然它要绕很多圈却只要将活端穿入绳圈一次就可以。它可以承受不同方向和强度的拉力，而且无论在干燥还是潮湿的环境中都能良好地工作。

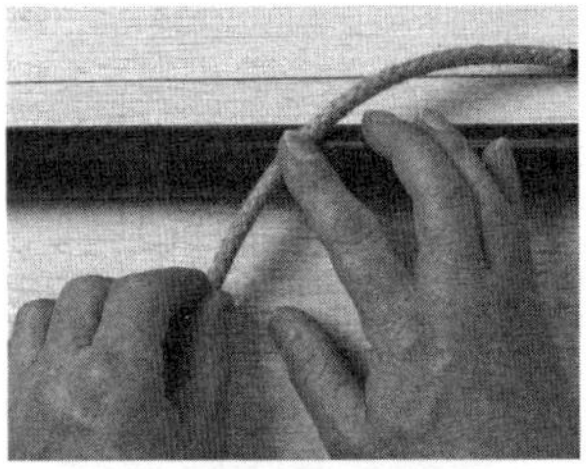

1. 把绳沿对角线方向斜放在被依附物上（图示中从左到右）。

2. 把活端绕到被依附物后，再拉到前面来。

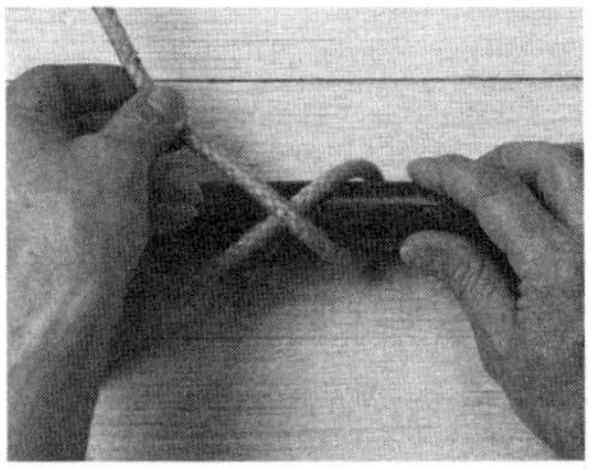

3. 把活端从右到左沿对角线方向压在本绳上。

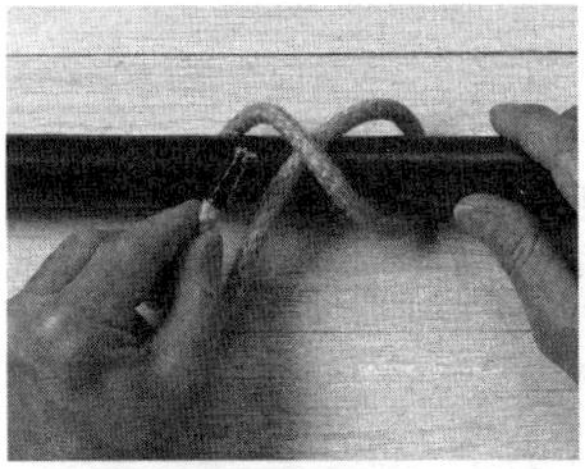

4. 再把活端从被依附物后绕过，并拉到前面来。

5. 把活端沿对角线从左到右交叉压在交织的绳结上。

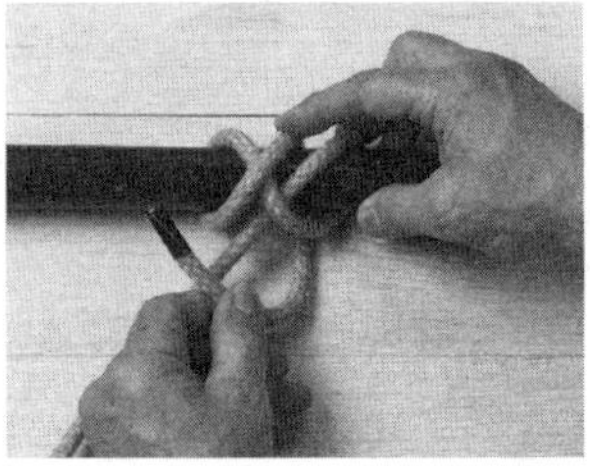

6. 把活端拉到被依附物后，从 2 个结之间绕到前面。

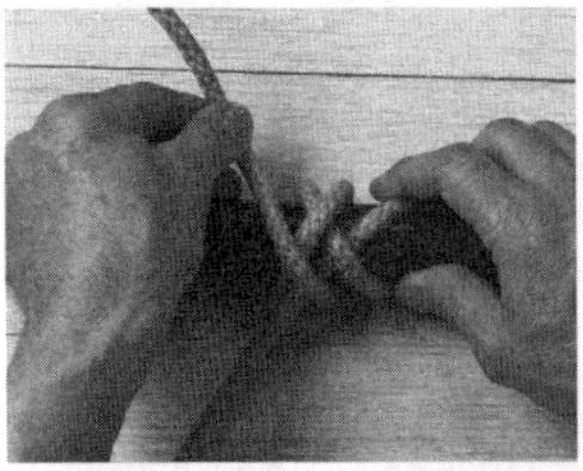

7. 把活端沿对角线方向从右到左压在本绳和绳结上。

8. 用活端绕被依附物 1 圈，拉到前面来。

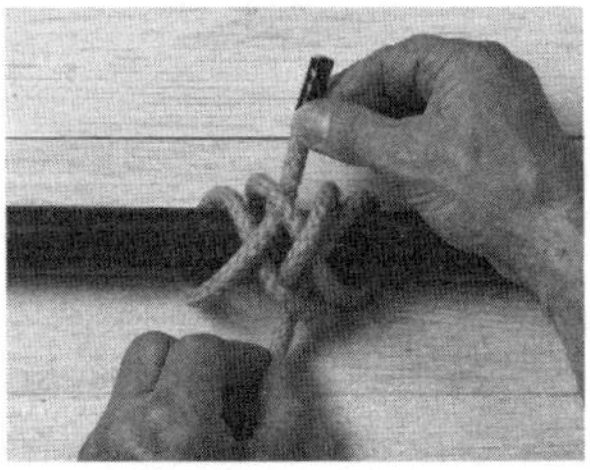

9. 最后将活端压在左侧第一绳圈上方穿入第二个绳圈内。收紧绳结。

系木结／锚结

系木结开始时只是帮助伐木工人用来把砍倒的树从树林中拖到最近的交通运输站，后来推广到在任何崎岖的地形或是水中拖拉各种物品时都能使用。对于细长的物体，如脚手架和旗杆，可以给系木结加 1 个半套结，使其变为锚结，这样就可以使物体沿直线移动了。锚结可以用来拴一艘小船、浮标，甚至是龙虾罐。

1. 用绳子的活端在要拖的物体上从后向前绕 1 圈。

2. 把活端在本绳上绕 1 圈，形成 1 个小的绳环。

3. 把活端穿入绳圈内。

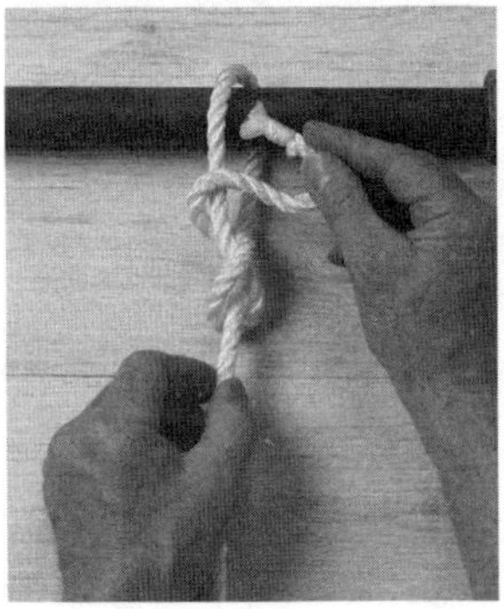

4. 把活端在绳圈上再绕 2 ～ 3 圈。

5. 完成后再将活端穿入绳圈内。（如果想让绳索能承受更大的摩擦可再多绕几圈）

6. 拉固定端收紧这个索套，这就是系木结。

7. 再打 1 个半套结把系木结转变为锚结。

8. 半套结与原来的结的距离，主要根据要拖动物品的大小而定。

黏附克拉拉

当需要把细绳系在粗绳上以承受纵向力时，这种结能使绳子牢固地靠在一起。这是哈利·亚什的又一项发明，于 1989 年被公开。把要承受的力加在本绳的一端，步骤图中显示为右端（在完成图内为上端）。打结时小心一点，把活端留得要比图中所示长一些。

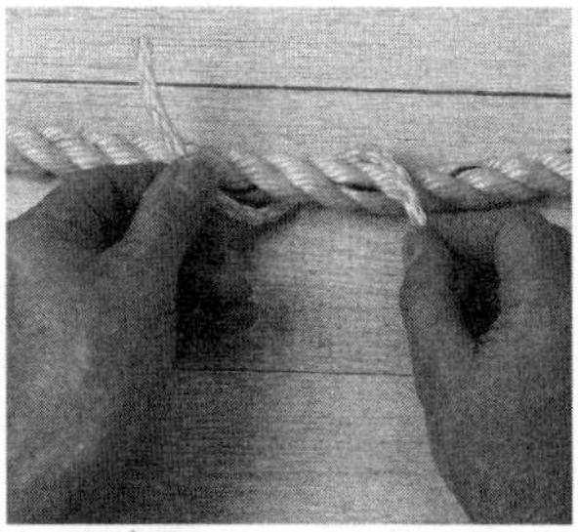

1. 用细绳的活端在粗绳上绕 1 圈，绕圈时要顺着绳股编织的方向绕。

2. 把活端拉回本绳处。

3. 用活端绕本绳 1 圈，回到原来的方向。

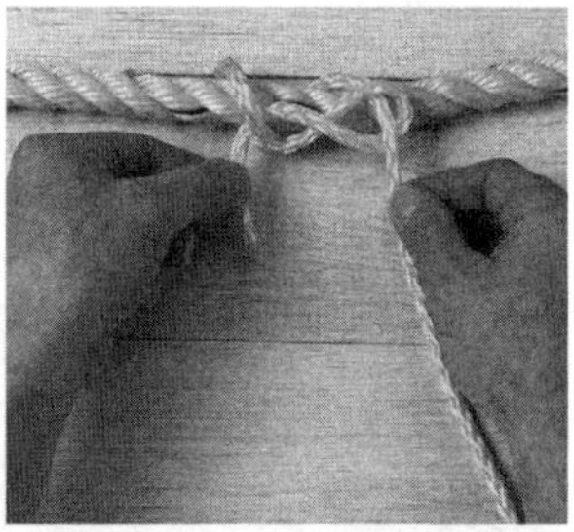

4. 把活端压在结上（图示中为从右到左），穿入最开始绕成的线圈内。

拉纤结

泰晤士河上的拉纤人拖拉伦敦港的轻质船时，用的就是这种结。这种结同样适合马戏团、剧院的索具装配人或是搬运工（海边）使用。因为此结未被完全收紧，所以在数秒内就可以轻松地解开。

1. 用绳索的活端绕过柱子。

2. 再绕 1 圈，用摩擦来抵消受到的力，然后把绳子调整到所需长度。

3. 用绳索的活端（需要很长的活端）打 1 个绳耳。

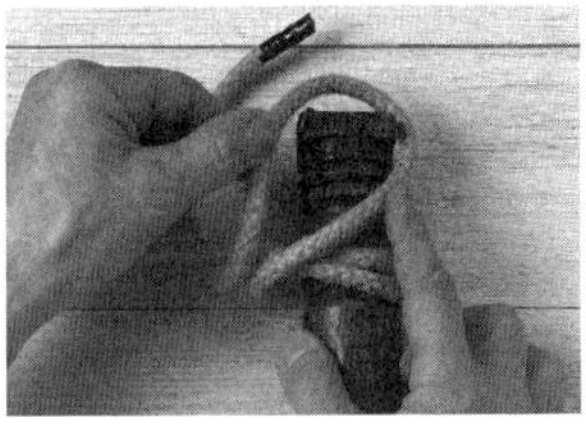

4. 把绳耳从拉紧的本绳下方穿过，套在柱子上。

5. 把活端从本绳上绕过，形成 1 个小的绳环。

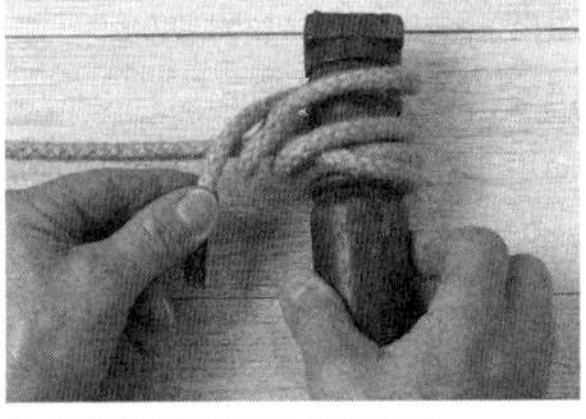

6. 再把活端在柱子上绕 1 圈。

纽特套结

这种古老的绳结由美国索具装配人布莱顿·多斯于 1990 年命名。此结可以把系索或升降索附在有小孔的物体上，用来挂小刀、帆或挡板等。

1. 用系索的活端打 1 个小的绳耳。

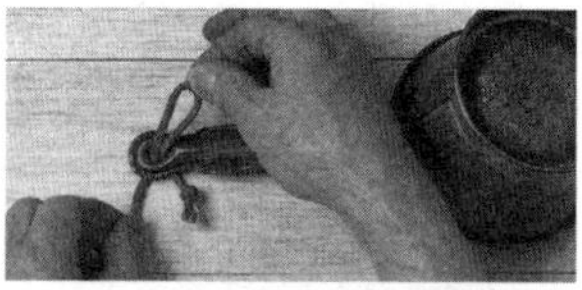

2. 把绳耳从任何略大于两根绳直径之和的孔中穿过。

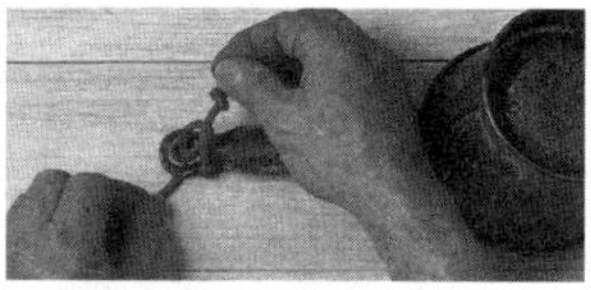

3. 把活端穿入绳耳内（用活端打 1 个活结），拉本绳收紧。

堆积结

国际绳结制作指导协会的会员约翰·史密斯曾说过，如果在世上只能有一种结的话，他只要这种结。此结可作为（如图所示）一种绳结、捆绑结、缠结或是绳环来使用。此结可把绳索拴在柱或围栏上，用来阻挡人群或隔开施工的公路，只需把绳索打个绳耳或绳环套在柱、围栏上就可以了。

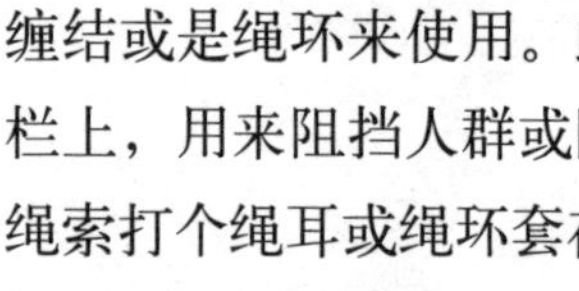

1. 用绳索打 1 个绳耳，然后将其绕在被依附物上。

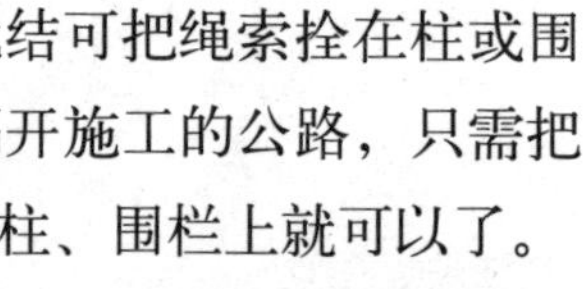

2. 将绳耳压过两条绳腿套在被依附物上，拉绳腿收紧此结。

双堆积结

约翰·史密斯设计的双堆积结可作为三套结的一个替代结来使用，它可以承受纵向力。

1. 用绳打1个绳耳。

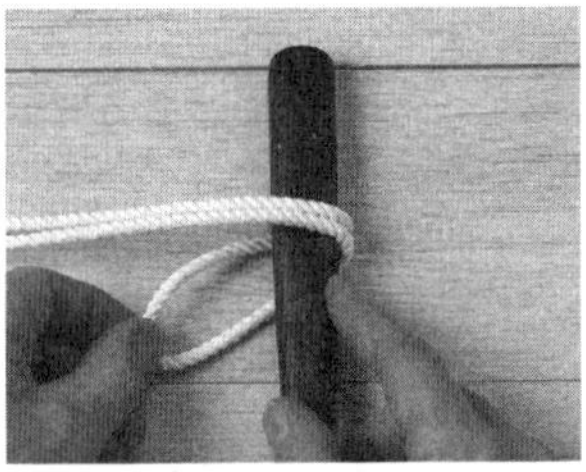

2. 把绳耳绕在柱或桩之类的被依附物上。

3. 用绳耳在双本绳下方绕个圈。

4. 让绳耳沿柱子绕完一整圈。

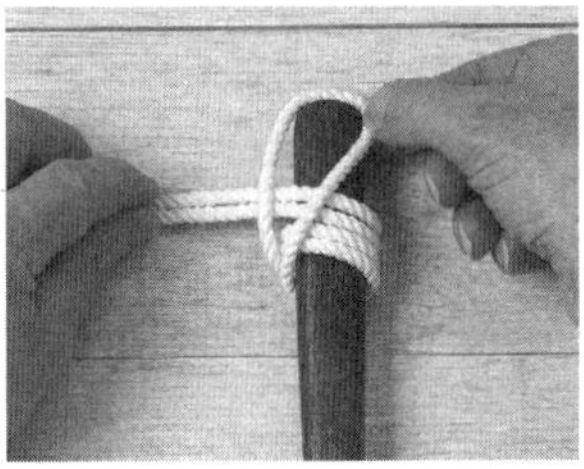

5. 把绳耳套在柱子上。这种套结能承受对其中任意一条绳腿或是两条绳腿上共同施加的力。

冰柱结

约翰·史密斯在1990年5月的国际绳结制作指导协会的年会上演示了这种具有独创性的绳结。他把此结系在支架上（锥尖向下）来做演示。演示结果证明，这种精心制作的套结即使套在黄铜杆那样光滑的物体上时也能承受拉力的作用。冰柱结最近受到一个土木工程师的极力赞扬，他曾试图把一棵小树从地面上拔起，试了很多种方法但只做到了把小树的树皮剥去而已，最后他借助了此结，成功地将小树拔起。

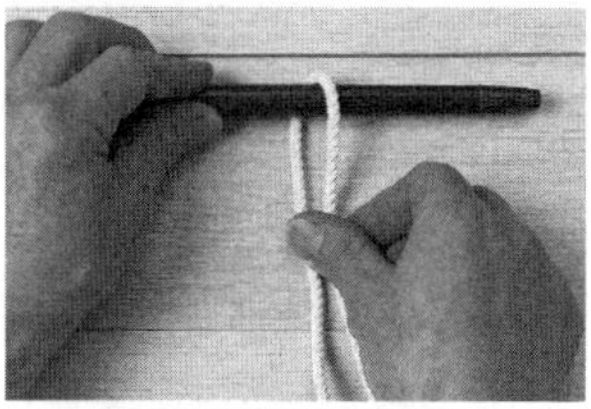

1．用绳从前往后绕过被依附物。

2．把绳逆着拉力的方向绕1圈。

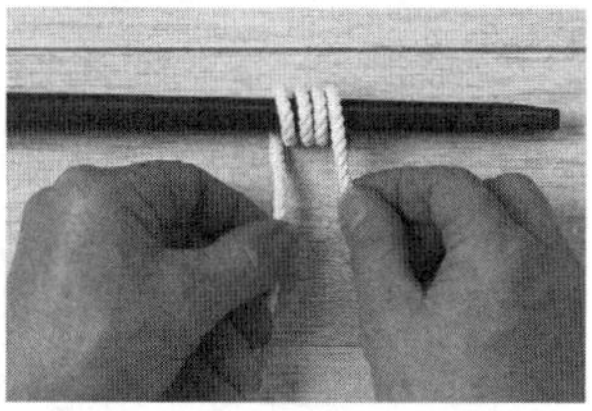

3．至少绕4圈，或按所需绕圈。

4．把活端拉到本绳后面，形成1个向下的绳耳。

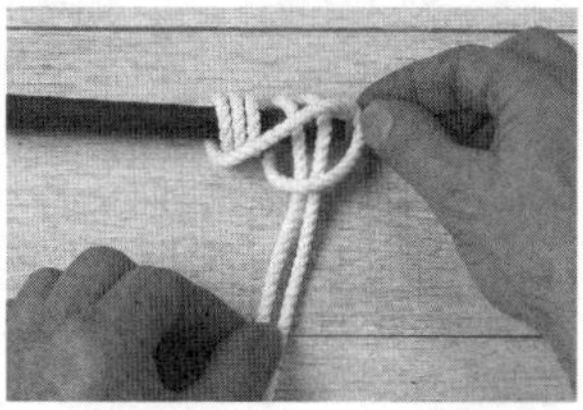

5．把绳耳从两条绳上方拉到被依附物尾端，套在被依附物上。依次拉垂直的两条绳腿收紧绳结。小心地在固定端增加重物时，此结就会拉伸开（如图所示）。用力的时候要求这个套结的最后两圈（如果物体有锥度的话，最后两圈应该绕在厚端）不分开，否则需要再绕几圈。打好的这种套结具有很大的抓力。

捆包的索结

用环状的绳索来打此结，可捆绑任何大包、桶或圆的物品。如果是起重机使用此结，可在挂钩上用绳耳打 1 个猫爪结固定。

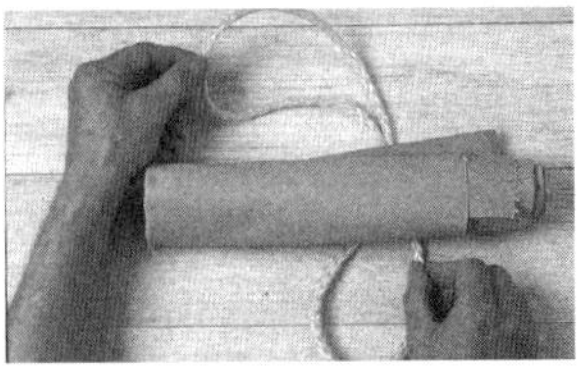

1. 把皮带或绳索两端系紧放在要提起的物体下面。

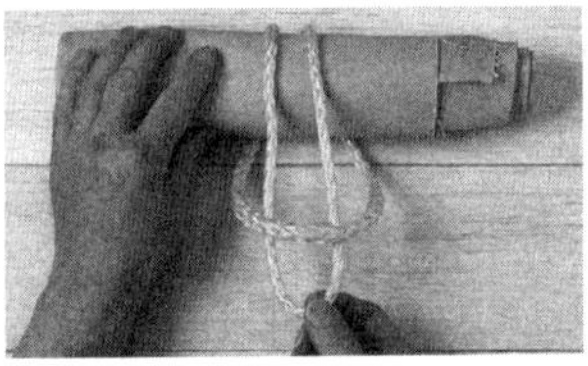

2. 把皮带一端的绳耳从另一端的绳耳穿过。

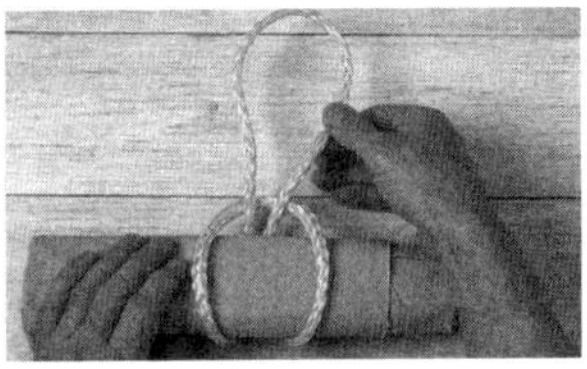

3. 拉活端绳耳收紧绳结，当负载时绳耳松开。

环结

此结可用来系任何小的物品——小刀、吉祥物以及其他装饰品。打此结前，要保证绳环足够长，可以绕过要系的物品。

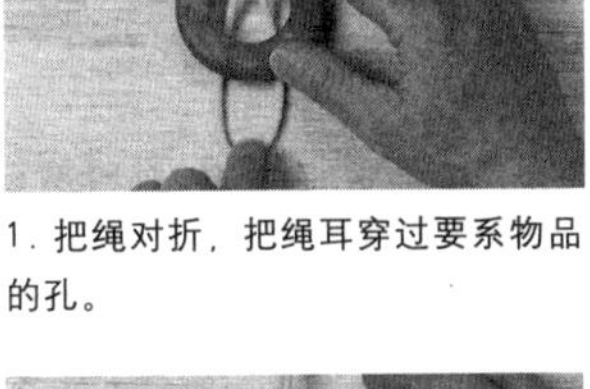

1. 把绳对折，把绳耳穿过要系物品的孔。

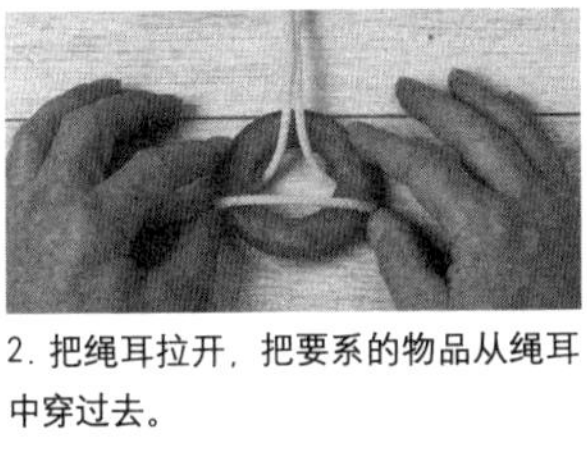

2. 把绳耳拉开，把要系的物品从绳耳中穿过去。

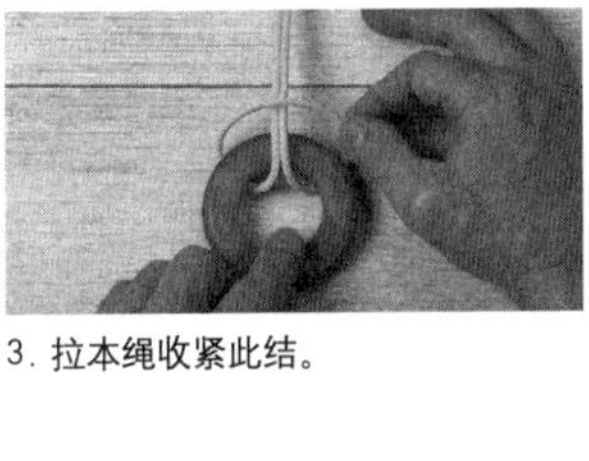

3. 拉本绳收紧此结。

猫爪结

这是一种能承受很大重量的系在挂钩、环上的套结，搬运工用大缆来打此结，而渔民则用细线打此结。这个结是用双重的结来承受重量的，这样可以减少绳的磨损。猫爪结拉紧时会很牢固，如果一根绳突然断裂，另一根绳还可以承受重量，这样可以给重物一个缓冲的时间，使重物慢慢落下，而不会猛地摔下。

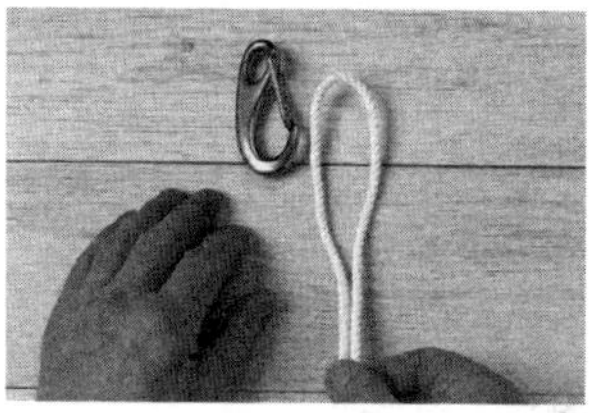

1. 用一根闭合的环状绳索打 1 个绳耳，或是对折一根绳。

2. 把绳耳“变”成 1 对绳环。

3. 分别扭转 2 个绳环，左手的绳环顺时针转动，而右手的绳环逆时针转动。

4. 继续将绳环转动 3 ~ 4 圈，两个绳环要转动相同的圈数。

5. 把挂钩或其他被依附物从 2 个绳环中穿过。

6. 拉两根本绳使本绳垂直，这样扭转的线圈就会紧密地靠在一起。

锚捆绑结

此结与圆回环的双半结相似，但更结实一些，绳子在湿的、滑的情况下常用到此结（例如套在小船的锚或环上的绳）。这个结同其他被称为捆绑结的套结一样，也是沿袭了以前的名称（旧时的水手把捆绑到锚或围栏上的结统称为捆绑结）。

1. 把绳的活端从环中穿过。

2. 用活端再绕环 1 次，然后将其拉回本绳处，形成完整的绳圈。

3. 用活端打 1 个半套结。

4. 再用活端打 1 个一样的半套结，注意留出的活端要比图中所示长一点儿。如果这个结能满足你的需求，只需把活端绕本绳打个结或用胶带粘起来即可。

变化版锚捆绑结

这个简洁的锚捆绑结在 1904 年被公之于众时是没有名字的。这个结最后的 2 个绳圈是紧密地靠在一起的，非常结实。

1. 把绳的活端从环中穿过。

2. 用活端再绕环 1 次形成 1 个完整的绳圈。

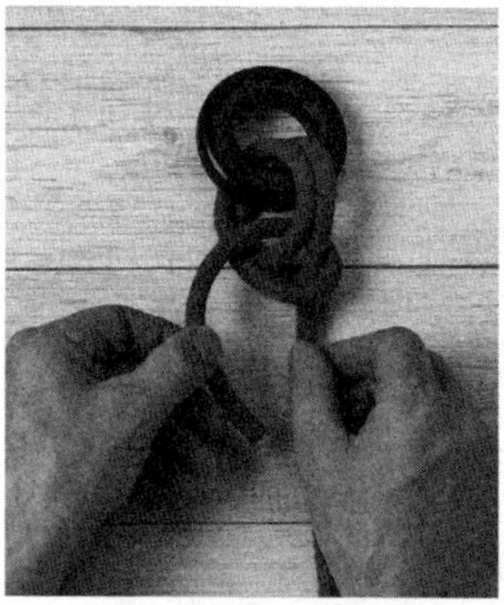

3. 把活端从前面绕好的绳圈中穿过。

4. 把活端再一次从绳圈中穿过，收紧完成此结。

拴马结

顾名思义，此结和牧童结一样可以用来拴动物。这个结的用途非常广泛。但在拴马的时候要注意的是，有些马会用牙齿咬这种结而使其松开。

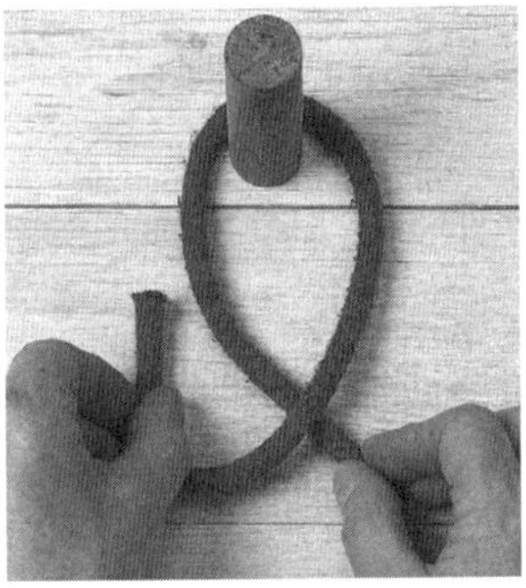

1. 用活端绕被依附物 1 圈，形成 1 个绳环。

2. 用活端绕本绳 1 圈（此例中，是从左到右），在第一个绳环下方形成第二个绳环。

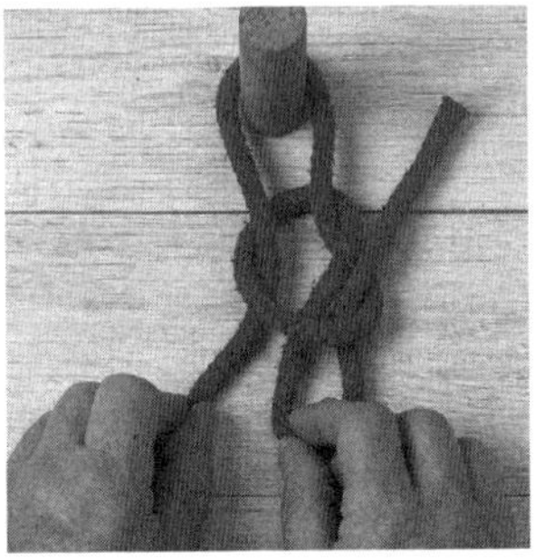

3. 用活端打 1 个绳耳穿入第一个绳环内，形成 1 个有捻环的连续单结。

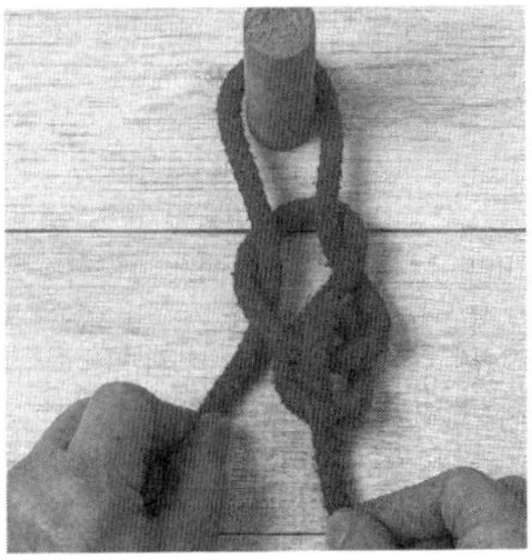

4. 调整绳环，收紧此结。最后把活端穿入捻环中固定此结。

半血结

渔民常用此结把线系在挂钩上或诱饵上。拉本绳时可把绳身上扭曲的部分转变为绳圈。

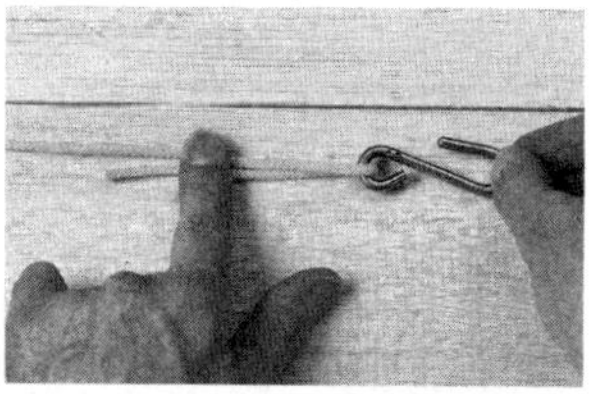

1. 将活端从环中穿过。

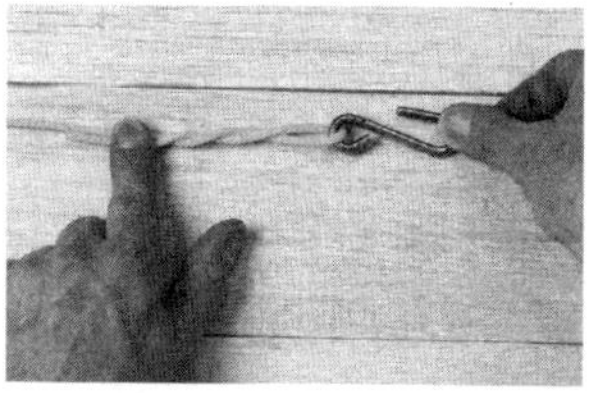

2. 把活端和本绳拧在一起。

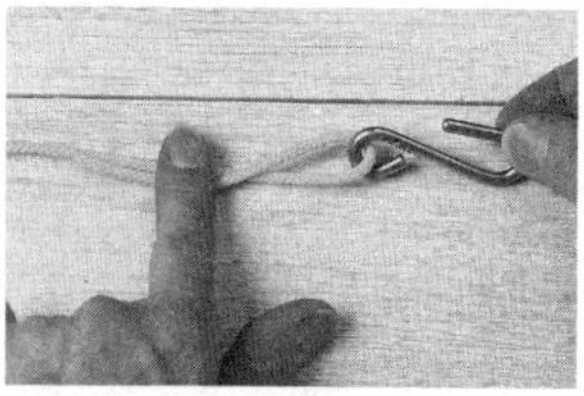

3. 继续拧绳索，保证 2 股绳有平均的张力。

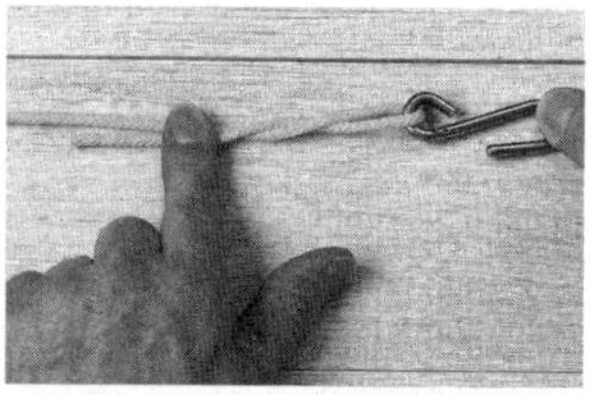

4. 把绳索共拧 5 ～ 6 圈。

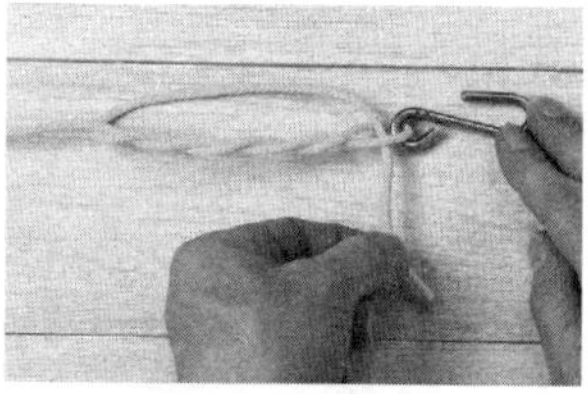

5. 把活端拉回来穿入绳环内，拉本绳收紧绳结。

停泊套结

涨潮退潮时，小船会随着潮水起起落落，于是人们就在停泊处的柱子上涂上一道道的油漆作为水位的标记，并在油漆所示的位置用此结拴小船。使用这种结，可以随时按水位的变化里调整绳结的位置。而且如果这种结的捻环是用长一点的甲板绳制成的话，会很容易解开。

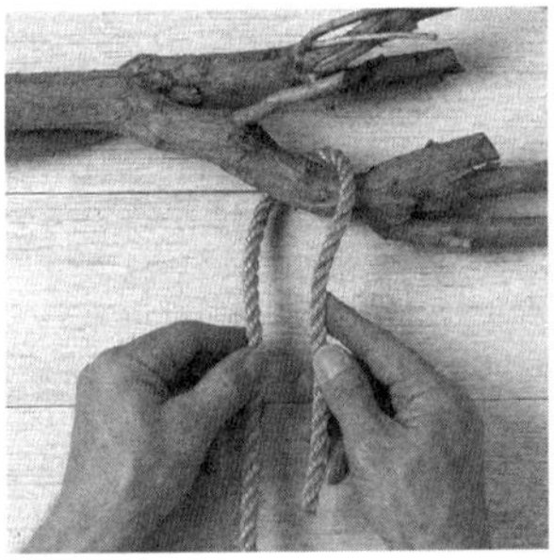

1. 把活端绕过停泊的柱子。

2. 在本绳上方，用活端打1个下手绳环。

3. 再用活端打1个绳耳（绳耳的长度根据实际需要而定）。

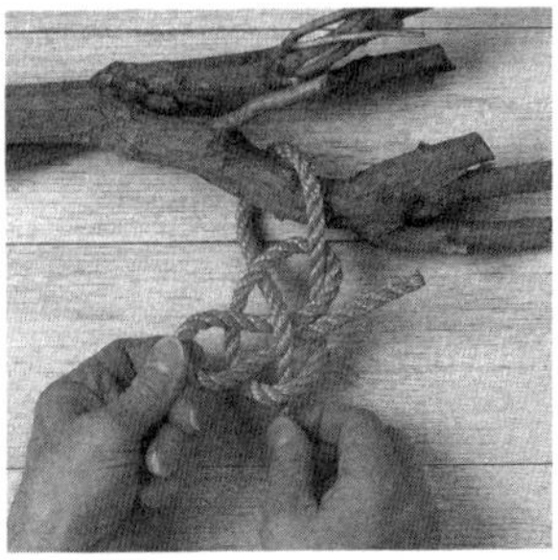

4. 让绳耳按上、下、上的顺序穿过绳环和本绳。收紧绳结，使最后的绳耳形成捻环。

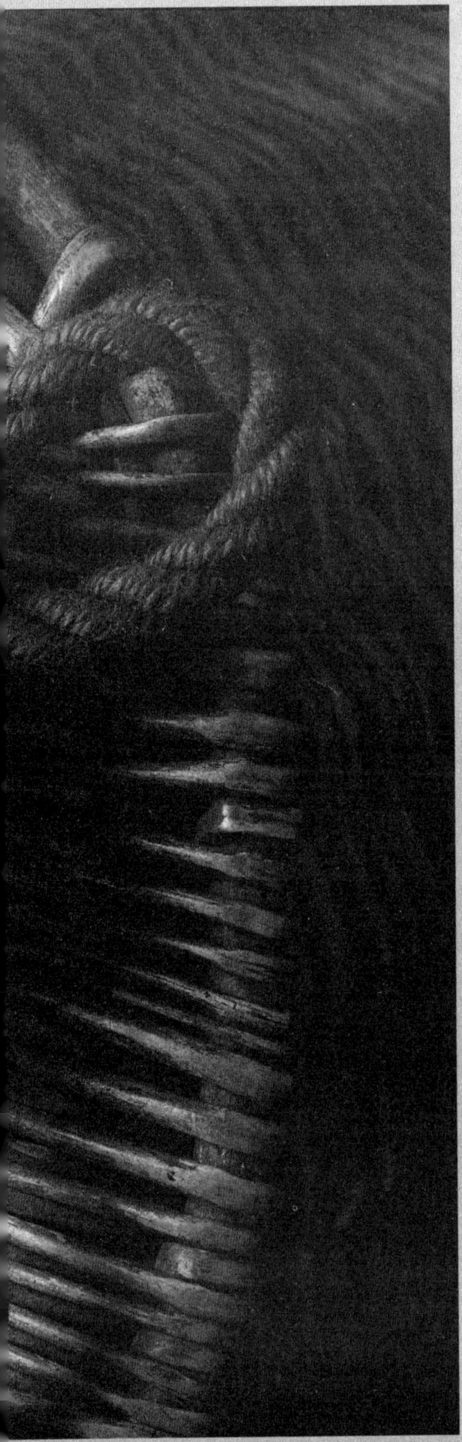

绳结

他会整个早上都躺在床上，用放在床边的绳索练习打结。

——马尔文·匹克，《幽灵古堡》，1950 年

“绳结”这个词有其特定涵义。严格来说，它是指除了捆绑结和套结外的所有结，包括活结、缩短结、绳环、缠结等。制动结可以防止绳头松散（当不能使用绳头结时），但它的主要功能是防止绳自滑轮、导缆孔或者其他的孔滑出。缩短结是临时用来缩短长的绳索的。绳环可以是单绳环也可以是多绳环，可以是固定的也可以是滑动的。缠结可以是临时的也可以是半永久的。滑抓结有很好的缓震作用。

爱斯利制动结

单结、8字结、苦力结虽然有大有小，但都是用来防止绳从和绳结直径差不多大小的孔中滑出的。这个结是由克厉夫·爱斯利在1910年设计的。克厉夫·爱斯利曾在捕收牡蛎的船上看到一种非常粗笨的绳结（他为其取名为牡蛎人制动结），他发现这种绳结其实是因潮湿发胀的8字结。之后，他将该绳结在原有基础上进行了改进，就形成了爱斯利制动结。

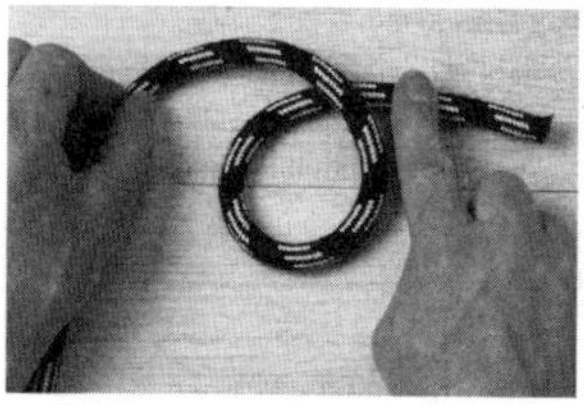

1. 按住一端，如图示在本绳上绕1个绳环。

2. 把本绳放在绳环下。

3. 从绳环中拉出1个绳耳来，形成1个有捻环的单结。

4. 将活端从绳耳中穿过（只此一法），拉本绳直至绳耳缠紧活端。

8 字结

这种结经常用在系小游艇三角帆的末端和主帆上，可迅速打成，体积比单结体积大，也更易解开，缺点是更容易从相同尺寸的孔内滑出。这种结不收紧时有两个互锁的绳环，常用来形容真挚的爱情，是爱情的象征。

1. 用绳打 1 个绳耳，并转半圈形成 1 个绳环。

2. 再转动半圈形成 8 字形。

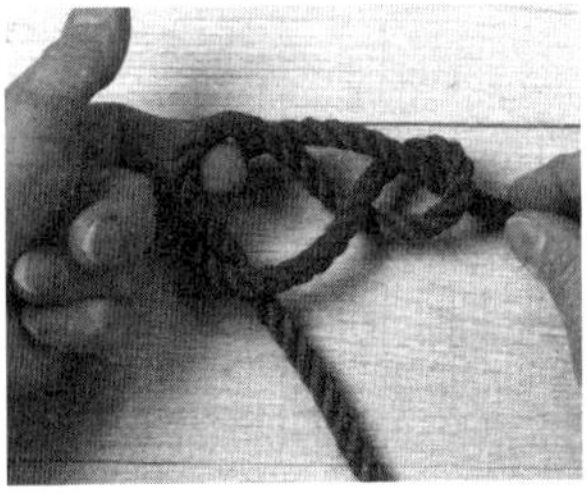

3. 把活端拉向顶端的绳环。如果你想留 1 个捻环，请停在此步。

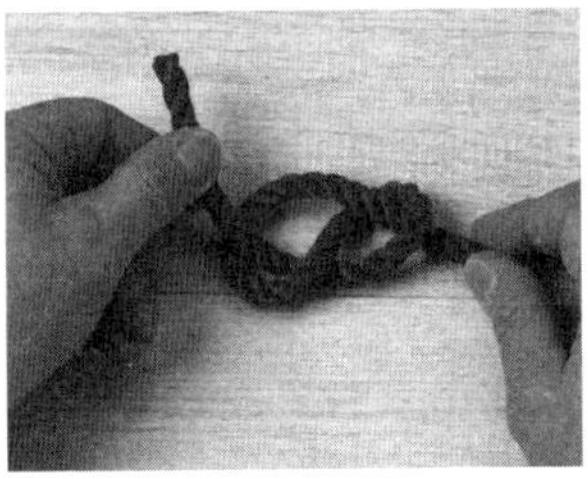

4. 把活端从绳环中拉出来完成 8 字结。拉两端收紧此结，然后只拉本绳使顶端的绳环缠紧活端。

苦力结

在集装箱设备出现之前，船舶上货物的装卸工作完全是依靠搬运工来完成的。他们用通过滑轮的绳索提起大包、箱子和桶，把物品运进和运出货舱。这种结就是用来防止货物坠落的。

1. 用绳子打1个绳耳，并转动半圈形成1个绳环。

2. 再转动半圈，形成2个互锁的绳环。

3. 再转动半圈，在第一个绳环后形成1个8字结。

4. 最后转动半圈（第四圈），为最后完成绳结做好准备。

5. 把活端穿入第一个绳环中，收紧，这样本绳部分就互相缠在一起，活端也被缠在绳耳内了。

十字结

此结被认为是最简单的也是最不牢固的一种套结。但我们可用此结来打包裹或是在学校庆典时用来连接树桩。甚至在犯罪现场，警方也会将警戒带打成此结系在树与灯柱或围栏间作为警戒线（这也是捆绑马具时的基本结）。

1. 把两条绳相互交叉，并使之相互垂直。

2. 把其中一条绳对折并拉到另一条绳的下面。

3. 把第一条绳的活端拉到其本绳前面（此例中是从左到右）。

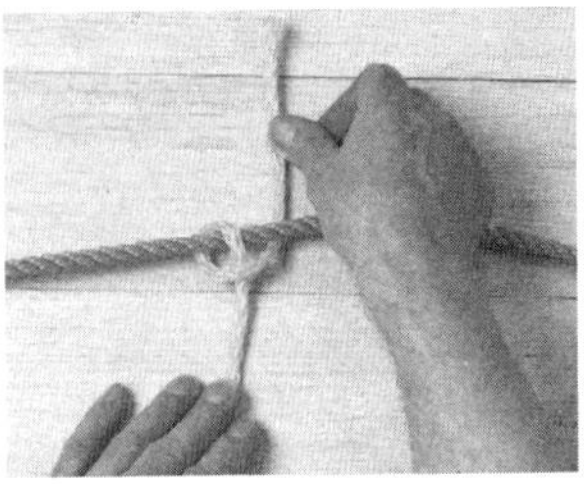

4. 把活端塞到另一条绳的下面。拉紧，保持十字结的形状。

抓结

奥地利的音乐教授卡尔·布鲁斯克博士在第一次世界大战中发明了此结，当时他制作此结是为了修补乐器的断弦。1931 年，他向登山者推荐了此结，并指导他们如何用它来自救。当受到向下的力时，这种结会被拉紧而不能移动，当这个力移走时，这个结就又可以滑动了。这种结已经演变出很多不同的滑抓结，统称为抓结。

1. 用长吊索打 1 个绳耳，把它平放在登山绳上。

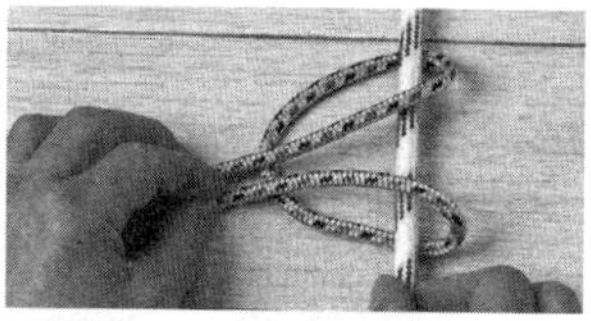

2. 把绳耳对折并拉到登山绳下。

3. 把吊索的本绳从绳耳中穿过。

4. 稍微松一下绳耳，然后把它再次拉到登山绳上方。

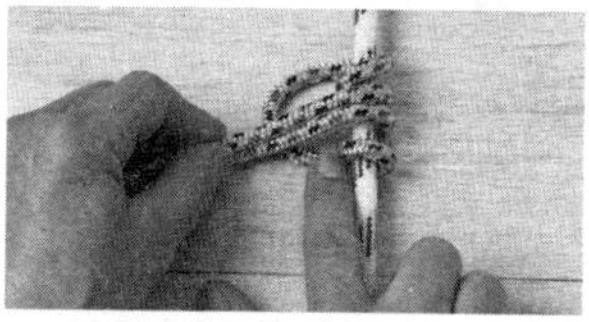

5. 把绳耳再次拉到登山绳下方。

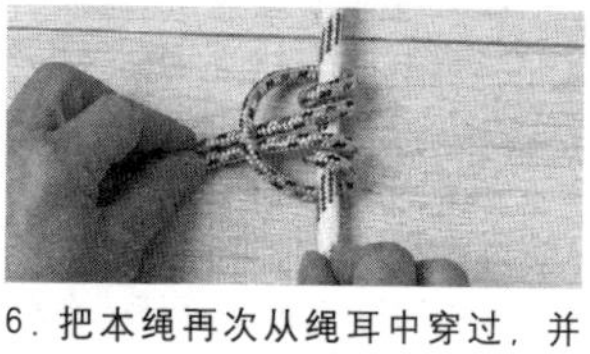

6. 把本绳再次从绳耳中穿过，并拉紧。

双抓结

打这种结时，要求打结的绳比主绳（被绳结缚住的绳）细。另外，你还可以在双抓结的基础上简单地重复步骤 1 ~ 3，就可以得到 1 个 8 圈结（三抓结）。在有冰或有泥的情况下，你需要在原来的抓结上再多绕 2 圈，以加强结的牢固性，也可以成对地使用抓结，这样可把重力分布在 2 个结上，使之更好地工作。

1. 打 1 个基本的抓结，将绳耳拉大些。

2. 把绳耳拉到登山绳上方。

3. 绕过登山绳之后再把绳耳拉到登山绳下方，并把本绳塞进绳耳内。

4. 收紧这个在 4 圈结基础上打成的 6 圈结。重复步骤 1 ~ 3 可以打 1 个 8 圈结（三抓结）。

伯克翰姆结

这种结和岩钉钢环一起使用时比普通的抓结更加灵活，可以说是最古老的半机械结。

1. 用长的皮带绳或是吊索打 1 个绳耳。

2. 把岩钉钢环穿进绳耳内并使绳耳被压在登山绳下方。

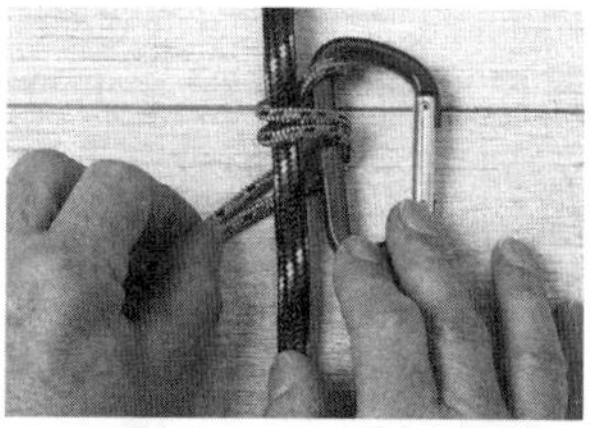

3. 用吊索绕圈，把岩钉钢环和绳索绑在一起。

4. 多绕些圈，使这些线圈整齐地靠在一起。

5. 继续绕圈，直至岩钉钢环被绕满（但不要太多）。

克莱赫斯特结

这种结也可以用来绕在岩钉钢环上（图中未示），使其更易滑动。

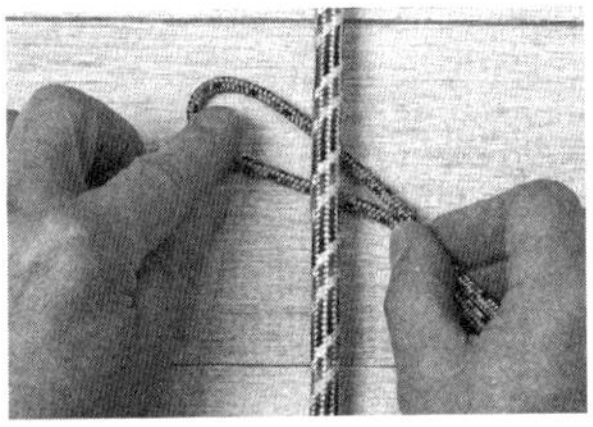

1. 用长的吊索打1个绳耳。

2. 将绳耳向上绕过登山绳。

3. 继续用吊索绕登山绳。

4. 吊索的两条绳腿应该保持平整并相互平行，在绕圈的过程中避免交叉绳索。

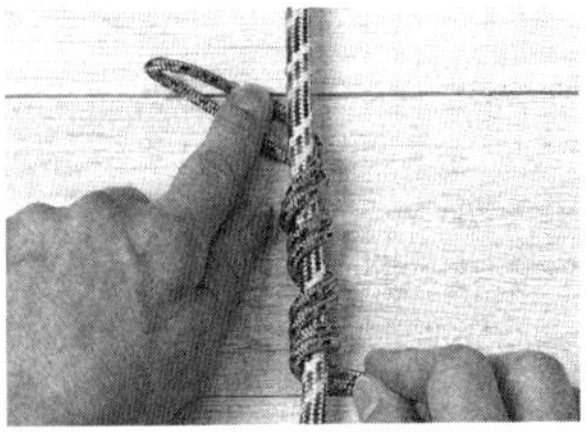

5. 用吊索在登山绳上绕4～5圈。

6. 收紧并整理好线圈（图中所示不太完美），将绳耳向下拉，使其置于本绳之上。

7. 把吊索的尾端塞进绳耳内，这个套结就完成了。

水手结

把吊索用水手结系在锚上能够有效减轻系绳设备受到的力（就像在登山绳上打个克莱赫斯特结一样）。这个结在受力时也可以解开，用 1.4 ~ 1.7 厘米的宽带打此结效果最好。尽管此结是因其最早的使用者而得名的，现在却已不用在海上了。

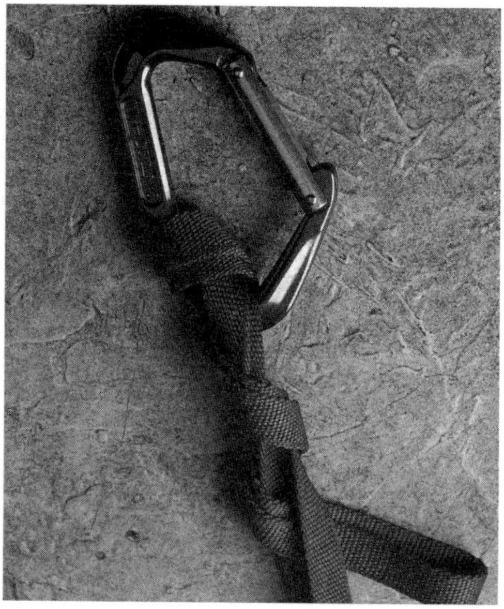

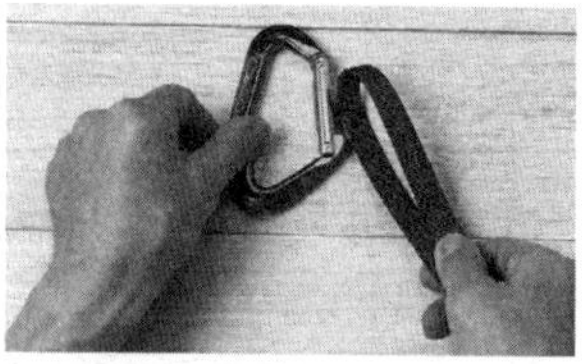

1. 用宽带打 1 个与岩钉钢环宽度相当的平的绳耳。

2. 将宽带从上到下地穿过岩钉钢环。

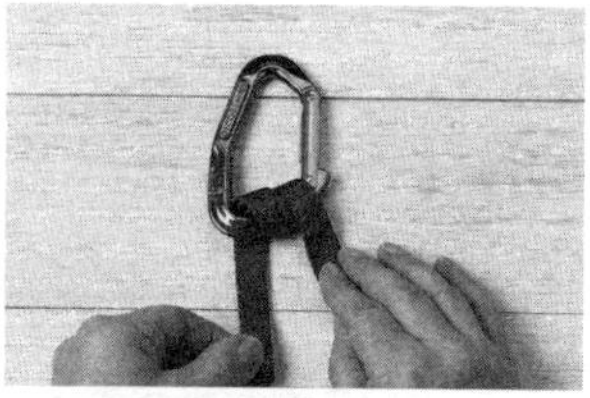

3. 把宽带再绕 1 圈。

4. 把绳耳拉到本绳上。

5. 把活端绕到本绳下面。

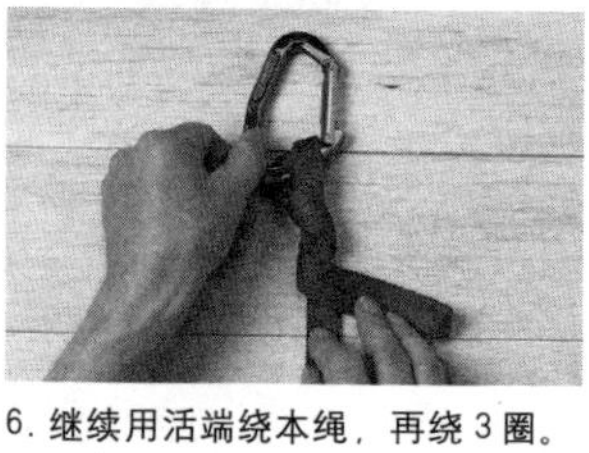

6. 继续用活端绕本绳，再绕 3 圈。

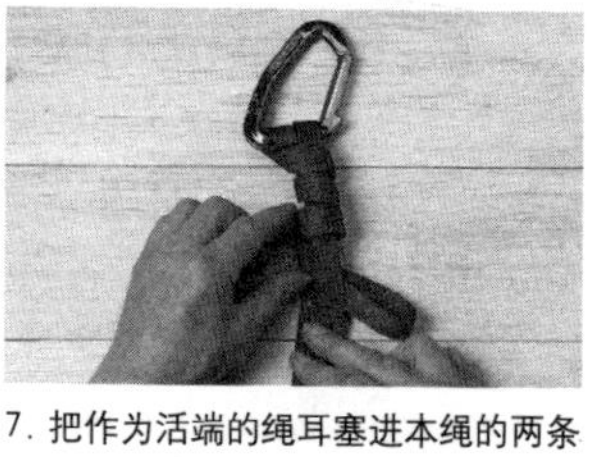

7. 把作为活端的绳耳塞进本绳的两条绳腿间。这个套结是靠摩擦和张力来固定的。

彭伯尔斯结

此结由拉瑞·彭伯尔斯和迪克·米特切尔于 1969 年设计完成，又被称为岩间螺旋结。因为打此结需要技巧，所以作家比尔·马奇建议用吊索把岩钉钢环和绳索绑在一起，吊索穿过其中，这样打结就比较容易了。根据使用者的重量调整线圈的数量和松散度。太松的话绳结容易滑动，引起危险，太紧的话又会降低其灵活性。

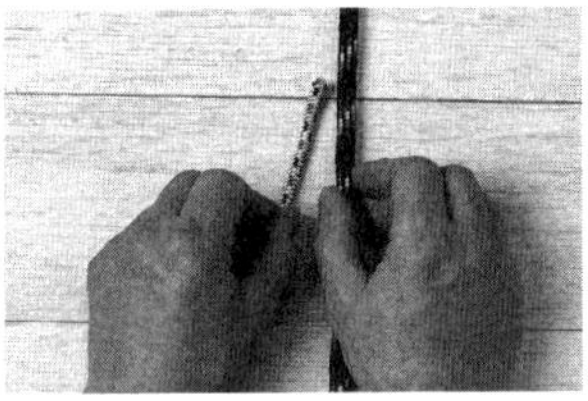
1. 用合适的绳子来绕登山绳。

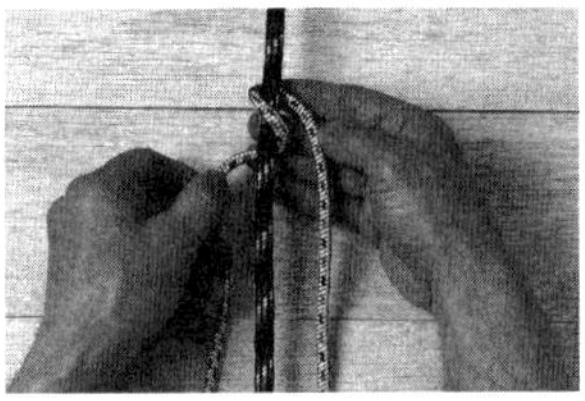
2. 开始绕圈，向上绕（图示为向上）或向下绕都可以。

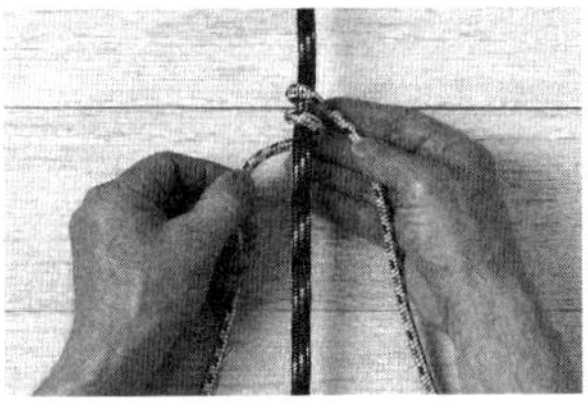
3. 继续绕第二圈。

4. 继续绕线圈直到有 5 ～ 6 圈。

5. 用上面的绳端打 1 个绳环。

6. 将下面的绳端从绳环中穿过。

7. 用活端（下面的绳端）绕上面的绳。

8. 把活端拉下来塞进绳环内并打 1 个接绳结。

马特摩擦套结

这种用夹心绳打成的摩擦套结是阻止沿绳下滑的一种有效方式，它能吸收物体坠落时产生的力，需要的时候还能收紧和松开。因为绳索能牢固地绕在岩钉钢环上，所以当其受力时就会对下滑的人产生拉力，正如汽车安全带所起的作用，但并不推荐使用，因为这么做时会因摩擦生热灼伤绳索而导致危险。马特摩擦套结发明于 1974 年，也称为意大利套结和滑环套结。

1. 选用和岩钉钢环尺寸相当的登山绳。

2. 用登山绳打 1 个绳环。

3. 打开岩钉钢环。

4. 把岩钉钢环套在登山绳上，并向上接近绳环。

5. 把岩钉钢环从后向前（其他方法没有效果）钩住第二步形成的绳环。

6. 完成后，这个套结看上去像 1 个动力十字交叉结。左图示为结的反面。

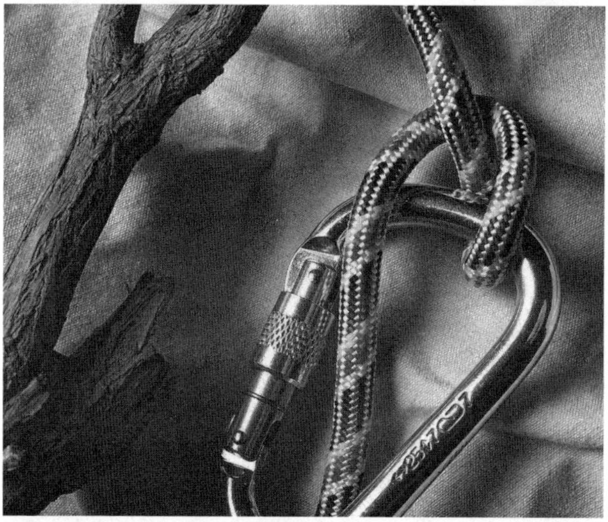

双马特摩擦套结

这种结由加拿大攀岩者罗波特·切斯内尔设计发明，它是从马特摩擦套结衍生而来的。岩钉钢环上多绕出的 1 个绳圈可增强摩擦，能更好地控制荷载，比较适合需要承受很大摩擦力的较细的绳索。

1. 选用和登山绳尺寸相当的岩钉钢环。

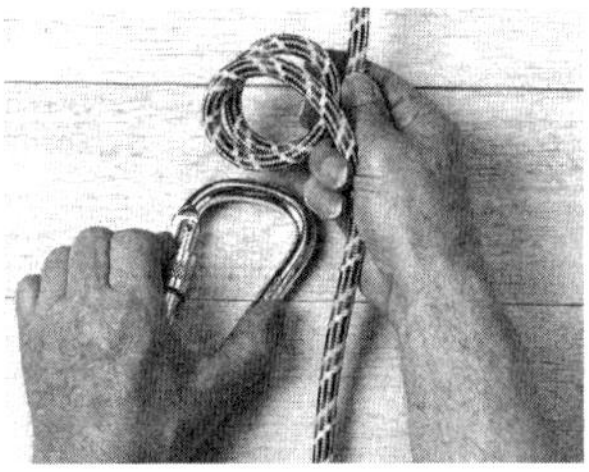

2. 用登山绳打 2 个绳环。

3. 把岩钉钢环套在登山绳上，并向上接近绳环。

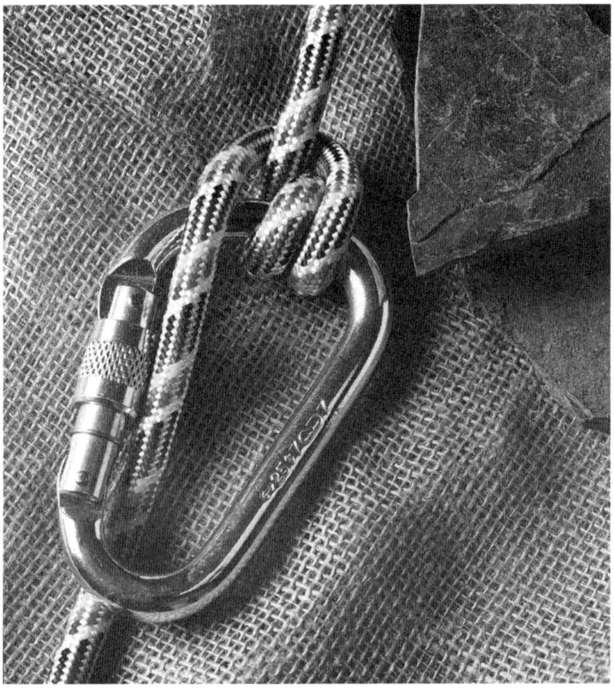

4. 如图所示，把岩钉钢环从后向前（其他方法没有效果）钩住第二步形成的绳环。

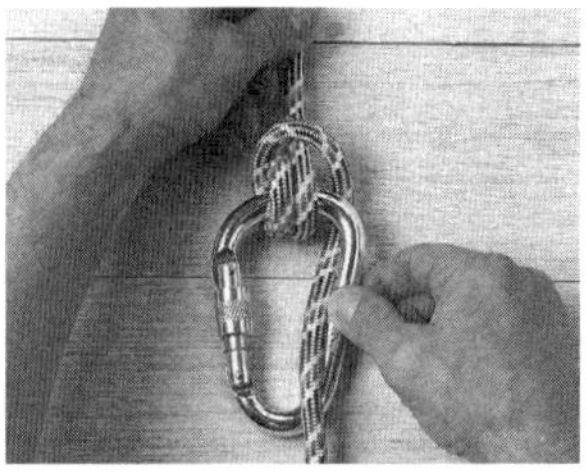

5. 完成后的绳结如图所示。这种结能提供更多的摩擦，也能承受更大的荷载。

马特骡结

此结可以作为救助者的第三只手，对登山运动来说这是一种新型结。在把这种结放在更恶劣的环境里使用前，要多次试验以确保其安全性。这种结能暂时把受伤的攀岩者拴住，而且在受到荷载作用时也能很容易地解开。打此结时要先打 1 个马特摩擦套结，然后在移动的结后打 1 个单结防止其移动（都是打在绳耳上）。这个结尺寸大，所以较易解开。

1. 先在岩钉钢环上打 1 个马特摩擦套结，然后用绳子的活端打 1 个绳耳。

2. 把绳耳放在本绳后面。

3. 把绳耳拉到本绳前面塞进前面的绳圈内。

4. 收紧这个成形的单结，马特骡结就打好了。

5. 把活端绳耳放在本绳前面，再绕到本绳后面。

6. 把活端绳耳塞进刚形成的绳环中，打 1 个双股的单结。

缩短结

缩短结可以暂时收短绳索的长度。可以越过受损的绳索，把力传递到另 2 段本绳上。

1. 把绳索折至所需长度，形成 1 个"S"形或"Z"形。如图出现 2 个绳耳。

2. 在一端的本绳上打 1 个不完全的单结——就是穿索针套结。

3. 把邻近的绳耳塞进这个穿索针套结中，使其按上、下、上的顺序通过。

4. 同样，在另一端的本绳打 1 个穿索针套结。

5. 把另 1 个绳耳以上、下、上的顺序塞进套结内，慢慢收紧两端，使之紧密结实。这样荷载时力会平均分布在 3 段绳上（如果一段绳受损，荷载时力就会分布在另两段绳上，那段绳也会比其他两段绳稍松垮一些）。

海登结

这个结是由切特·海登于 1959 年发明的，又称为十字抓结和克拉卡姆结。其效果同最初的抓结相似，而且不易松散。可以使用辅绳或带绳打此结。不可倒过来使用本结，以免结下滑不易抓牢。这种结一般用于登山运动中，但在普通的地面上也同样适用。

1. 选单股或双股的登山绳，再用附绳或带绳打 1 个绳耳。

2. 把绳耳从登山绳后面穿过，再拉到前面来。

3. 将绳耳绕登山绳 1 圈，然后将其从刚绕好的绳圈中穿过。

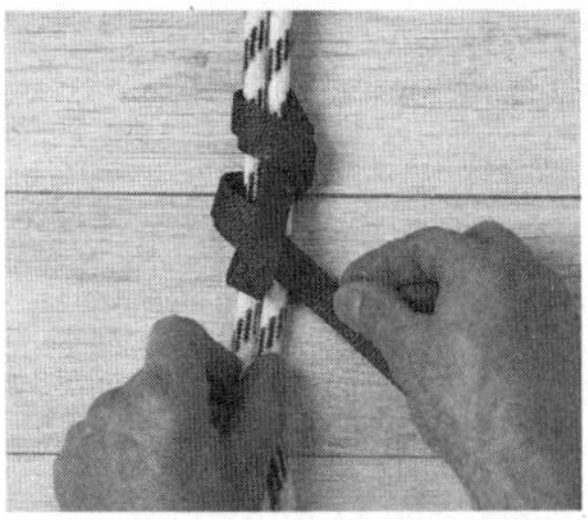

4. 把辅绳的另一端拉下来，塞进绳耳内。

双海登结

此结比基本的海登结更复杂，有更强的摩擦力，所以能承受更大的荷载。这个结多绕了一圈，这使它比海登结更结实，外观上也有所变化。此结一旦抓牢就不易松开，所以也是一种有用的结。

1. 选用单股或双股的登山绳，再用辅绳或带绳打1个绳耳。

2. 把绳耳从登山绳后面穿过，再拉到1圈，然后将其从绳圈中穿过。

3. 把辅绳的另一端拉到前面压在绳耳上，再绕到登山绳后面去。

4. 最后把辅绳另一端拉到前面塞进绳耳内。

顶端受力的放松结

为了克服其他抓结的缺点，罗波特 · 切斯内尔于 1980 年设计了这种结。当载荷端受荷载作用时，力能旋转传递，使此结收紧抓牢。当松脱端受力时，首先是第一个线圈，接着是其他线圈开始下滑。在打此结时需注意，不要让绳索潮湿或松散以免没有效果。

1. 在绳索的两端各打 1 个 8 字绳环。把一端放置在登山绳一侧，让 8 字结向下，打 1 个上手绳环。

2. 把活端放在登山绳后，穿过上一步形成的绳环，绕到登山绳前面来。

3. 用活端再绕绳环和登山绳 1 圈。

4. 继续绕圈，直至其能产生足够多的摩擦力，然后拉下端收紧此结。

底部受力的放松结

这种底部受力的放松结比其他的抓结更为结实。即使在潮湿的环境中也可以抓牢，不过绳结中若有松散，受力时就会逐渐松脱。因此你必须用很大的力收紧松脱端。另外，这种底部受力的放松结很容易解开。

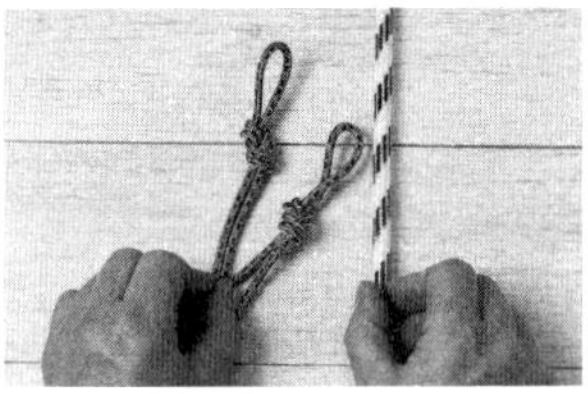

1. 在绳索的两端各打1个8字绳环。

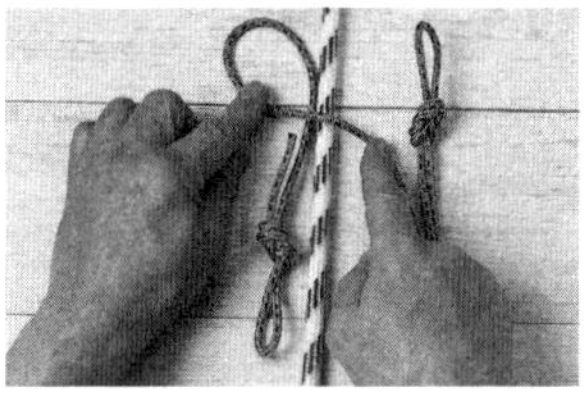

2. 把一端放置在登山绳一侧，让8字结向下，打1个上手绳环。

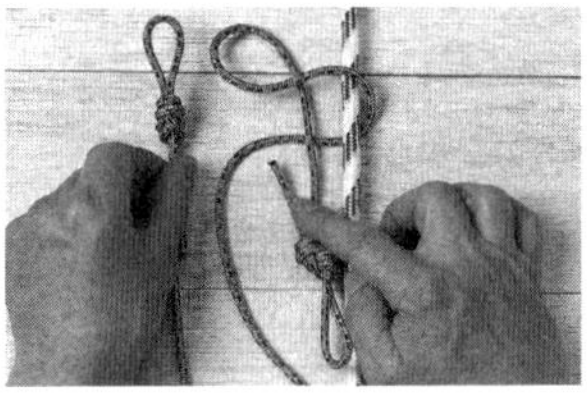

3. 把绳索的活端绕到登山绳的后面。

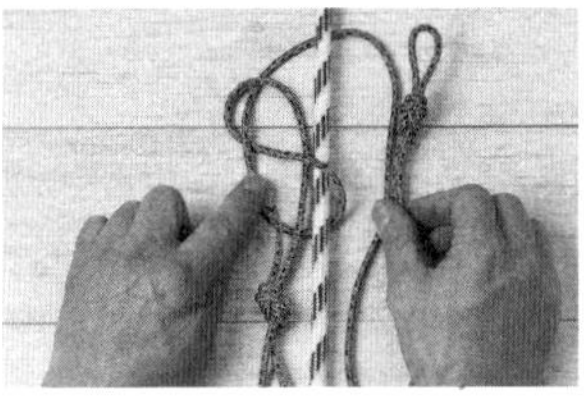

4. 把活端从前往后穿过绳环，再绕到登山绳后面。

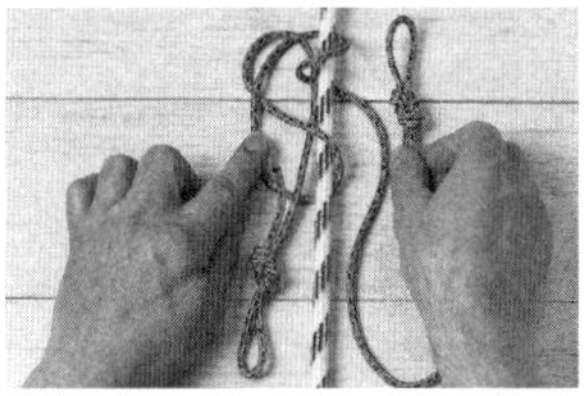

5. 继续绕圈使绳环与登山绳靠在一起。

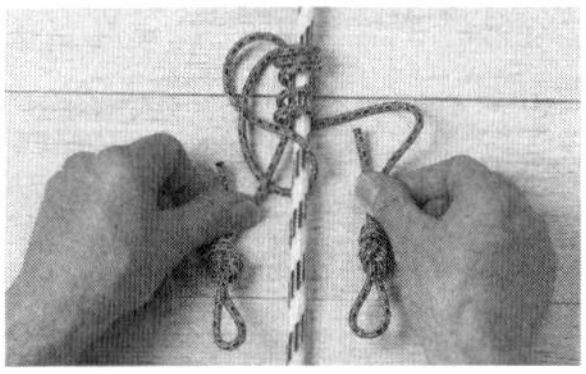

6. 绕足够多的线圈直到其能产生足够的摩擦力。

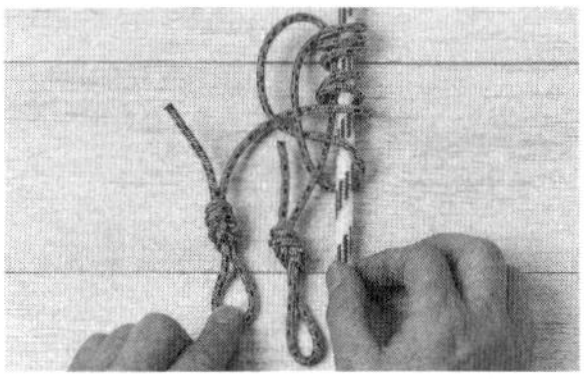

7. 如图把活端从结中穿出，拉另一端收紧此结。

伸出的法式抓结

这是罗波特·切斯内尔于1981年设计的另一种结，是中国手指套结的一种。此结在受到荷载作用时，直径会缩小，辅绳就会牢牢地套在绳索上。移动绳结的位置时，可以抓住上端向下按，此时直径增大，辅绳就松开了，也就可以上下滑动了。实际上，受到冲击荷载时，此结会吸收力而下滑，下滑到一定程度时绳结便会产生抓力，因此很适合登山者使用。这种带结打在单股和双股的登山绳上都很实用。

1. 用带绳绕登山绳打1个绳耳。

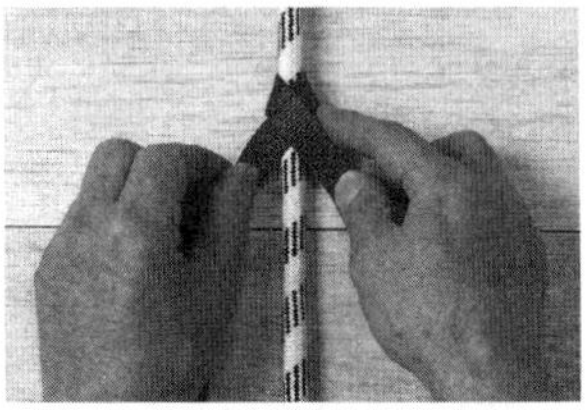

2. 用带绳两端在登山绳上呈螺旋状地绕圈，两端相遇处是交叉的。

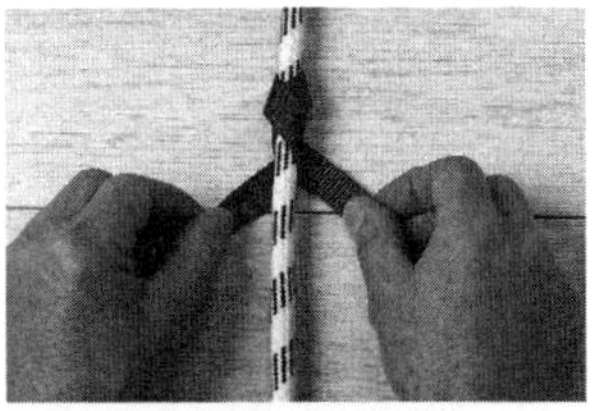

3. 把带绳两端绕到登山绳后面，两端交换上下位置再交叉。

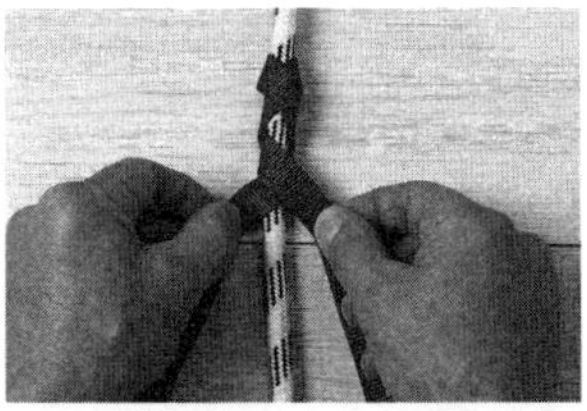

4. 把带绳再绕到前面，两端交换上下位置再交叉。

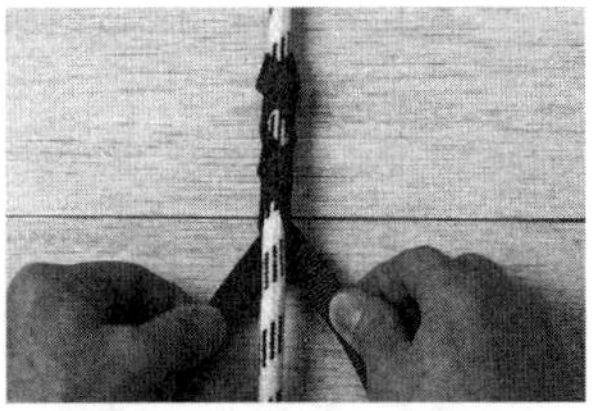

5. 继续这个上、下、上交叉绕登山绳的过程。

6. 在带绳的相邻两个交叉点留的空隙要尽可能小。

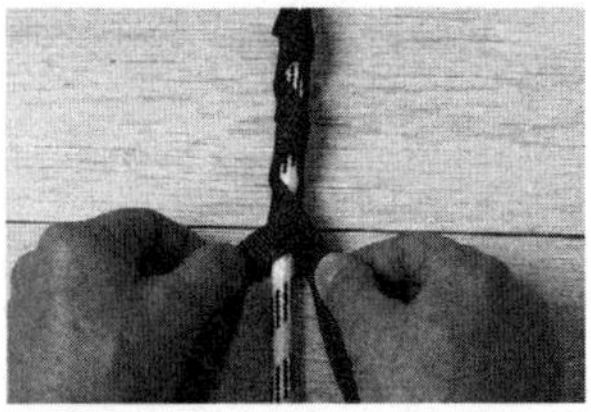

7. 对这个结来说绕8～10次就足够了。

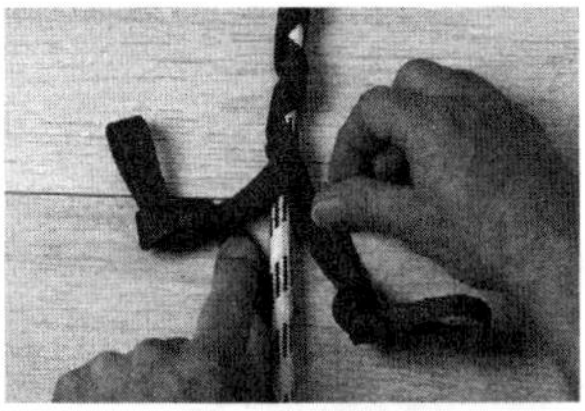

8. 在两个活端上分别打1个8字绳环，使其尽可能靠近绑着岩钉钢环的登山绳端。

基辅结

这个以加拿大登山者罗波特·切斯内尔和简·马克·佛林的名字命名的结是从法式抓结演变而来的，可用长吊索打成。此结可使人们在下滑过程中或是援助过程中腾出手来做别的事情。此结与同是由罗波特·切斯内尔设计的伸出的法式抓结很像。这种滑抓结于 1989 年首次出现在多伦多攀岩协会的安全手册里，当时很多协会以外的人都不知道它。此结的摩擦设计使其能应付各种情况。在甲板上，岩钉钢环可由环销代替。此结很容易使吊索被磨光，致使摩擦力减小，所以这种绳结在大约使用 10 ~ 12 次后就该舍弃不用。

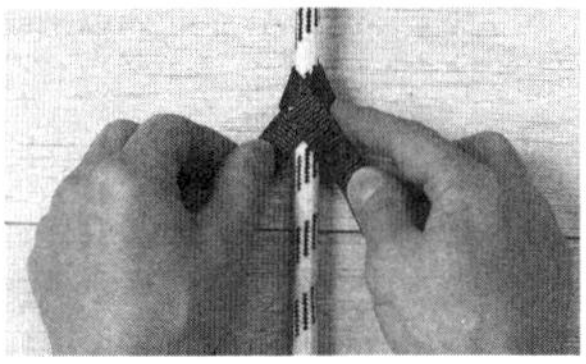

1. 把一根带绳绕过登山绳（单股双股均可），让它们呈螺旋状并在相遇处交叉。

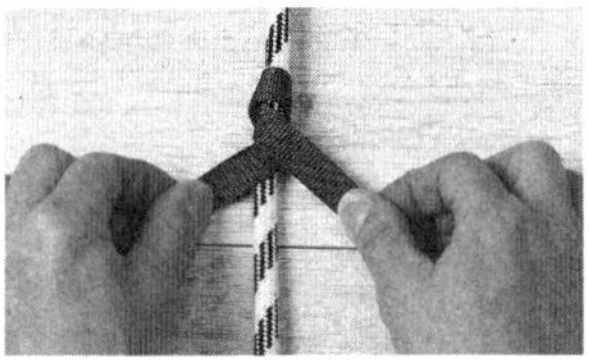

2. 把带绳的两端都绕到登山绳后，使其交换上下位置再交叉。

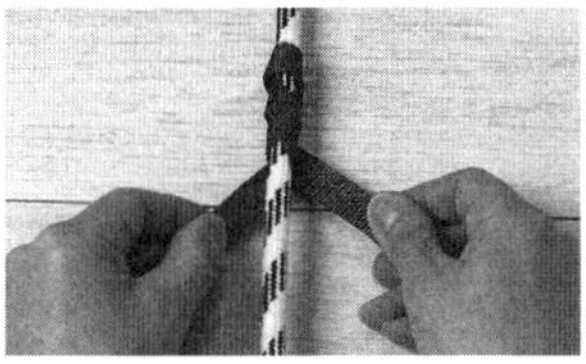

3. 继续绕带绳并使其交换上下位置再交叉，并使相邻交叉点之间留的空隙尽可能小。

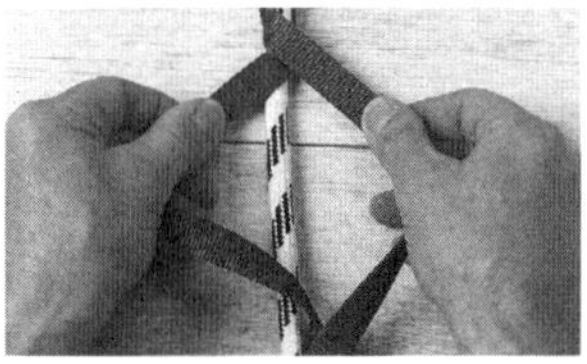

4. 继续绕带绳直至绕完。

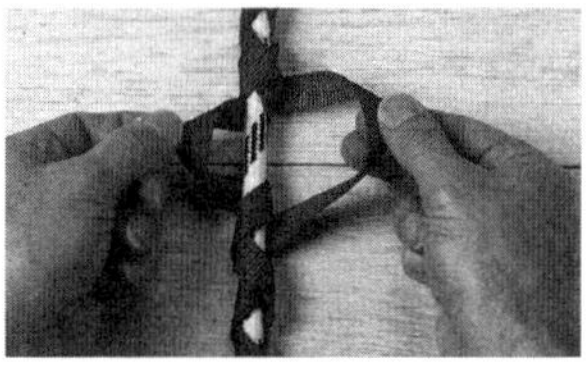

5. 整理结的下半部分，使之和上面的一样整齐，然后用岩钉钢环勾住剩下的 2 个绳耳。

方结

此结可用来做裙袍（如浴袍）等的腰带，使尾端漂亮地垂下来，也可用来系围巾，四格的结可以整齐地填满V形领的衬衫和衣服。因为美国已经有一种方结了（此结在英国称为帆索结），所以美国人用其他的名字来称呼这种结，如活跃结、日本冠结、日本成功结、中国十字结、中国好运结等。

1. 用一条绳打 1 个绳耳，使另一条绳从绳耳中穿过。

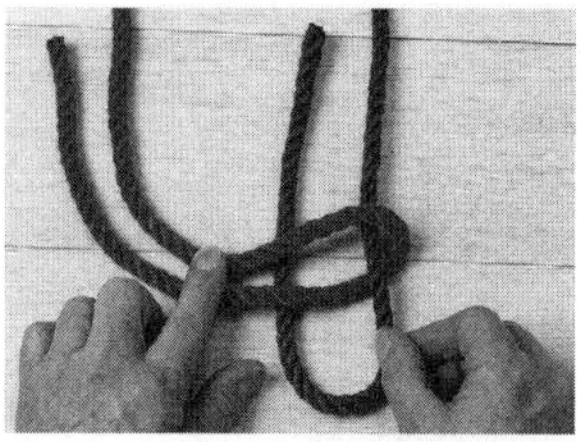

2. 用第二条绳在第一条绳后面打 1 个绳耳。

3. 把第二条绳的一条绳腿拉到第一个绳耳的前面。

4. 把第一条绳的一条绳腿拉下来与第二个绳耳交叉，形成互锁的形状。然后一次拉一条绳腿慢慢收紧这个结。

刀索结

可用这种整齐的小结挂工具、护身符或是项链的吊坠。这种结外形美观，用途广泛，而且因为来源的关系，绳结上带有海员的印记。

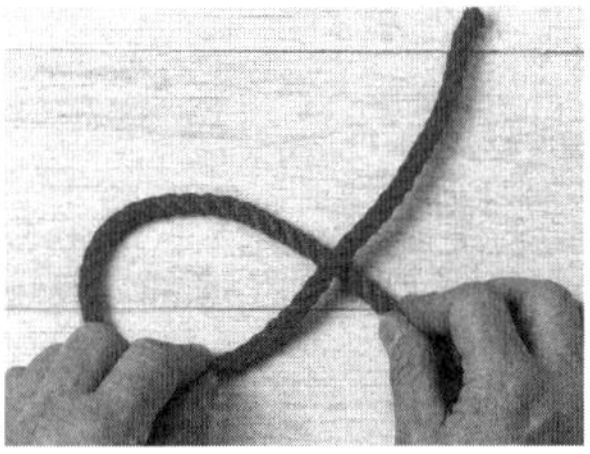

1. 在绳索中间打1个绳环。

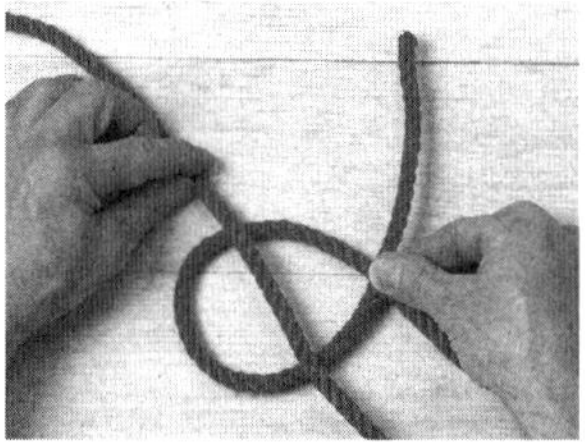

2. 将另一根绳压在绳环上（如图所示）。

3. 将第二根绳的活端从第一根绳的本绳下穿过。

4. 打成图示的互锁图案：将第二根绳的活端以逆时针上、下、上、下的顺序从第一根绳的活端、绳环中穿过，形成1个花联结，使第二根绳的两端指向相反的方向。

5. 把右上端按逆时针方向压过左边绳的本绳并从中间的环中穿过。

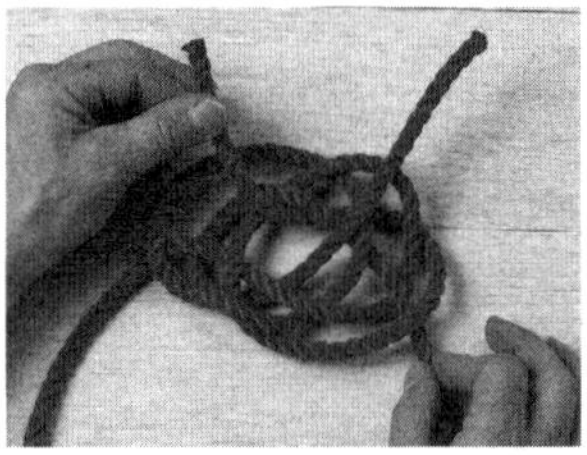

6. 把左下端同样按逆时针方向压过本绳的中间部分。一点一点地小心收紧此结，保证两绳的本绳都压在下面，活端在上面。

中国系索结

这种结其实没有看起来那么难打，而且当你看到完成后的绳结时一定会觉得没有白费力气。这种结能把 2 股绳合在一起，很适合用来作为项链上的装饰。中国的绳结制作者陈莱达称这种结为装饰结，因为它很像中国寺庙和宫殿里的装饰图案。

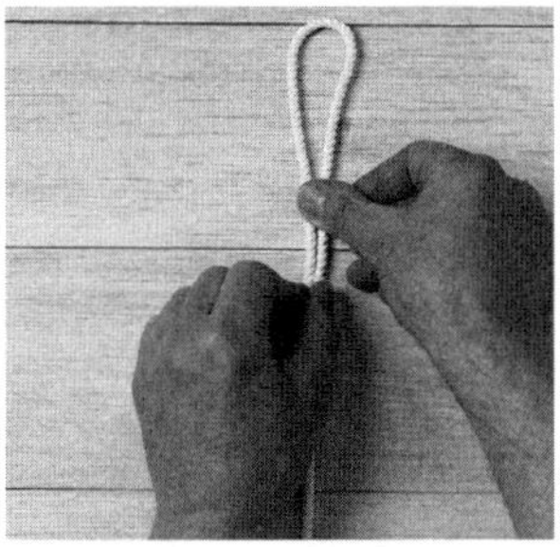

1. 在绳中间打 1 个窄的绳耳。

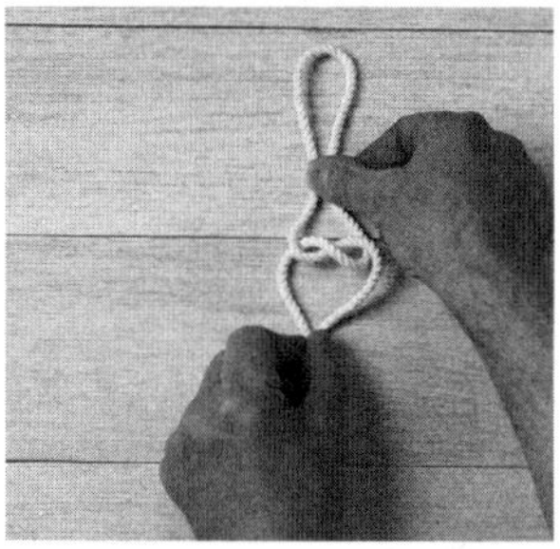

2. 用绳子的两条绳腿打 1 个半结。

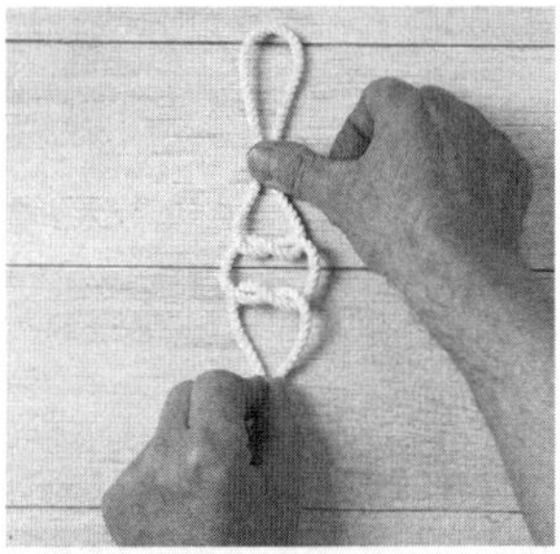

3. 再打 1 个一样的半结形成 1 个松散的祖母结。

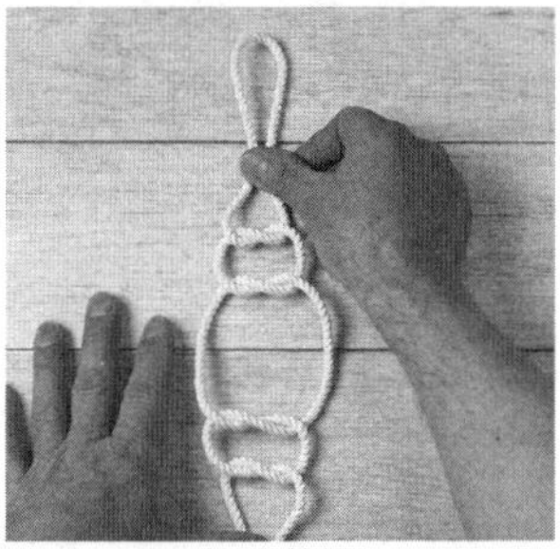

4. 在距第一个祖母结 7 ~ 8 厘米处再打 1 个一样的祖母结。

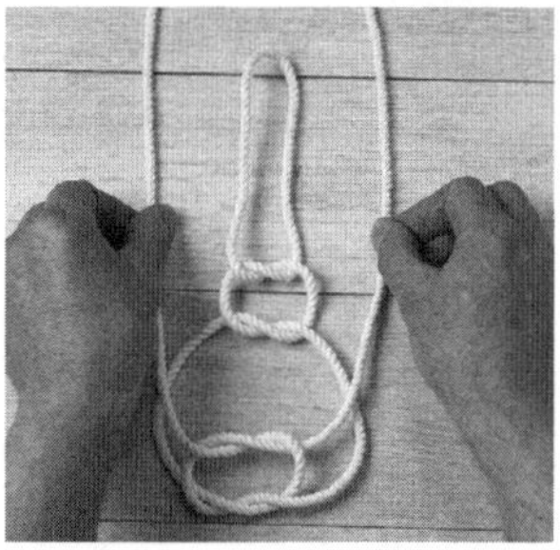

5. 把下面的祖母结翻到上面。

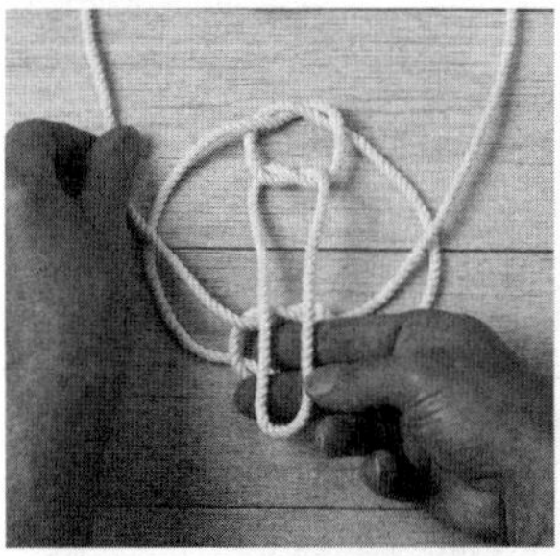

6. 同样，把上面的祖母结翻到下面。

7. 把上面的绳耳从下面的祖母结中心穿过。

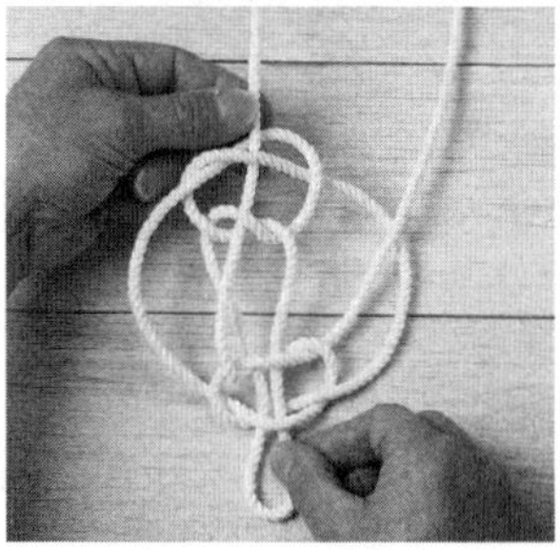

8. 把左侧的活端从上面的祖母结中心穿过。

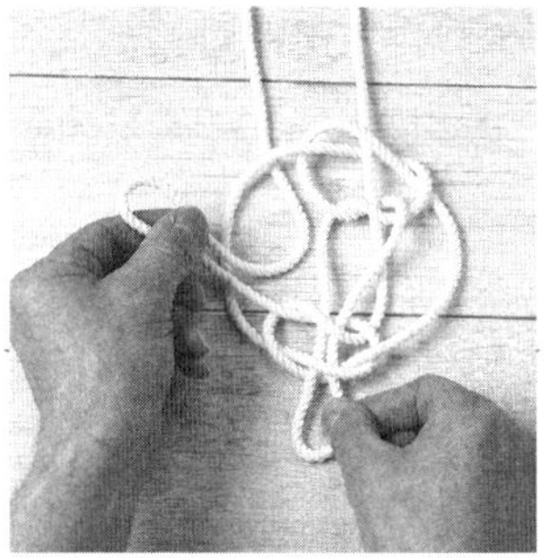

9. 把快完成的结翻转过来，把现在在左侧的活端拉出来。

10. 把左侧的活端从上面的祖母结中心穿过。确保下面的绳耳足够长，能够挂住饰物。最后小心地抽紧两条活端。

好运结

这种结很容易打，也很容易收紧，完成后很漂亮。可以用来系在礼物上或者当作钥匙链。如果在打结的时候3个大的绳环之间的4个小绳环比较松，这个结会更美观。

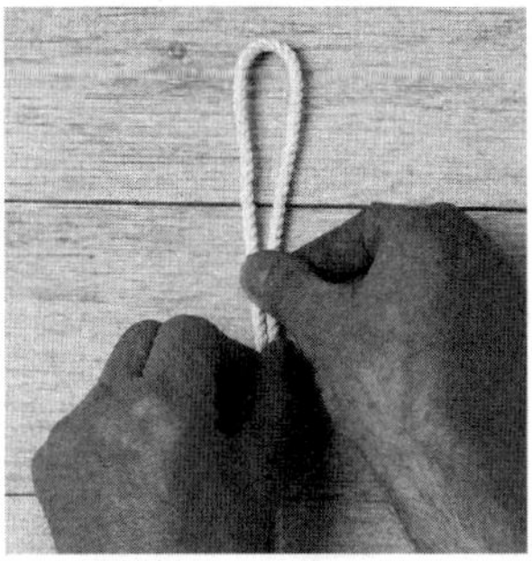

1. 在绳中间打1个窄的绳耳。

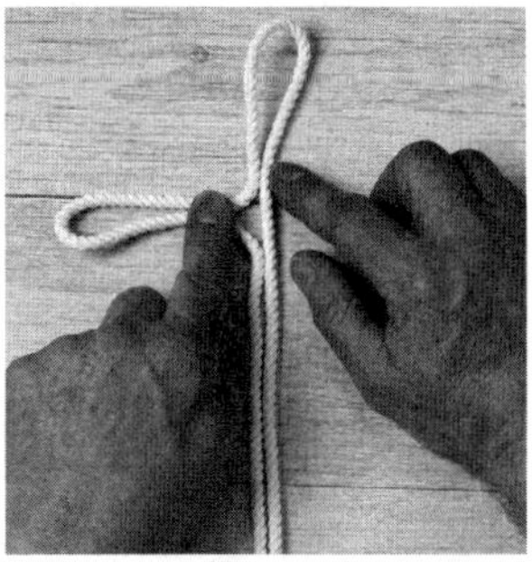

2. 拉出绳耳左侧的绳腿打第二个绳耳。

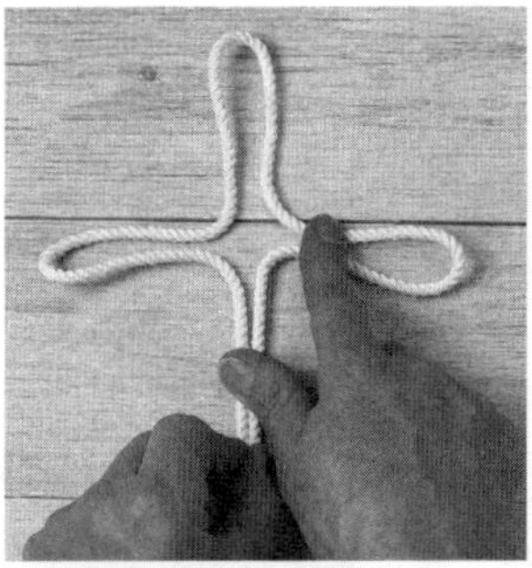

3. 同样拉出绳耳的另一条绳腿打1个和第二个绳耳对称的绳耳。

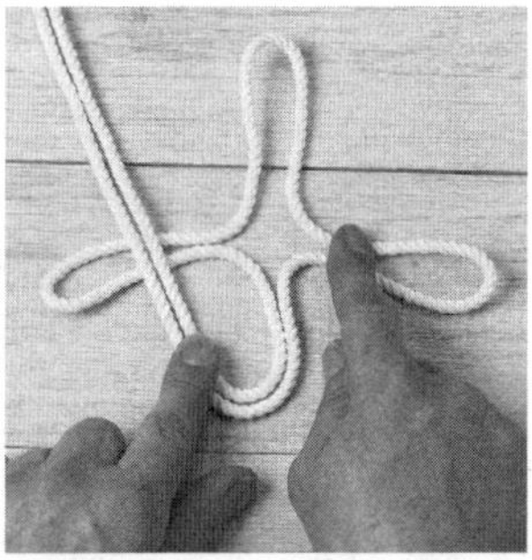

4. 把两条本绳向上拉压在左侧的绳耳上。

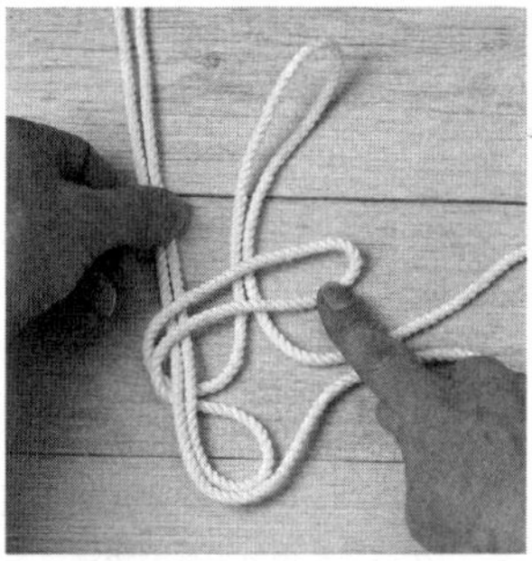

5. 把左侧的绳耳对折过来压在上面的绳耳上。

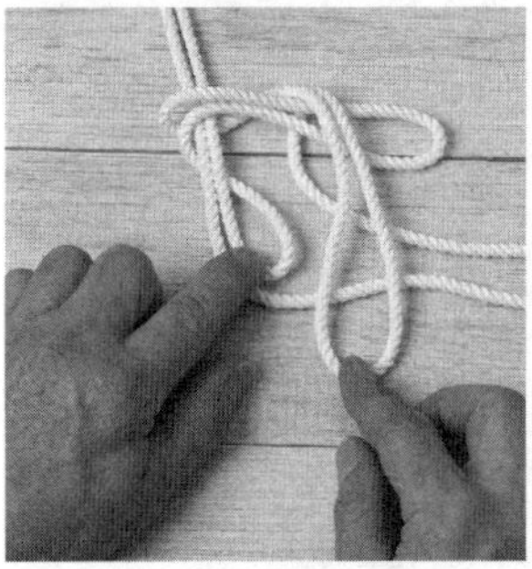

6. 把上面的绳耳对折过来压在右侧的绳耳上。

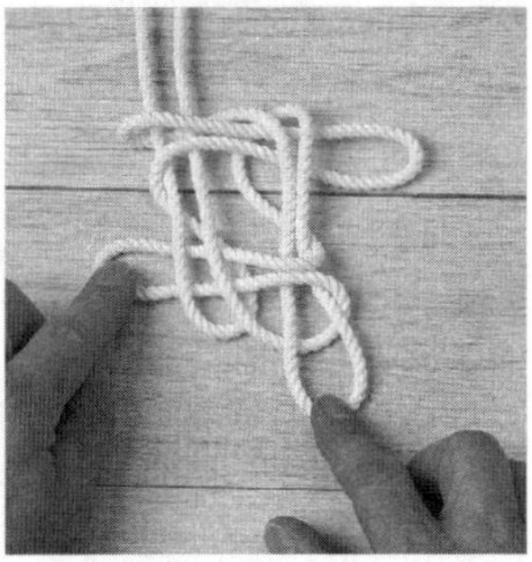

7. 把右侧的绳耳对折过来从两条本绳下面穿过。

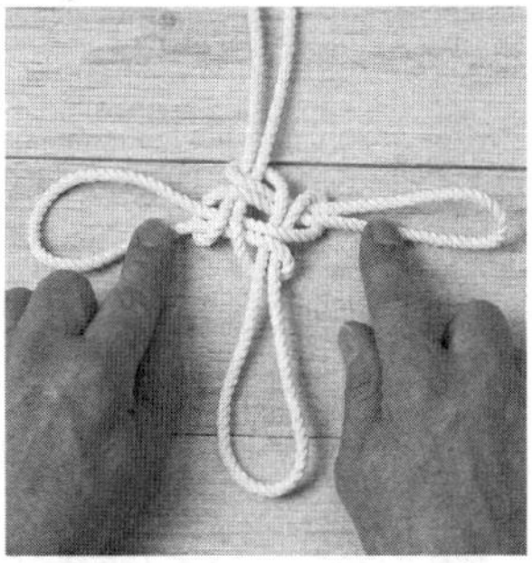

8. 小心地收紧这个结。

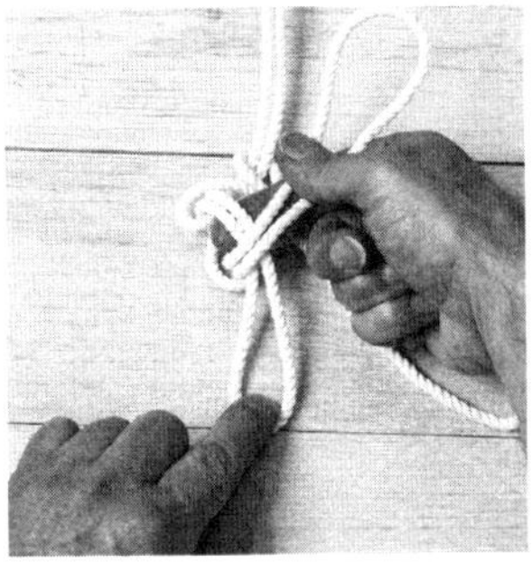

9. 把左侧的绳耳拉下来，压在下面的绳耳上。把下面的绳耳向右上方折。

10. 把右侧的绳耳向上对折，压在下面的绳耳上。

11. 把两条本绳从左侧的绳耳下方穿过。完成第二个结，最后收紧此结。

中式纽扣结

这是一种经典的纽扣结，可以缝在包上用做装饰。如果用细线的话，此结还可以用来作为特别的耳饰。可以选用一些硬质的材料打此结，这样打出的绳结可能比较平整，更适合做装饰用。

1. 在一根装饰绳中间打 1 个绳耳。

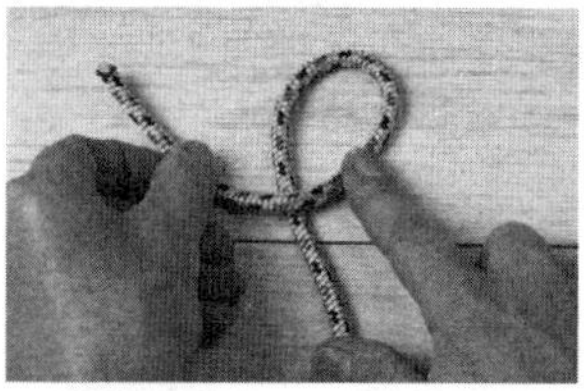

2. 把其中一根绳交叉过来形成 1 个绳环。

3. 把活端向下拉，使其位于形成的绳环后面。

4. 把另一端以下、上、下、上的顺序从绳结（此例中为从左到右）中穿过。要抓紧这个结，因为它还没有锁扣起来。

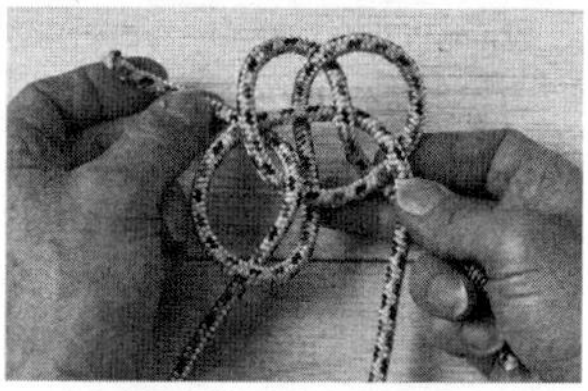

5. 如图把活端从下面穿过绳结。

6. 如图所示，第 5 步后绳结变成了 1 个四瓣花状的对称图形，两条本绳就像花茎，慢慢地收紧本绳，直至绳结如蘑菇一样鼓起来。收紧过程中，中间部分会稍向后凹，所以收紧时要把它用手指顶出来。

中式纽扣结（双重）

人们常常把中式纽扣结打成双重的，以形成 1 个更大更美观的结。打这个结时不需要用手指把中间部分顶出来，因为它会被后面的绳托起来。

1. 完成中式纽扣结的 1 ～ 6 步，让两个活端自然下垂。

2. 用其中一端顺着原来的路线再绕 1 圈。

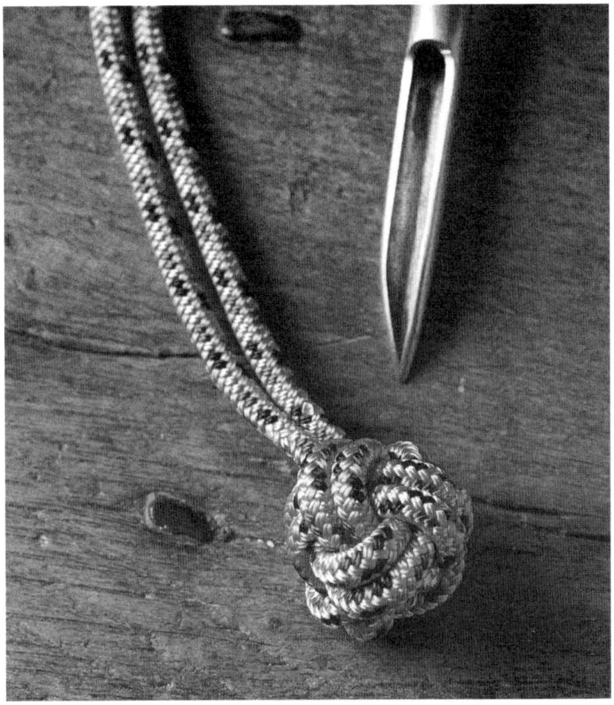

3. 用另一端沿着原来的线路反向绕 1 圈。

4. 最后这个单层的线圈就成为 2 层的线圈了。

5. 使两条活端从绳结中心穿过，慢慢收紧此结。

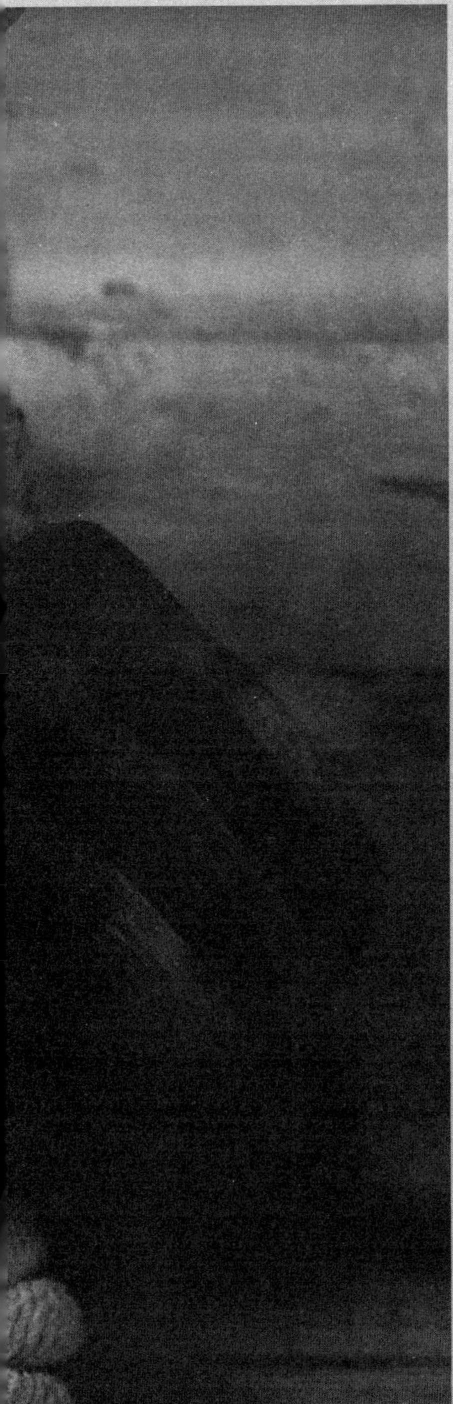

缠结

我可以为我的朋友做任何事包括献出我的生命，但他最好不要让我帮他打包裹。

——龙格·佩赛尔·史密斯，1865～1946年

缠结有两种类型。一种是用来系大直径的物体，用绳、带子或其他编织物互相交叉许多次，最后系在一起（如打包裹、用布来包裹一个自制的瓶子或是在急救时裹止血带）。另一种是用来系小直径的物体的，这是一种通过其产生的摩擦力来使其抓紧的特别的营造结（如防止切开的绳索一端散开或把一根软管固定在水龙头上）。许多缠结同时也是装饰结。土耳其结有许多种，许多书中都有介绍。许多绳结爱好者都渴望追踪其本源，希望能熟悉各种类型的土耳其结。如果你被本节的土耳其结所吸引，就会发现还有很多类似的绳结等着你去探索。

祖母结

这是最普通的一种结，人人都知道打法，不过这种结并没有什么优点。这种结容易滑动，所以安全性很差。但是打2个祖母结来系鞋带倒是一个好方法。本书收录此结仅仅是为了说明其缺点，并把它与帆索结、小偷结、悲伤结做一个比较。

1. 把一根绳的两端交叉，此例中是左端在上。

2. 打1个半结，注意使半结向左缠绕，即呈逆时针旋转状态。

3. 再次把两尾端交叉，同样是左端在上。

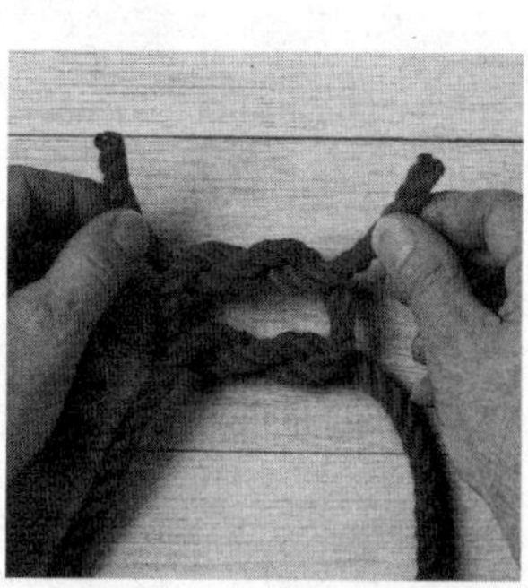

4. 再打1个半结，旋转方向相同。

帆索结

这种平坦对称的结有2个互锁的绳耳，曾被古代埃及人、希腊人和罗马人广泛使用。如果是用2个绳环打此结，就会成为双帆索结（方结），是一种更常用的系鞋带的打法。严格说来，这是一种缠结，只有用同种材料打成并抽紧时才比较牢固，所以我们只能将它用来绑绷带或包裹物品。

注意：这种结不能用做捆绑结。

1. 把一根绳的两端交叉，此例中是左端在上。

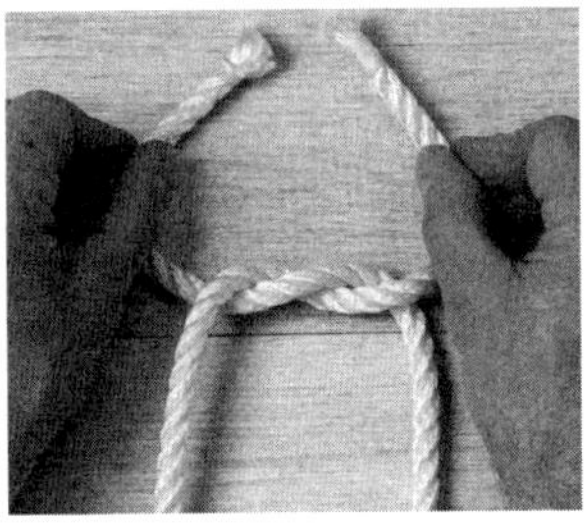

2. 打1个半结，注意使半结向左缠绕，即呈逆时针旋转状态。

3. 再次把两尾端交叉，这次是右端在上。

4. 打1个半结，注意使半结向右缠绕，即呈顺时针旋转状态，与第一个半结相反即可。

小偷结

乍一看会觉得这种结很像帆索结，其实这是一种与帆索结全然不同的结。此结的两个短端不在同一侧，这种不平衡会造成绳结在受力时产生滑移。所以这种结一般情况下很少用到。

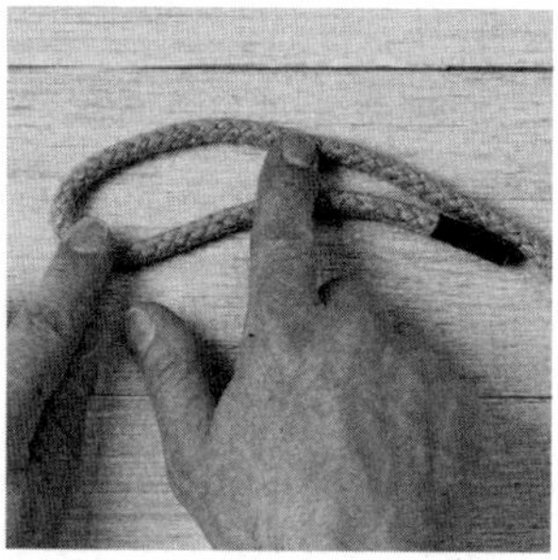

1. 在绳索的一端打 1 个小的绳耳。

2. 将另一端从绳耳中穿过压在绳耳的短端上。

3. 把活端拉到绳耳的两条绳腿下面。

4. 最后把活端拉上来，再穿入绳耳中。活端与本绳是平行的。

悲伤结

这种结兼具祖母结和小偷结的缺点，是最不安全的结，对角线的不对称和末端位置的不平衡使其在受到外力的情况下很容易被破坏。不过打此结时可使用一个技巧，拉住两端轻轻滚动绳结，收紧，然后把两端朝相反的方向放置，这样结就锁紧了。用这种方法打的缠结可以用来捆扎整理花园的小工具或其他类似的轻型工具。

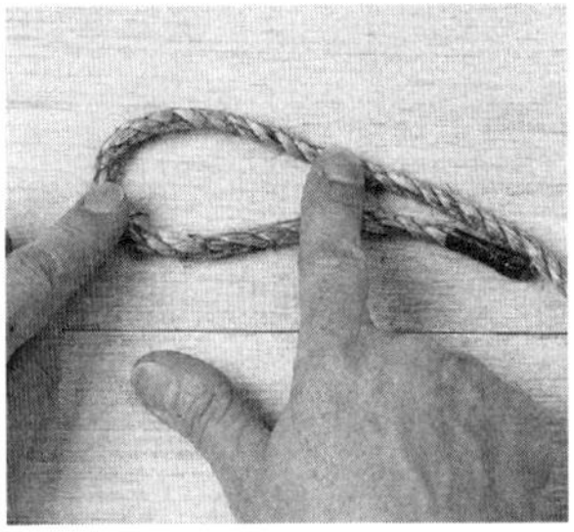

1. 用绳子的一端打 1 个小的绳耳。

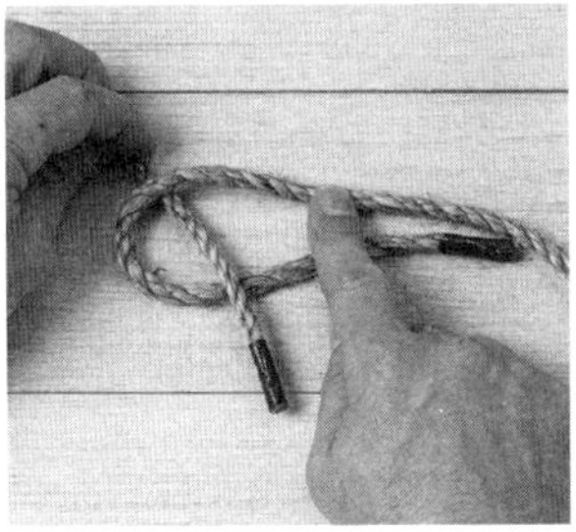

2. 将另一端从绳耳中穿过压在短端上。

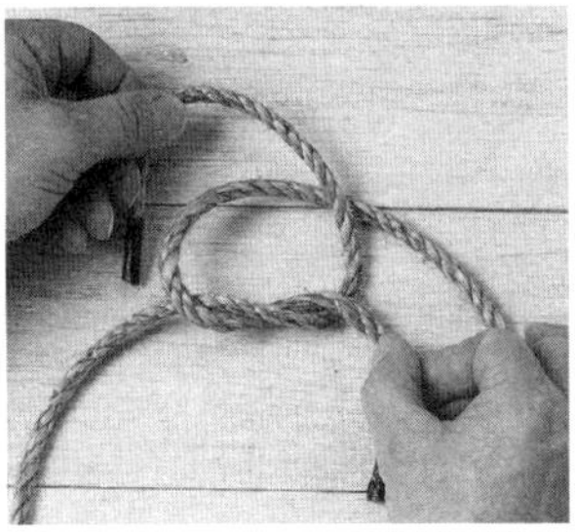

3. 将活端从绳耳的短端下面穿过，再拉上来。

4. 最后将活端从绳耳的另一条绳腿处穿上来，令其在绳耳的上面与本绳相平行。

柱编结

1 对细绳加上 1 对帆索结，就可以捆住一个金属帐篷柱或是一些细长的物体。

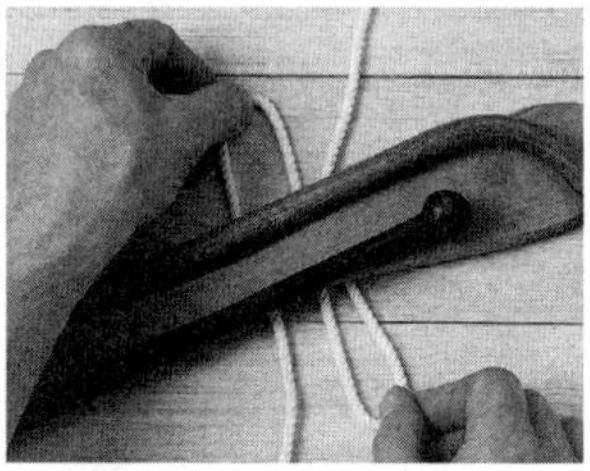
1. 把绳放在靠近物体一端的下面，将其按“S”形或“Z”形放置。

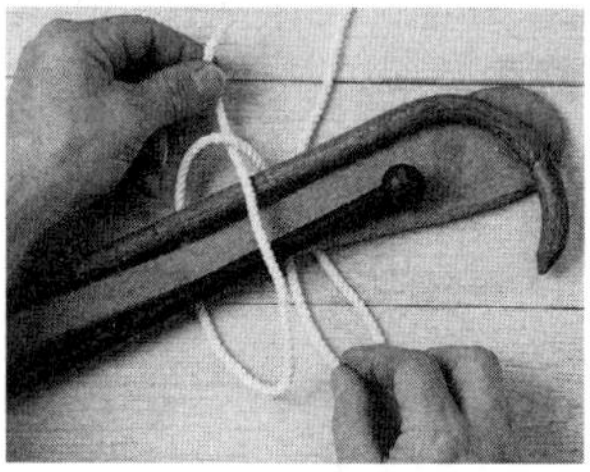
2. 把绳的一端塞进对面的绳耳内。

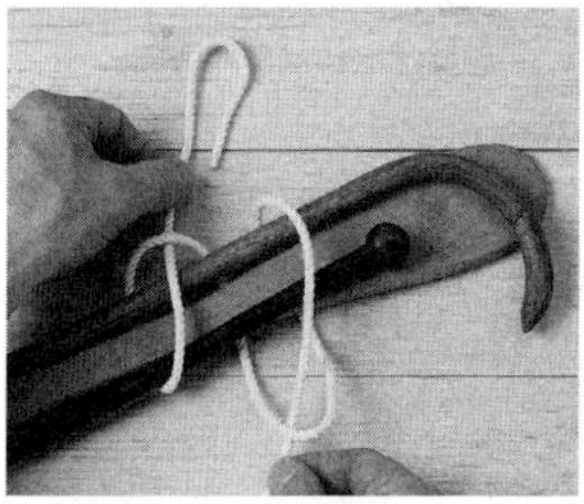
3. 同样把绳的另一端塞进另一个绳耳内。

4. 收紧两个活端这样就把物体捆在内了。

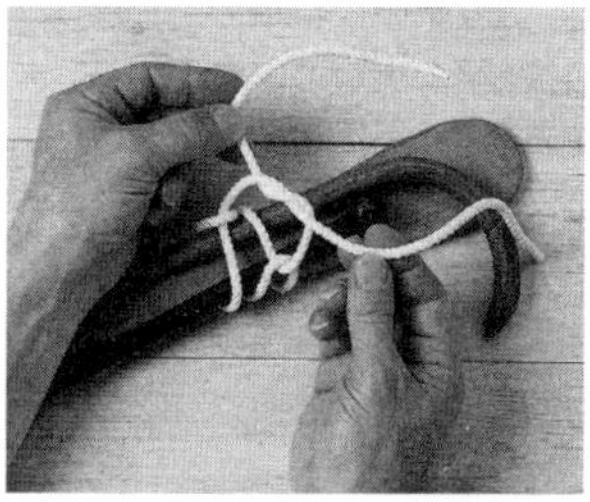
5. 将两端交叉（此例中为左端在右端上），打半个帆索结，收紧。

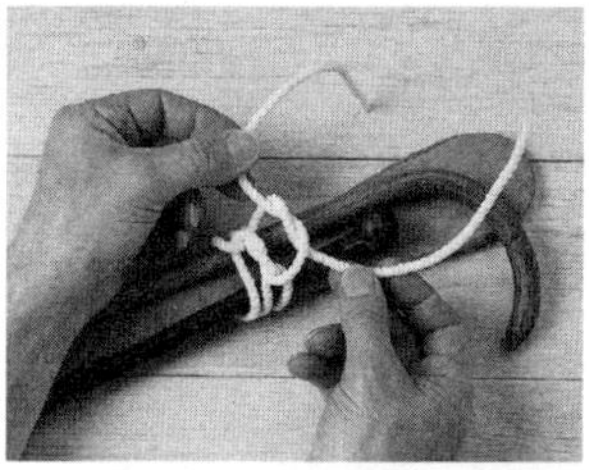
6. 再把两端交叉（右端在上）完成帆索结。用另一根绳在物体的另一端重复步骤 1 ～ 6。

背包结

顾名思义，背包结就是一种扎袋子的结。以前在用麻袋装谷类或是其他颗粒状及粉末状的东西时常用到此结，磨坊主或米商都会熟练地打这种结。如果要方便将来解开的话，打结时可留1个捻环。

1. 用一根短绳在袋口绕1圈。

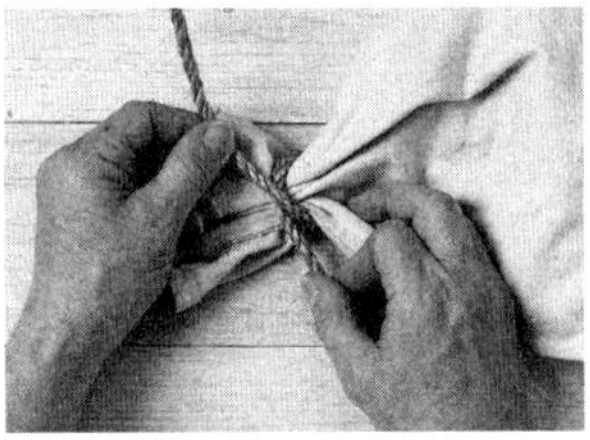

2. 把活端拉到左侧，交叉在本绳上。

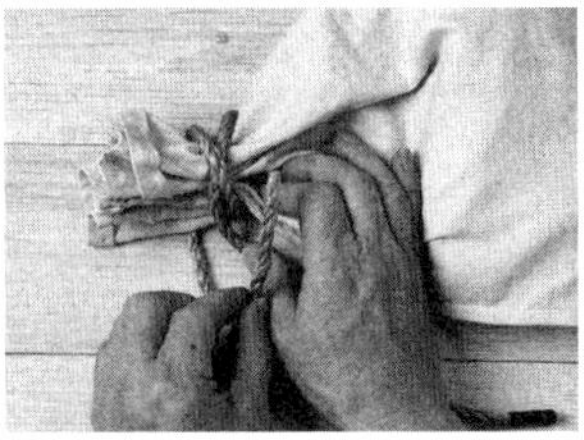

3. 把活端绕到袋子后面，再绕到前面。

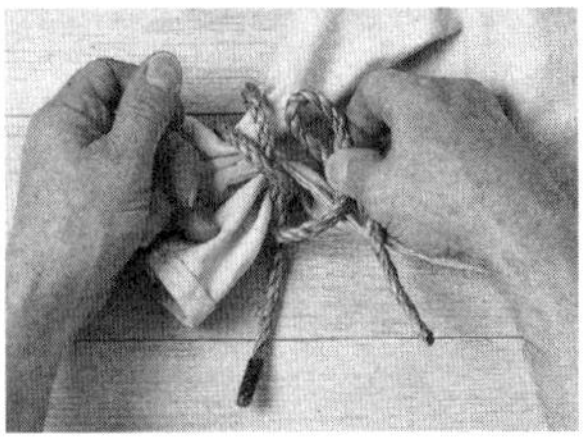

4. 把活端交叉压在右端的绳上，然后对折打1个小绳耳。

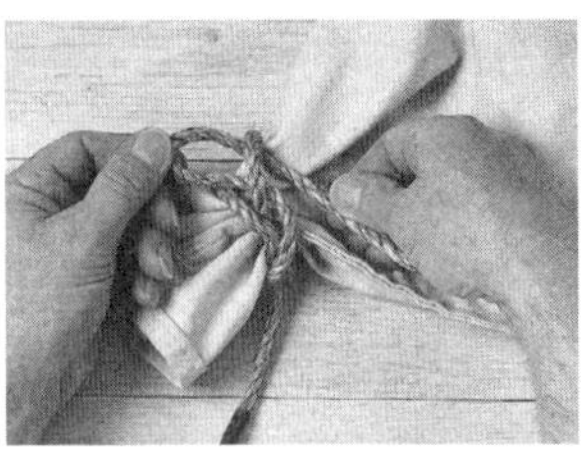

5. 把绳耳塞进前面的绳圈内，收紧，即可。

袋口结／磨坊主结

这种结同背包结不一样，这是一种从很早时候就广泛应用的缠结，不能用绳耳来打，但可以留有捻环防止剪开绳结时破坏袋子。

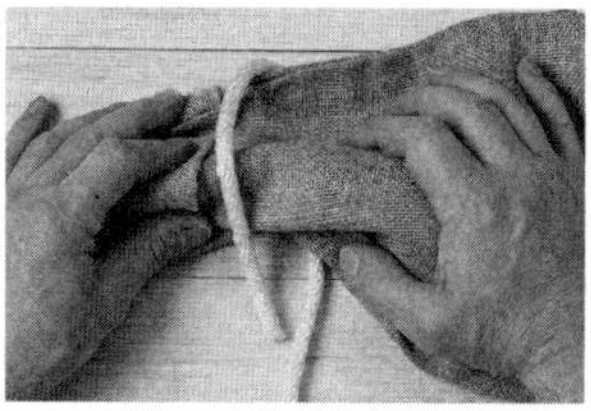

1. 用一段短绳在袋口绕 1 圈，把短端放在前面。

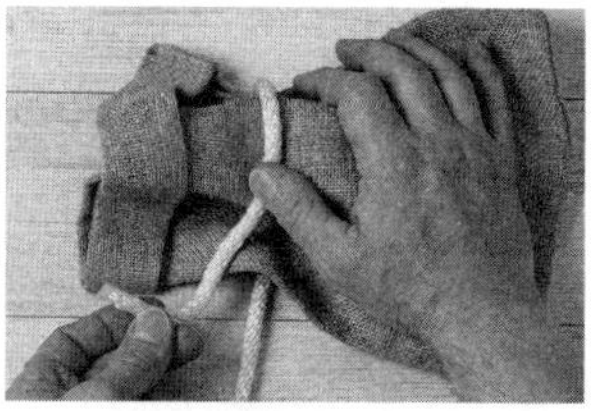

2. 把短端拉到左侧。

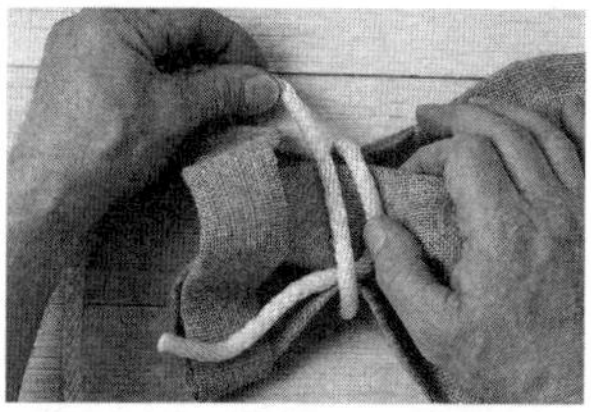

3. 把长端作为活端从前向后绕，把短端缠在内。

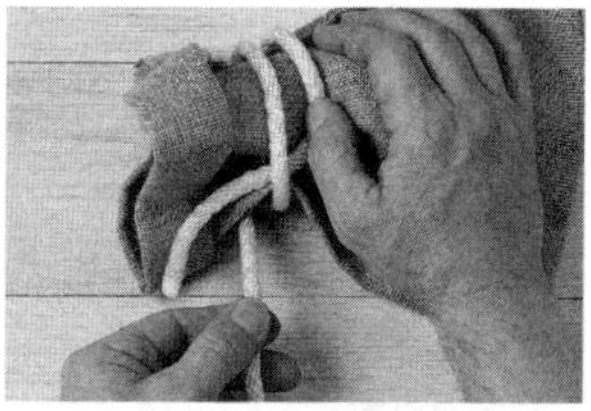

4. 把活端从后面再绕到前面。

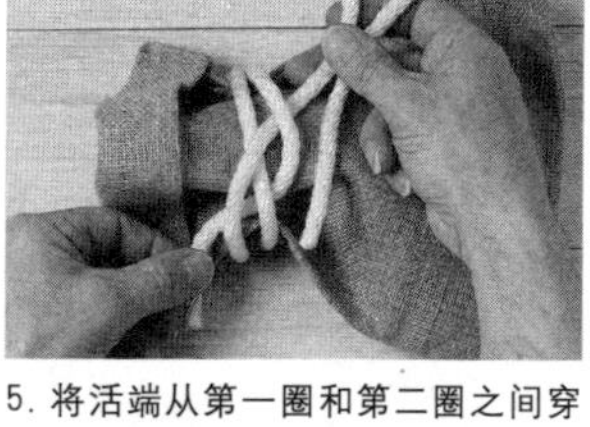

5. 将活端从第一圈和第二圈之间穿过，从第一圈下方拉出，收紧。如有需要，可留 1 个捻环。

用尾端系的营造结

此结是勒紧结的又一变种，这种结是最好的缠结。这种暂时性的绳结可留捻环也可不留，可以缠住绳的尾端、软管等。古希腊人用这种结来系绷带，几个世纪后这种结又成为“炮结”，用来收紧炮的前膛法兰绒弹药筒包的颈。后来这种结于 1944 年被克厉夫 · 爱斯利重新发现并推广开来。

此结可以用来把绳子的尾端、围栏或是任何东西系住，防止其松散。解开这种营造结时，要想不留下缺口和伤疤，可以用尖刀小心地把主对角线划断，这个结就会变成卷曲的两部分掉下来了。

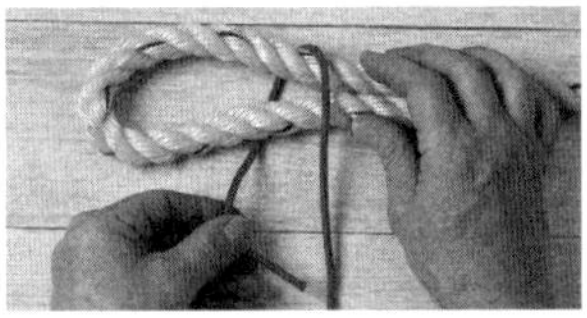

1. 取 1 根短绳或合股线（硬的绳用来捆软的物体，如软的有弹性的绳用来捆坚硬的物体），把它在要系的物体上绕 1 圈。

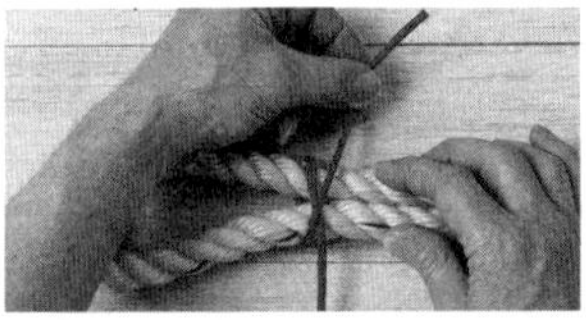

2. 把绳的活端交叉压在本绳上并拉到右侧。

3. 把活端绕到后面，再拉回前面。

4. 将活端塞进之前形成的对角线内，形成 1 个双套结。

5. 把结的左上方松开，准备把活端塞进去。

6. 把活端从左向右地塞进松开的绳耳内。把两端朝相反方向拉紧，收紧此结。

用绳耳系的营造结

这是另一种很好的营造结。可迅速地系在绳索的一端、围栏上或是任何需要的地方。一旦收紧，此结便会很牢固。如果勤加练习，你定能在大家还来不及看清之前就完成此结。

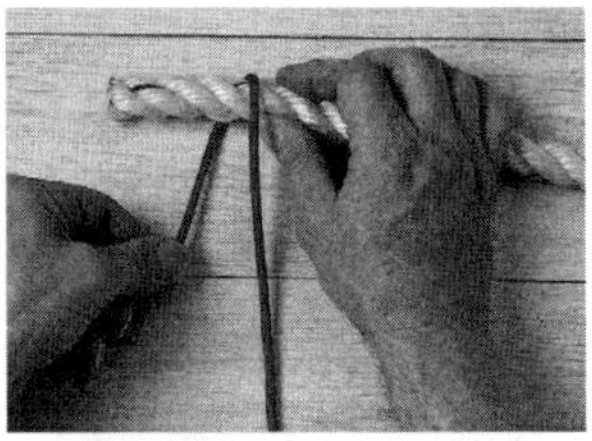

1. 把一根短绳从前向后地绕过要系住的物体。

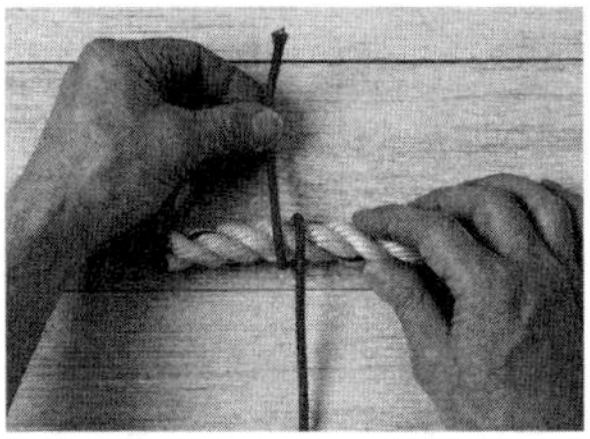

2. 提起活端，绕完整的一圈。

3. 把线圈的下方拉成 1 个大的绳耳。

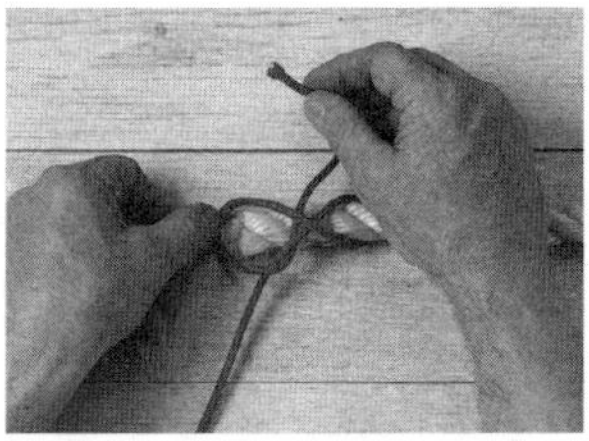

4. 把绳耳提起来转半圈（如图所示）然后套在基绳的一端上。

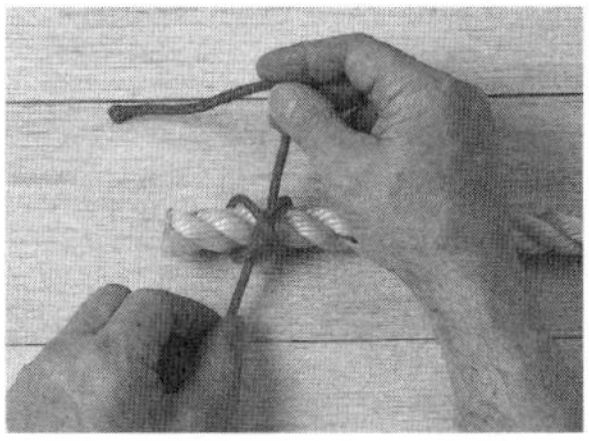

5. 拉住两端，收紧绳结。最后将绳结末端多余的绳剪断。

横梁结

克厉夫·爱斯利最初使用此结是为了捆住两根互相垂直的棍子给他女儿做风筝。这种结也是营造结的一种，可捆住任何格架。如果需要更大的强度，可在第一个结的垂直方向再打 1 个结。

1. 把需要连接起来的物体交叉放置，令其相互垂直。

2. 把活端放置在水平杆的上面，然后将其绕到垂直杆的下面。

3. 把绳两端交叉并向下拉。

4. 把活端绕到水平杆下方的垂直杆下面，再拉到前面来。

5. 把活端塞进绳索形成的对角线内使其与另一绳端形成 1 个半结，拉紧。

双营造结

这是营造结的另一种形式，它具有更大的摩擦力和抓力。适合用于捆扎大直径的物体和一些形状奇特不能自动合在一起的东西。如果在捆扎的过程中无法用力或者力气不够不能把绳结拉紧，可以借助于螺丝刀或其他类似的工具，利用杠杆原理来完成。

1. 用细绳绕基绳1圈。把活端沿对角线方向交叉过自己的本绳。

2. 把活端绕到基绳后面，再拉到前面，令其处于本绳和第一个线圈之间。

3. 令活端紧挨着第一个线圈再沿对角线方向绕1圈。

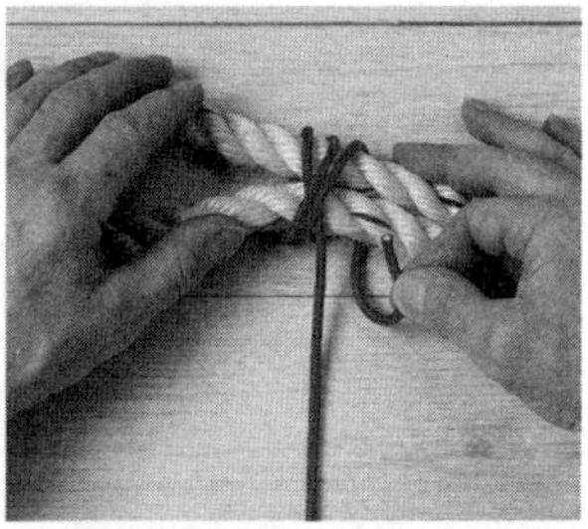
4. 把活端拉到基绳后，再拉到基绳前（在本绳的右侧）。

5. 把活端塞进两个线圈之间，与自己的本绳平行。

6. 松开绳结的左上方部分，准备使活端穿过。

7. 把活端从左到右地塞进松开的绳耳内。

8. 把结收紧。

围巾结

这种缠结是由著名的编织者彼得 · 克林伍德于 1996 年设计发明的。他设计此结是希望当沿着物体把绳结两端剪掉时，绳结还能有原来的效果。此结集勒紧结和双营造结的结构和特点于一体，非常牢固。许多熟练的绳结制作者都认为此结易学易打。

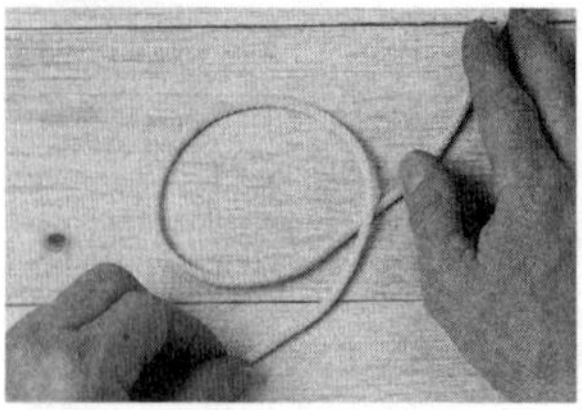

1. 用一根短绳打 1 个上手绳环。

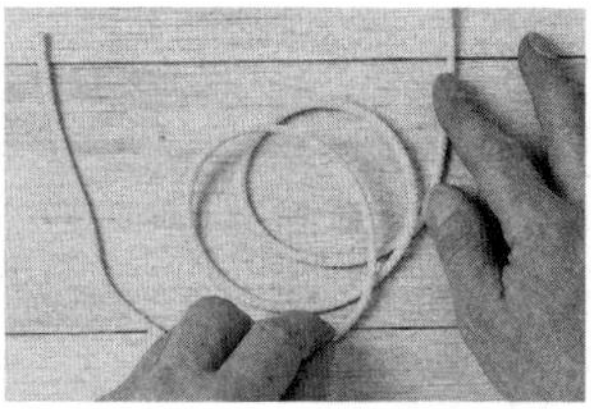

2. 在第一个绳环上再打 1 个相似的绳环。

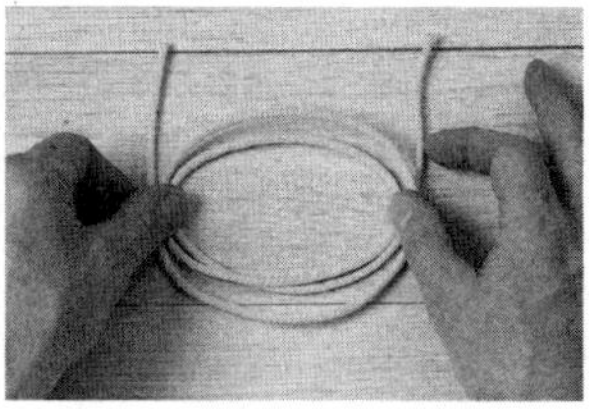

3. 把 2 个绳环叠在一起，令绳的两端指向同一方向。捏住绳环两端，此时在拇指下方要有 3 股绳。

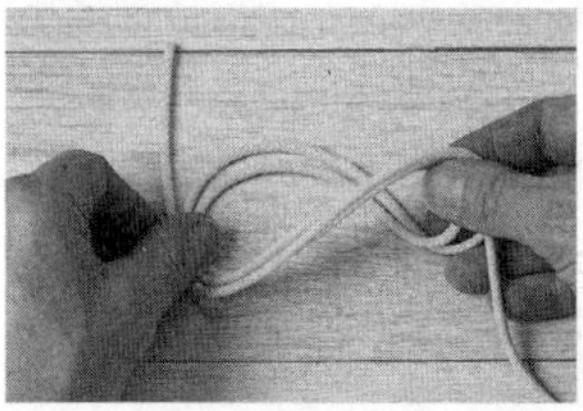

4. 把右侧的线圈转动 180°，如图所示（也就是把线圈的下面翻到上面来）。

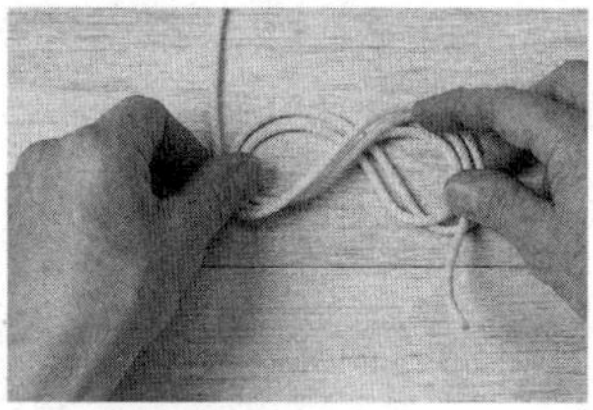

5. 此时的线圈呈 8 字形，且除了被压在最下面的部分只有 2 股绳外，其他部分均由 3 股绳组成。

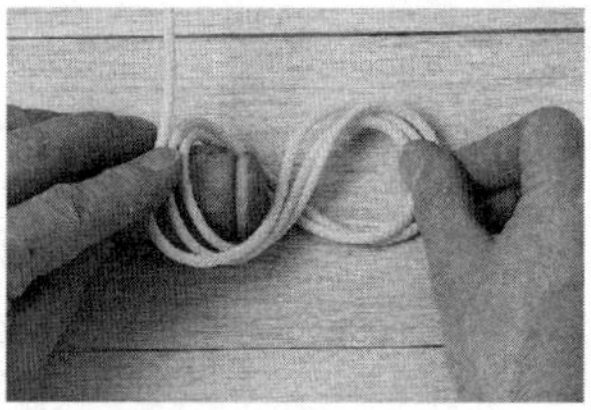

6. 把绳、棒或是其他需要被系住的物体从绳环一端穿入。

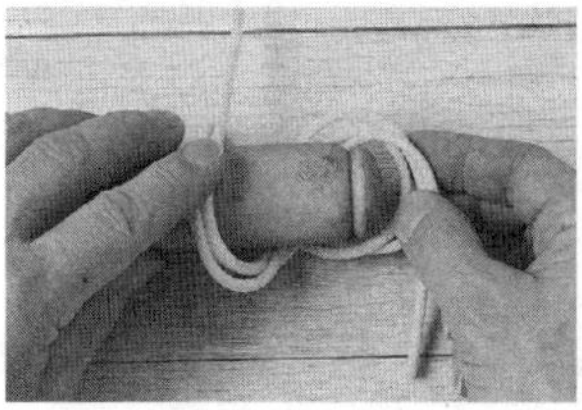

7. 让被系物压在中间的 5 股绳上，从绳环的另一端穿出。

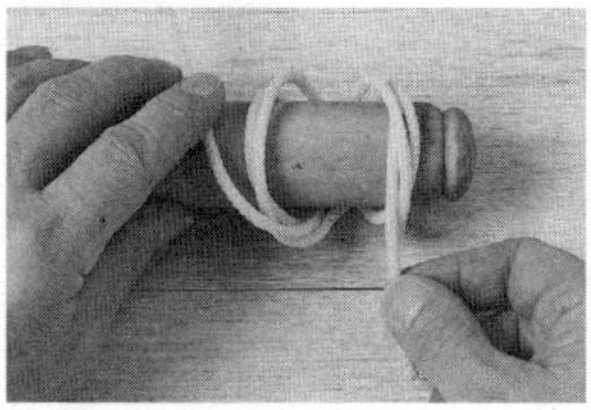

8. 把两侧的绳环慢慢拉紧。

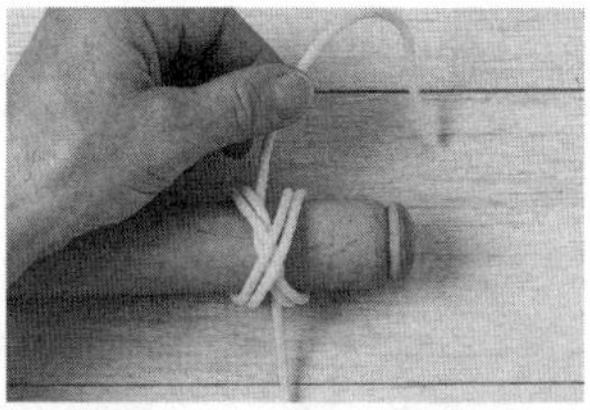

9. 整理绳结。可以看到 3 个螺旋结的上面有 2 个绳圈，这使得绳结很结实，可以把绳的两端剪得非常短（甚至比图中所示的还要短）。

水壶、瓶、罐的吊索

这种结可以牢固地扎在细颈小口瓶、大口的水壶或水罐的颈上，还能在大的、重的瓶子上形成1个手提环（甚至是古希腊双耳细颈的椭圆土罐）。用此结可以把野餐时要喝的酒挂在小溪里冷却，让你提着牛奶瓶穿过农场，或是把一篮花挂在厨房的横梁上。

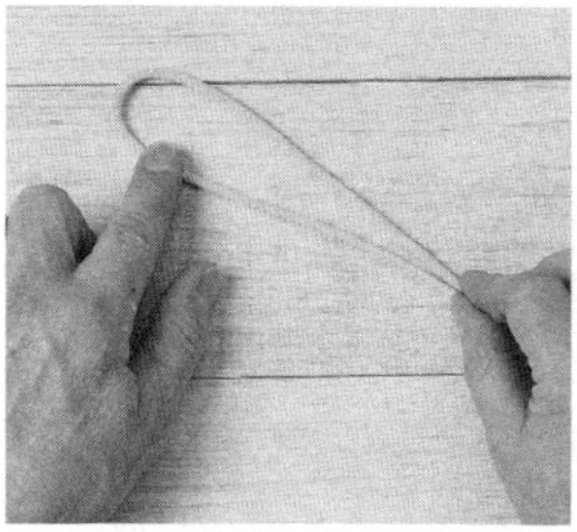

1. 选用长度适宜的绳，在中间打1个长的绳耳。

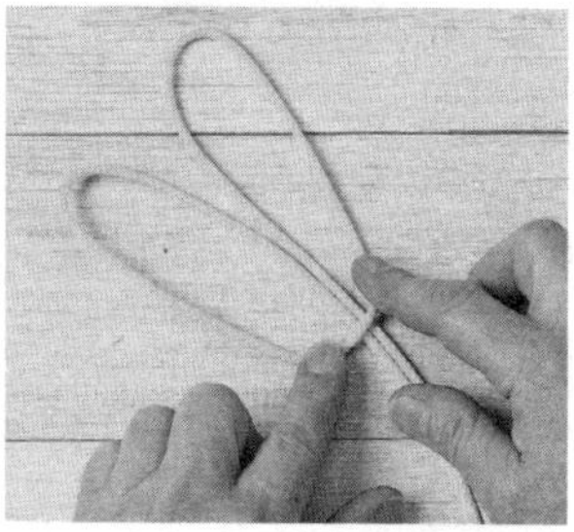

2. 把绳耳向下折形成2个对称的长绳环。

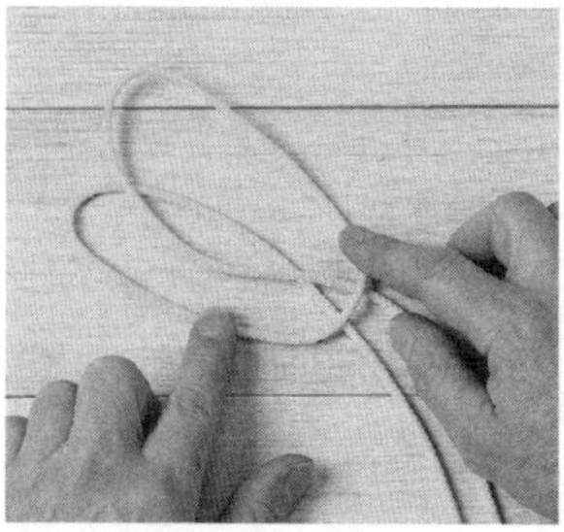

3. 把右侧的绳环压在左侧的绳环上，使2个绳环相交叠。

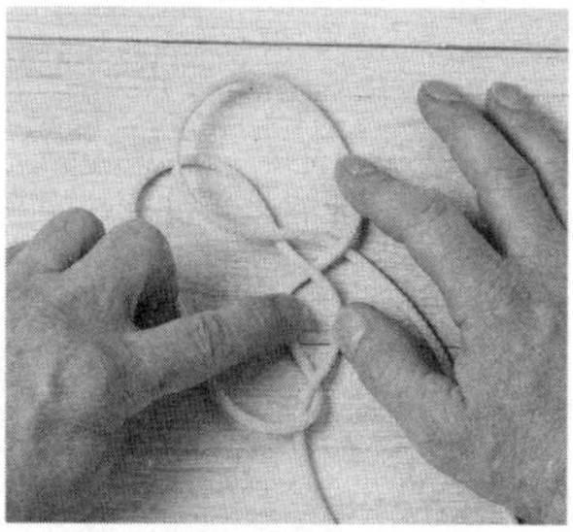

4. 准备把最初的绳腿从绳耳的顶端从左侧的绳环中拉出来。

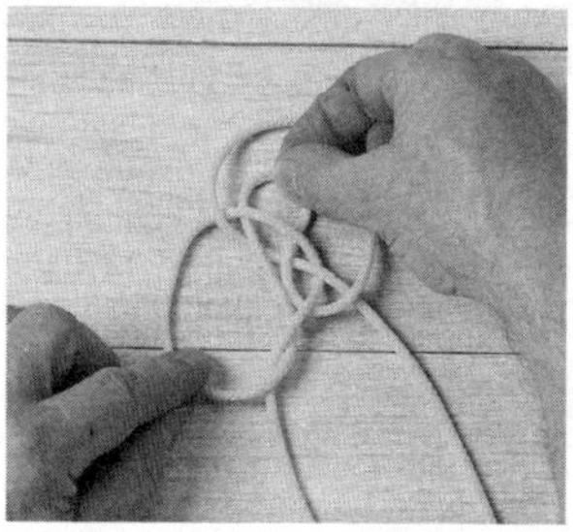

5. 把绳耳顶端从2个绳环的交叠处穿出。

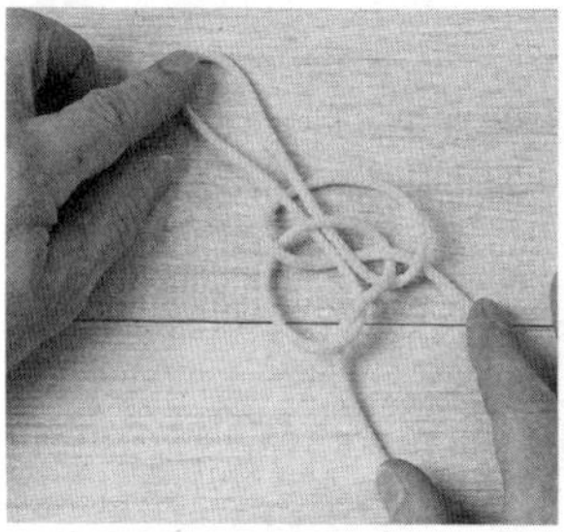

6. 把绳耳顶端继续向外拉大约7厘米。

7. 如图所示，将绳结后面的绳环向下拉。

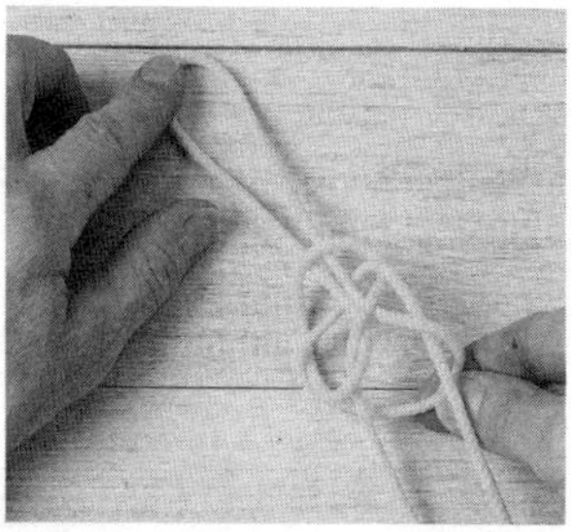

8. 把这个绳环拉到下面，令其与两条本绳相接触。

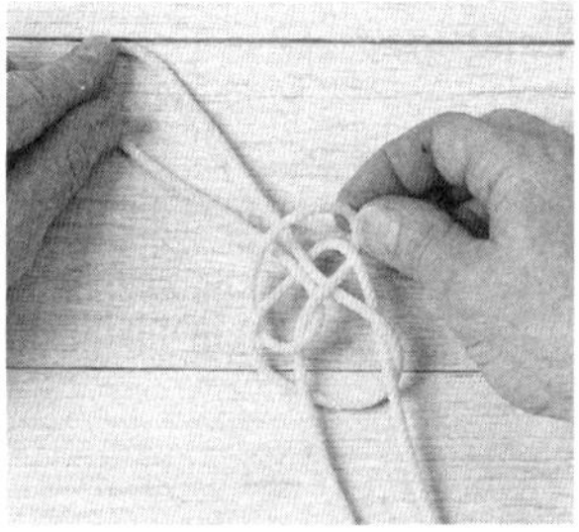

9. 再拉住绳结前面的绳环。

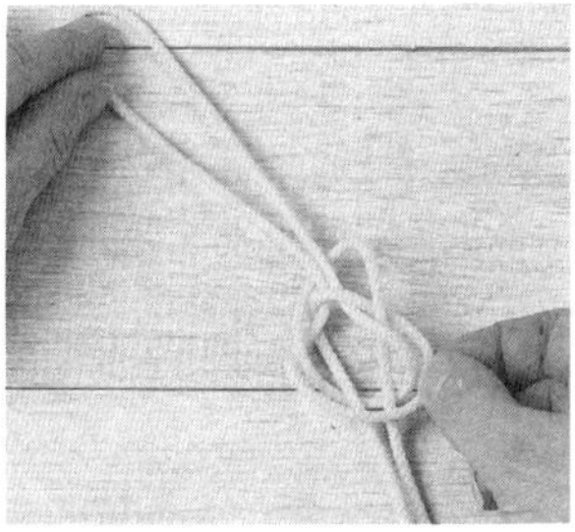

10. 把这个绳环向下拉至与两条本绳相接触。

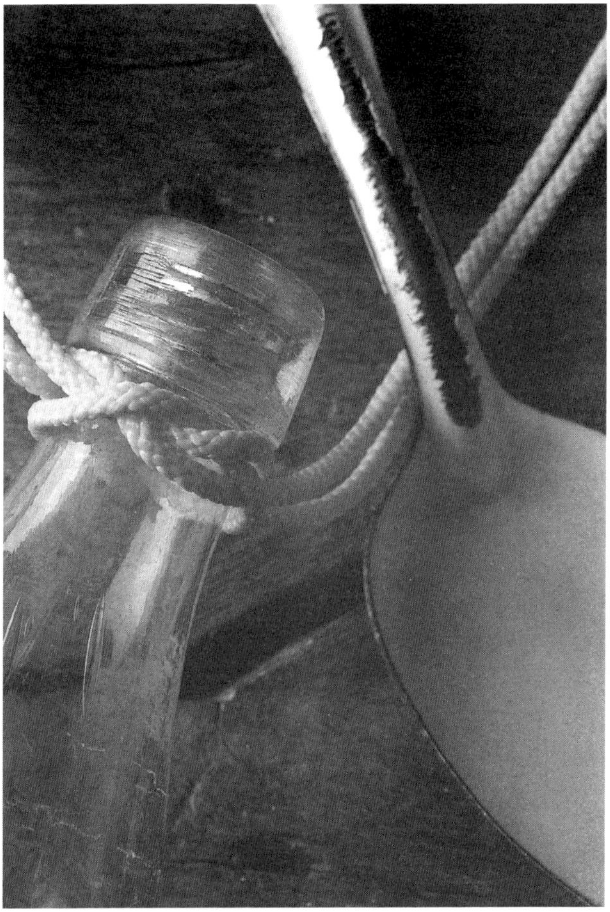

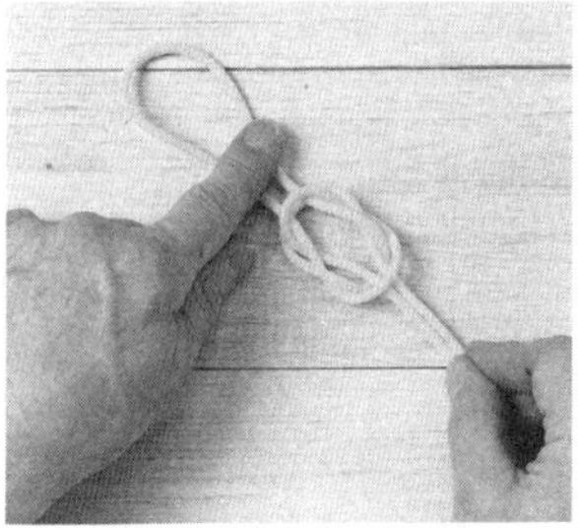

11. 轻拉绳耳和两条绳腿，随时调整所用的力，使整个结完全对称，最终呈现如图所示的样子。

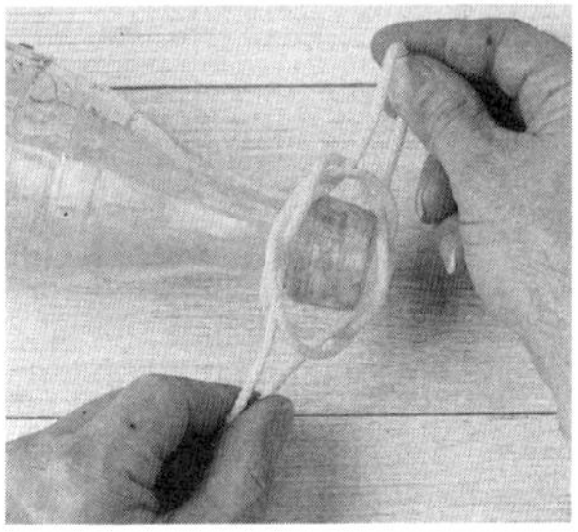

12. 把结套在瓶或罐的颈上，拉绳耳和两条本绳使其收紧。

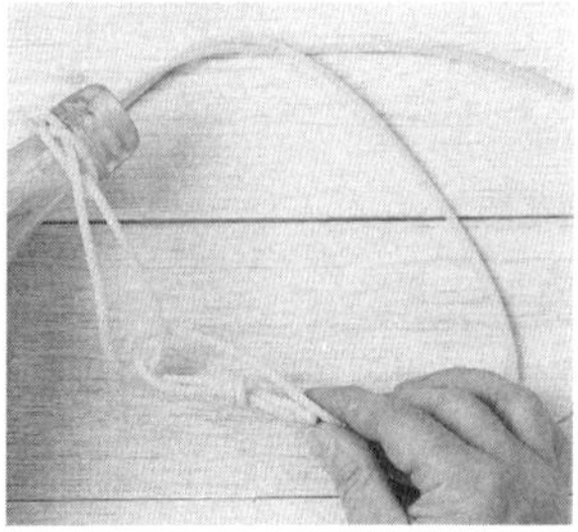

13. 把本绳中比较长的那根绳塞进绳环内，然后用渔夫结或是其他合适的结把两条本绳绑紧，形成 1 个 2 股的可以调整的手提环。

亚什均衡结

这种巧妙的绳结可扎在瓶子、罐子的颈上，形成 2 个一样长的可调整的提环，使提物更为容易。此结是哈利 · 亚什在 20 世纪 80 年代设计的。

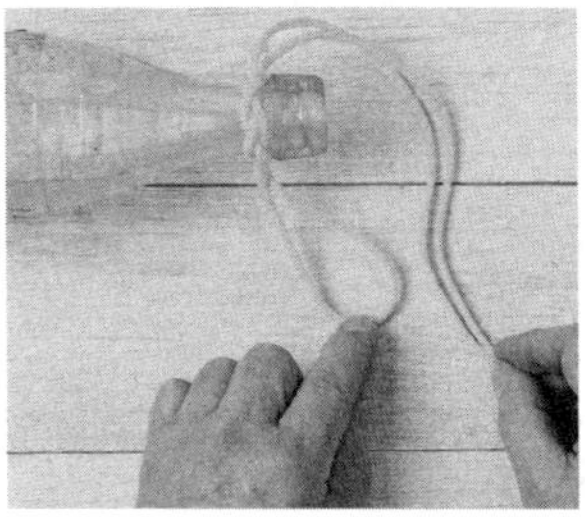

1. 使系在瓶、罐上的吊索有比较长的两端和 1 个短的绳环。

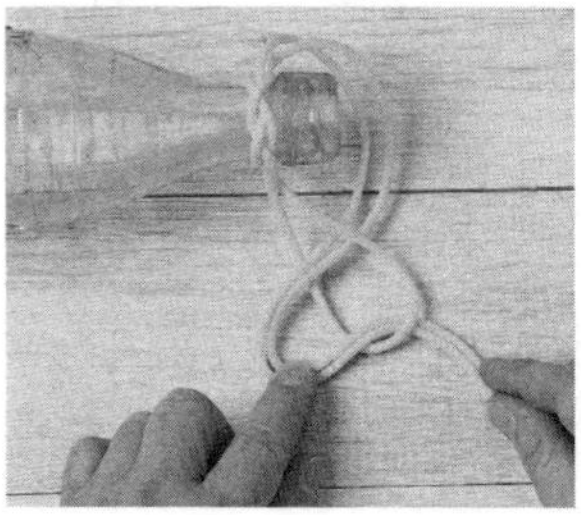

2. 拉住较长的两端，把它们塞进绳环内形成 1 个双股的绳耳。

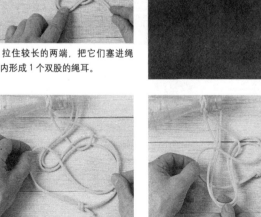

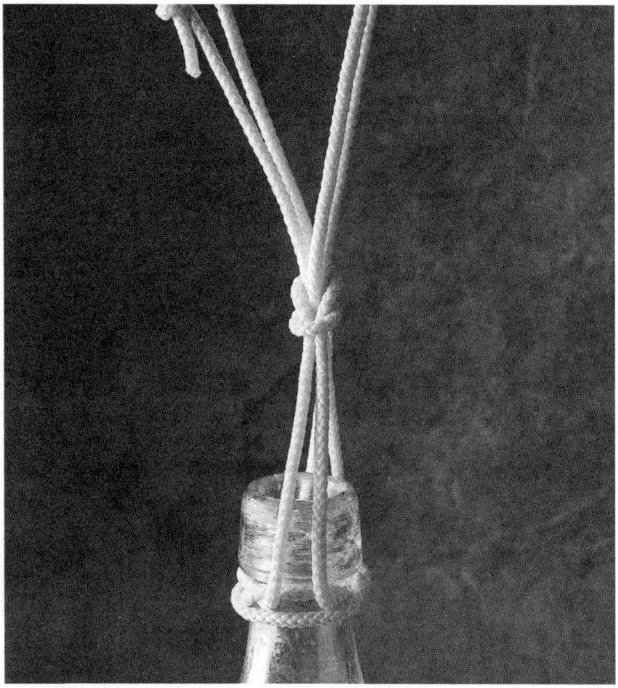

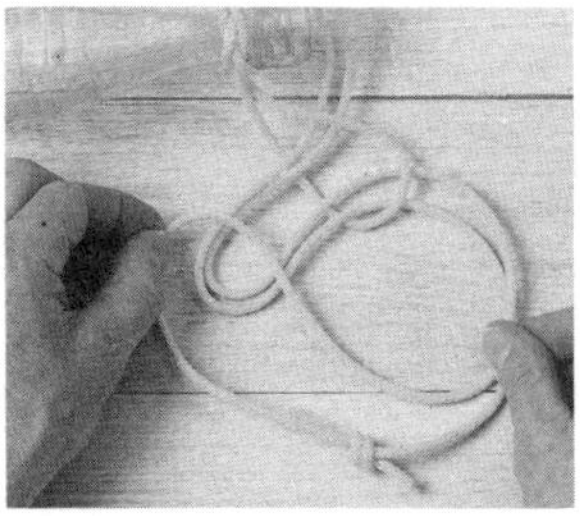

3. 把长的两端打结，形成 1 个大的绳环，把这个绳环放在前步形成的双股绳耳上。

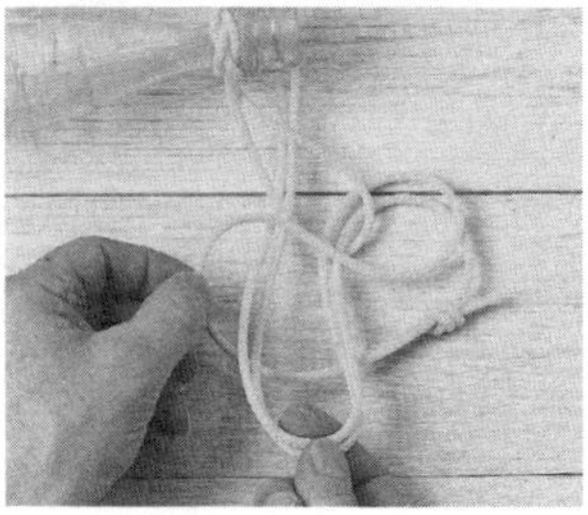

4. 使这个双股绳耳完全从大的单股绳环中穿过。

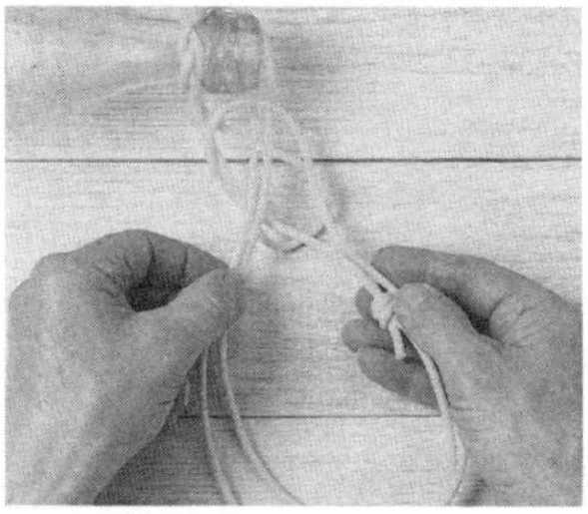

5. 把成形的绳结收紧，形成 1 对对称的提环。

双 8 字形套结

欧文 · K．南特把这个结当作紧套结的前身。一般认为这种结比缠结要好。这种双 8 字结易打易记所以很受欢迎。也可把此结看做是从围巾结和营造结演变而来的一种结。

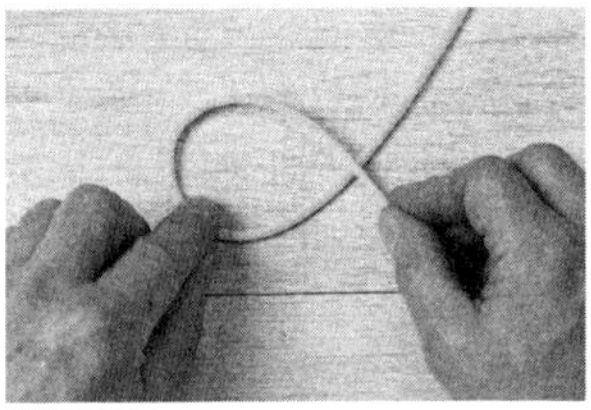
1．用绳的一端打 1 个顺时针的上手绳环。

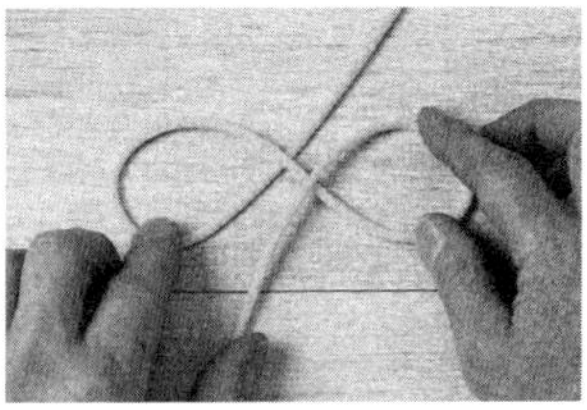
2．再打 1 个逆时针的上手绳环，形成 1 个 8 字形。

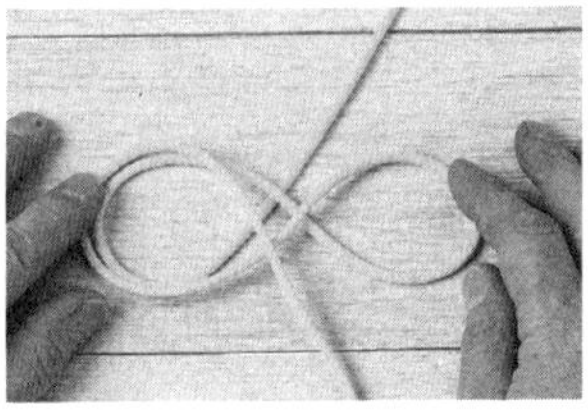
3．在第一个绳环上方再打 1 个顺时针的绳环。

4．用绳的另一端在第二个绳环上再打 1 个顺时针的绳环。

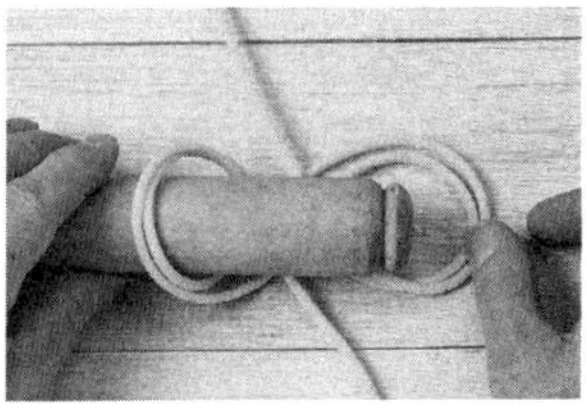
5．把绳环套在木棒上。

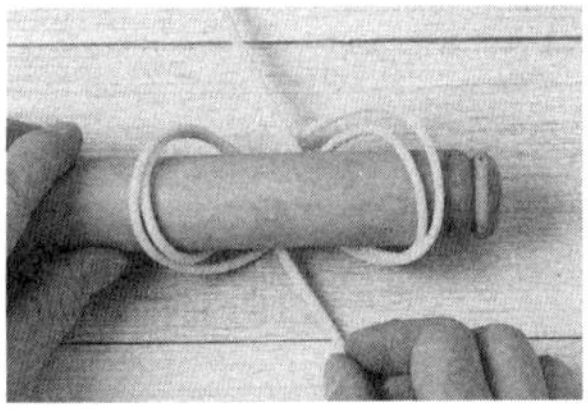
6．把绳结滑到木棒的指定部位。

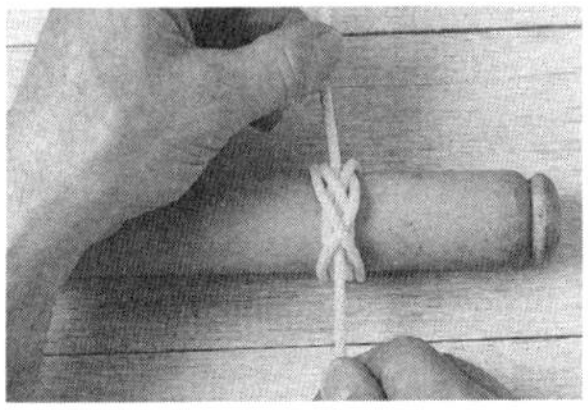
7．用力拉两端收紧绳结。

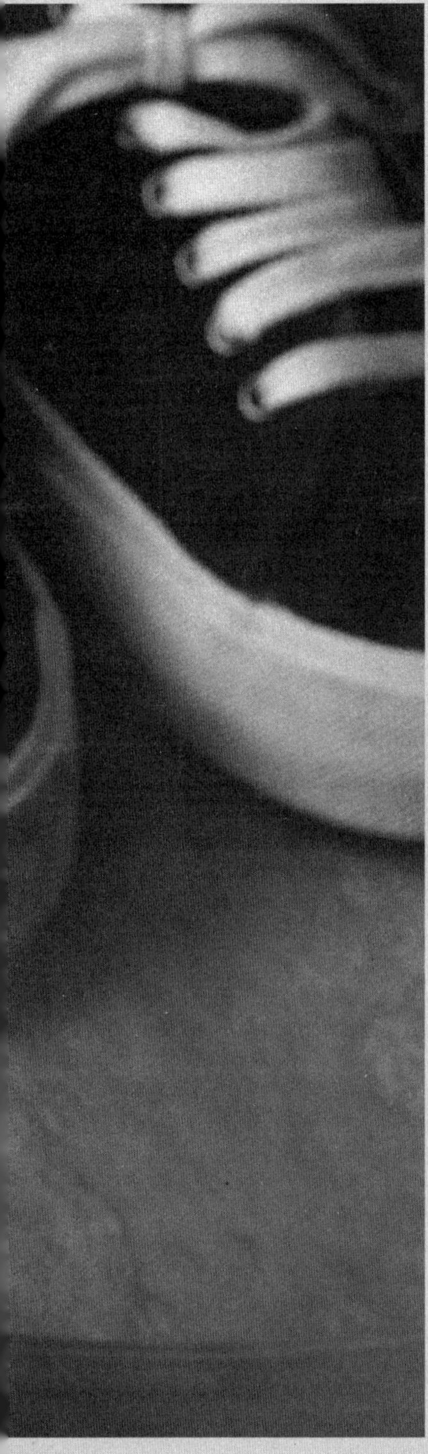

绳环

一个大麻线做的套索
套在晒黑的头颈上……
——道格拉斯·波廷，《海盗》，1979 年

每部有暴力场景的好莱坞电影里，几乎都有滥用私刑的暴徒挥舞着执行绞刑时会用到的套索的场景，从中能看出这种套结很结实，可以承受冲击荷载产生的力而且绳索不会断裂。这种结是从血结或水桶结演变而来的，绳环下一般会有好几个线圈。实际上只有渔民、洞穴探险者、登山者、兽医和外科医生会用特殊材料制成这种结来使用，而绞刑所使用的绳结只是本绳穿过 1 个加固的绳眼制成的套索。绳环结可当作套结使用，但只是套在柱或围栏上（而不是像套结一样系在上面），这样就能方便地拿下来多次使用。双重或多重的绳环结可做临时提升重物用或做救援用（在没有更好的方法时）。活结或套索可用来打包裹，最早被人类用来诱捕动物。其中有些绳环是用绳耳打的，有些是用绳端打的。

钓鱼结

这种古老的钓鱼结是 17 世纪时爱扎克 · 沃顿爵士发明的，当时他是用内脏膜来打结的。随着合成线的发明，人们开始用合成线来打这种结作为救援绳使用。这种结很牢固，甚至用蹦极绳（极富弹性的绳）来打的话，也能得到很好的效果。这种结也可用绳耳打，但图中所示方法更为简单易记。

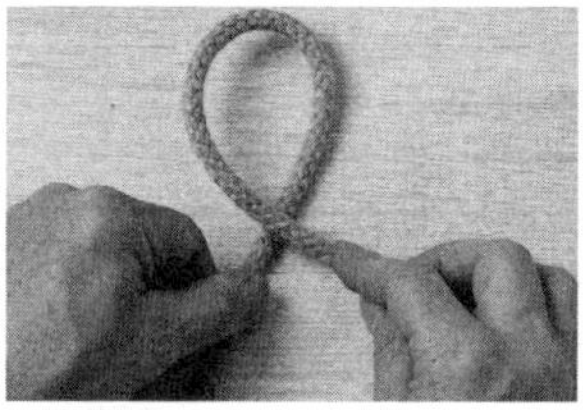

1. 固定绳子的一端，用本绳打 1 个上手绳环。

2. 把活端压在前一步形成的绳环上。

3. 把活端的那一段绳从绳环中拉出来，形成 1 个有捻环的单结。

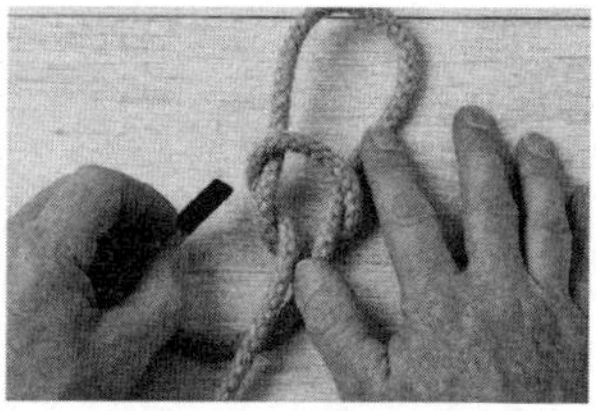

4. 把活端拉到本绳后面。

5. 将活端从绳结中间穿过，使其位于绳环的两条绳腿下，抽紧绳环。

8 字绳环

水手们曾把这种 8 字绳环归为佛莱德绳环，他们并不喜欢这种结，因为用潮湿的大麻绳和马尼拉麻绳打的这种结在施加力后很难解开。而现在，洞穴探险者和登山者常用此结来代替称人结。这种结即使对初学者来说也很容易，而且便于检查（在光线不好时和恶劣的天气下都可以）。如果把活端和本绳系在一起可以使结更牢固。

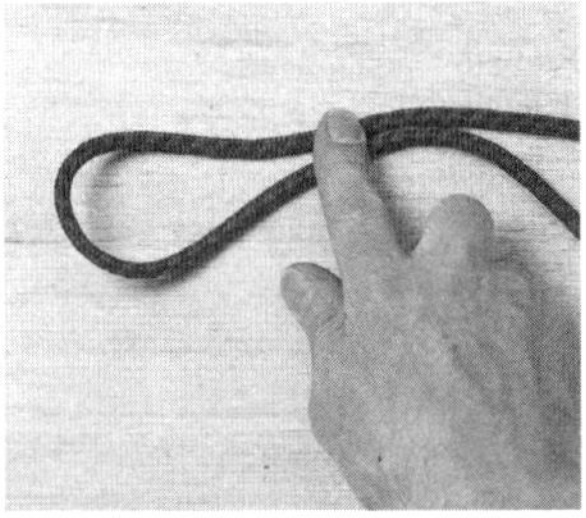

1. 用绳子一端打 1 个大的绳耳。

2. 把绳耳对折，形成 1 个双股的绳环，如图所示。

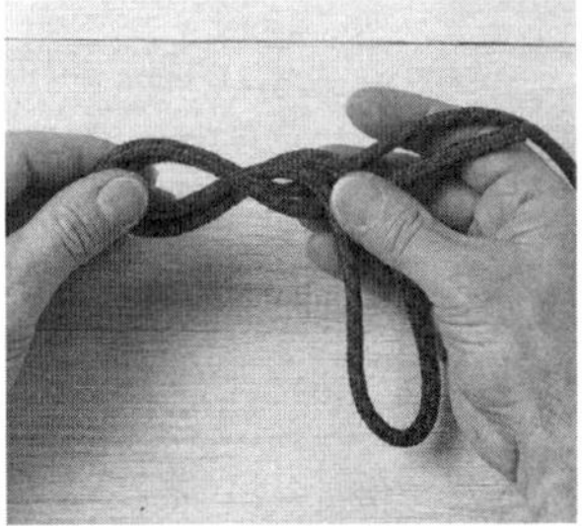

3. 如图把绳环转动半圈。

4. 把绳耳从后向前塞进双股绳环内，收紧绳结。

称人结

这种结能把船头的绳系到露天甲板的横帆上，可以防止横帆收回（即把帆里吹出来），使船乘风而行。现在称人结一般用于其他用途，如打包或嫁接树。它的优点是不会滑移或松散，所以它还算是比较好的绳结，记住最后要把活端系到或粘到旁边的绳圈腿上，以确保安全。

1. 把活端压在本绳上形成 1 个上手绳环。

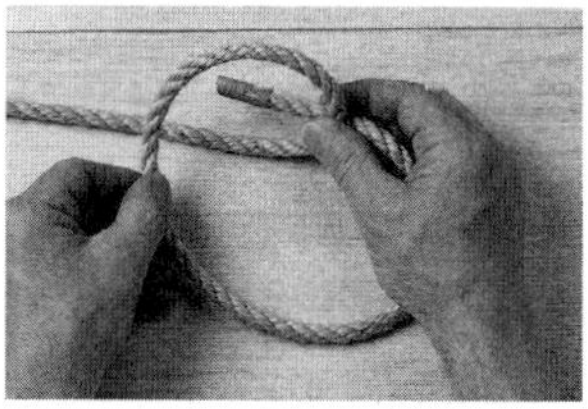

2. 用另一只手捏住绳环顺时针转动，使其与本绳形成 1 个小的绳环。

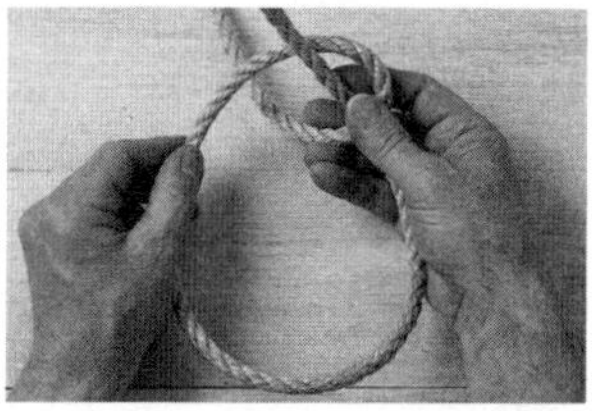

3. 把活端从小的绳环中拉出来（从后向前）。

4. 把活端拉到本绳的后面。

5. 把活端塞回小的绳环内，这次的方向是从前往后。

6. 收紧绳结（绳结的尾端应比图中所示的尾端长），然后用胶带、半套结或其他方法加固尾端，以确保安全。

爱斯基摩称人结

这是另一种传统的称人结，有时也被称为博厄斯称人结。北冰洋的探险家约翰 · 罗斯爵士（1777 ~ 1856）从因纽特（爱斯基摩）乘着当地人送他的雪橇回到英国。雪橇上面有无数用生牛皮筋打成的这种结，说明这种结是真正的因纽特结。此结比普通的称人结更结实，特别是用合成绳打成时。

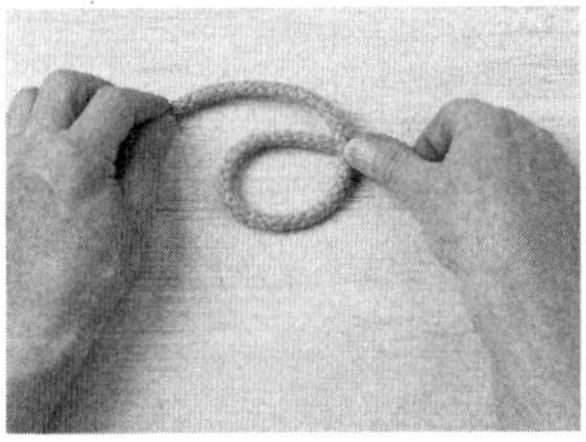

1. 用绳子的一端打 1 个下手绳环。

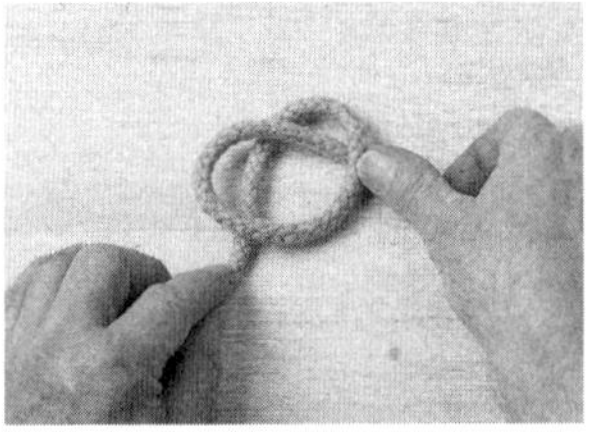

2. 把本绳拉到绳环下，形成 1 个不完全的单结。

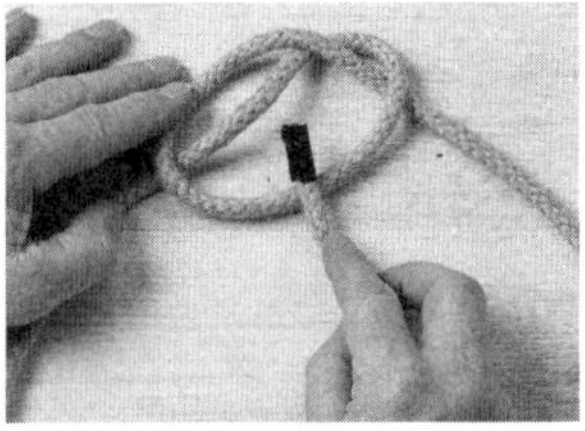

3. 把绳环下的本绳稍微提起来。

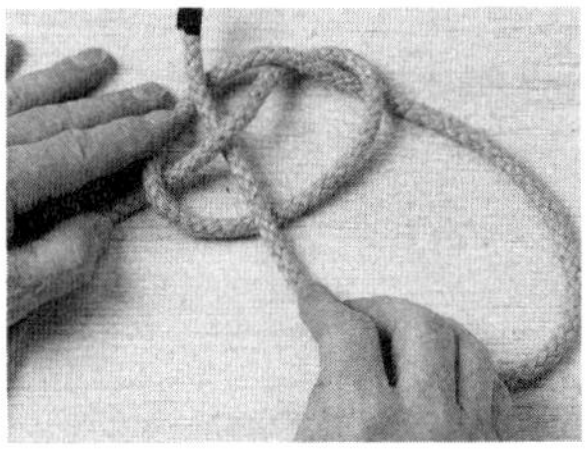

4. 把活端以上、下、上的顺序从绳环中穿过。

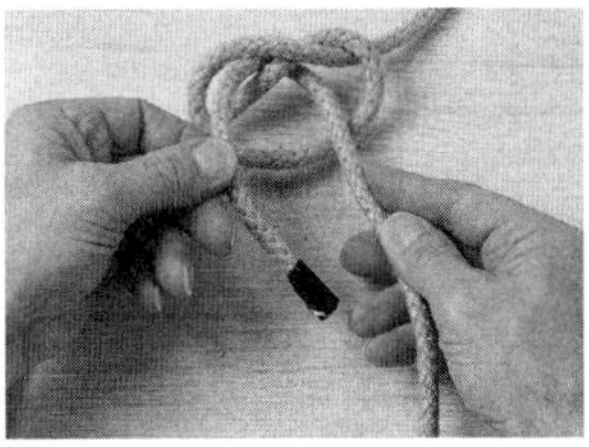

5. 把活端拉出来并向下折，形成 1 个绳耳。

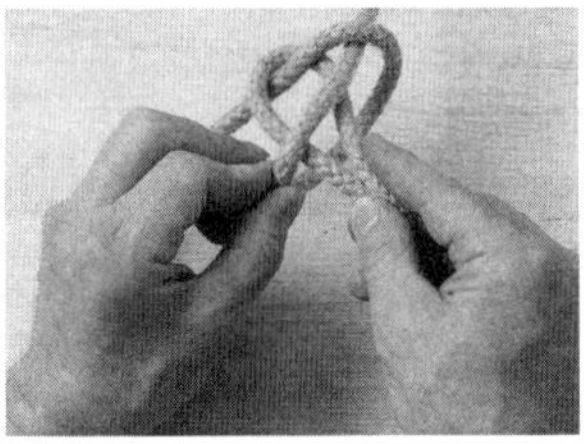

6. 把穿索针套结拉到绳耳上。注意这种称人结的样子不同于一般的称人结，一旦收紧，会呈现三叶草王冠的样子。

双称人结

此结的结身很牢固，所以比普通称人结更安全（有70%～75%的强度）。另外，此结留有较长的尾端，无须系起来。

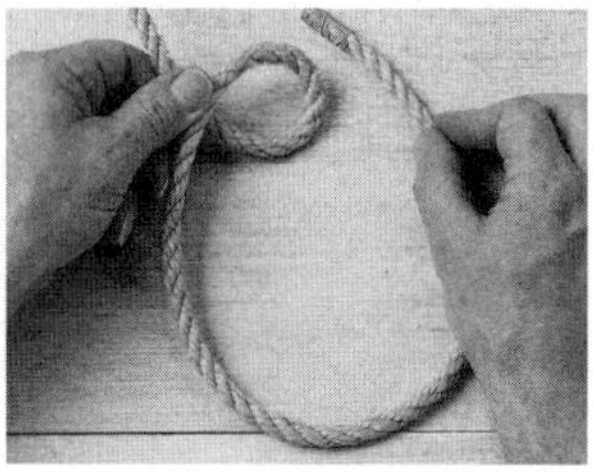

1. 打1个逆时针的上手绳环。

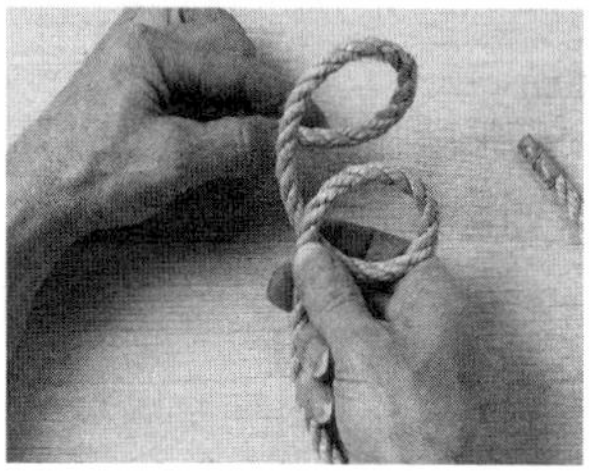

2. 在第一个绳环上方（或下方）打1个一样的绳环。

3. 把2个绳环叠在一起，准备将活端从绳环中穿出来。

4. 将活端从绳环中穿出来。

5. 将活端拉到本绳后。

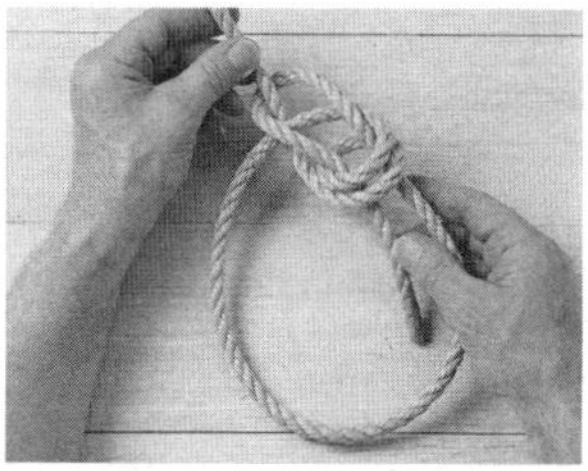

6. 把活端再从2个绳环中穿过去，在本绳边留出足够长的活端。

水上称人结

这种称人结是普通称人结的一种，但它遇水时不会被破坏（所以因此而得名），因此更为结实，可以承受拖拉或从粗糙的地面拖过时所受到的力。

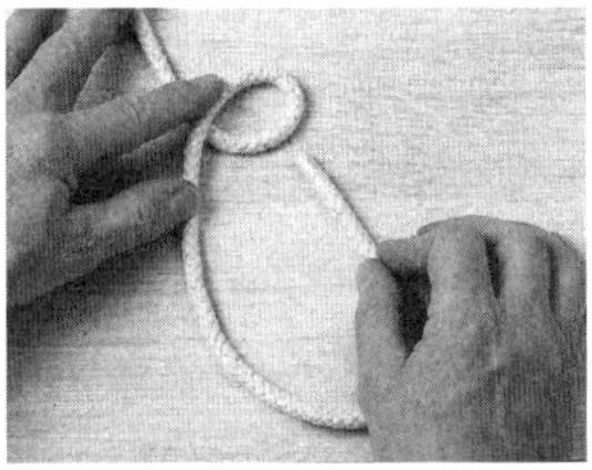

1. 和打普通称人结时一样打 1 个上手绳环。

2. 把绳环调整到合适的尺寸，然后把活端从绳环后面穿进去。

3. 用本绳在第一个绳环上方再打 1 个同样的绳环。

4. 同样，将活端从第二个绳环中穿过。

5. 将活端从本绳后面绕到前面。

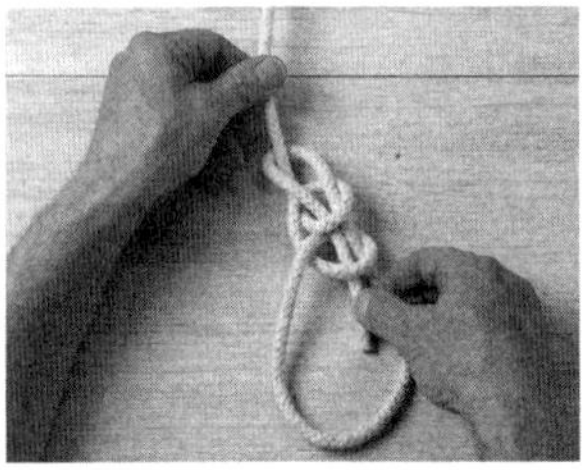

6. 将活端向下塞进 2 个绳环中并拉出，收紧。

血滴绳环结

用钓鱼线打这种结，可以形成1个非常结实的绳结，像符咒上的咒语一样。一些渔民认为此结只能用在假蝇钓鱼的时候。这个绳结中间有1个很有用的绳环，可以用来系各种物体。实际所用的绳要比图中所示绳粗很多。

1. 用绳子打1个绳环，准备打三重单结。

2. 打1个单结，并保持绳环是松散的。

3. 用活端再打1个单结，形成双重单结。

4. 再打1个单结形成三重单结。

5. 把三重单结的中间部分拉松，然后把原来的单绳环从其中拉出来，形成1个小的绳耳。

6. 保持结为图示形状，小心地收紧此结同时把绳耳调整至所需尺寸。

农夫绳环

这种交叉打结的方式提高了此结的牢固性，所以一直以来农夫绳环都受到绳结制作者的喜爱。1912 年霍华德 · W . 瑞利在他的手册里把这种在农场中使用的结定为此名。

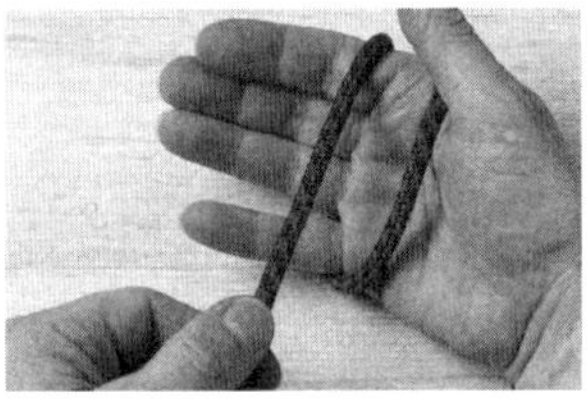

1. 把绳从后往前地在手掌上绕 1 圈。

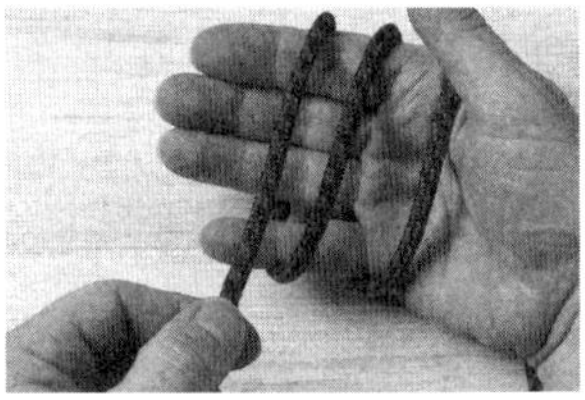

2. 再绕 1 圈，使掌心和掌背上都有 3 股绳。

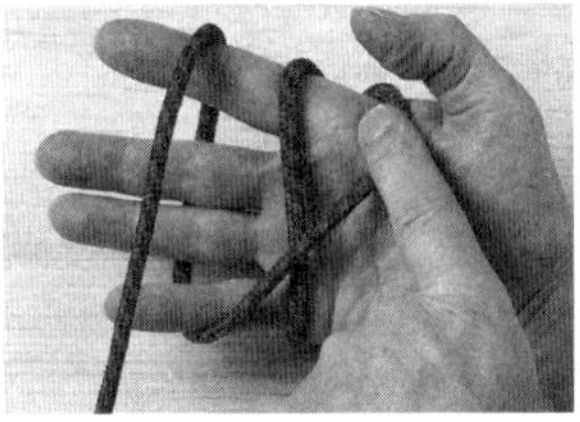

3. 把中间的线圈向上提，然后拉到右侧，使它压在右侧的线圈上。

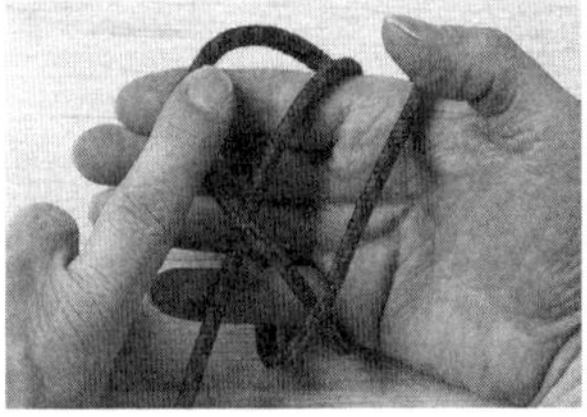

4. 再把现在位于中间的线圈（原右侧线圈）拉到左侧。

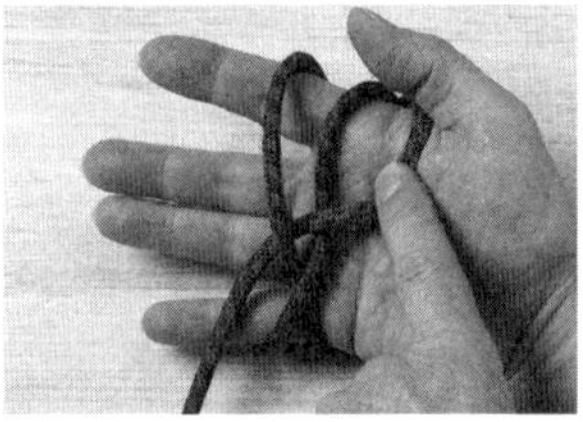

5. 把现在位于中间的线圈（原左侧线圈）拉到右侧。

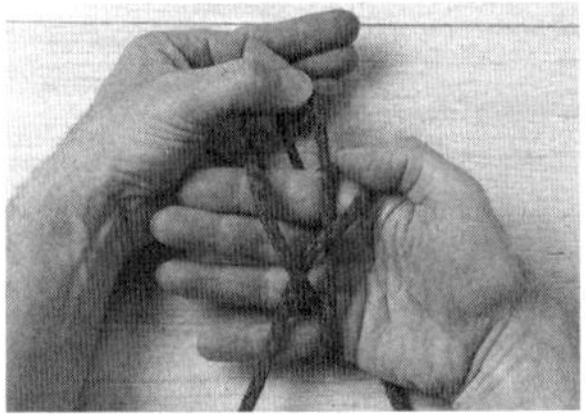

6. 把最后形成的中间的线圈向上提，形成这个绳结的绳环。

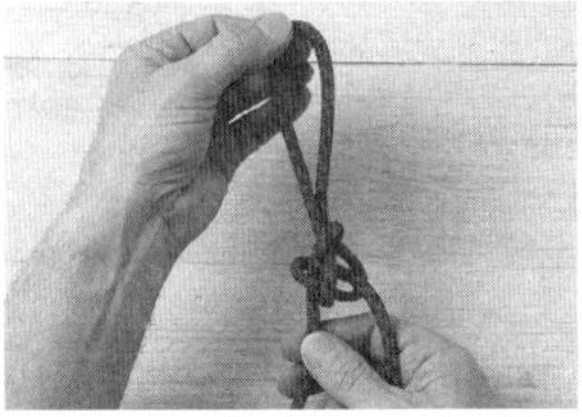

7. 把绳环调整到所需尺寸，然后收紧。

拴马结

这是一种古老的结，但在1992年时美国人迈克·斯多奇用不同的拴马绳把这一系列的结进行了重新分类。此结是用绳耳打的。

1. 打1个逆时针的上手绳环。

2. 把上方的绳拉到绳环下面。

3. 把第一步中形成的绳环的右侧从下面拉到左侧，使其位于绳结的中间。

4. 再把这个中间部分拉出来，形成1个绳环。

5. 拉住绳环，然后用另一只手拉绳子末端收紧绳结。

阿尔卑斯蝴蝶结

这是一种经典的结，欧洲登山队的队员还会用这种方法打他们的领结以作为标志。A.P. 郝伯特（1890～1971）在一首诗里把称人结称为绳结之王，绳结制作者约翰·斯维特则认为阿尔卑斯蝴蝶结是当之无愧的绳结之后。另外，克厉夫·爱斯利还把这种结叫作巡道员绳环。此结是用绳耳打的。

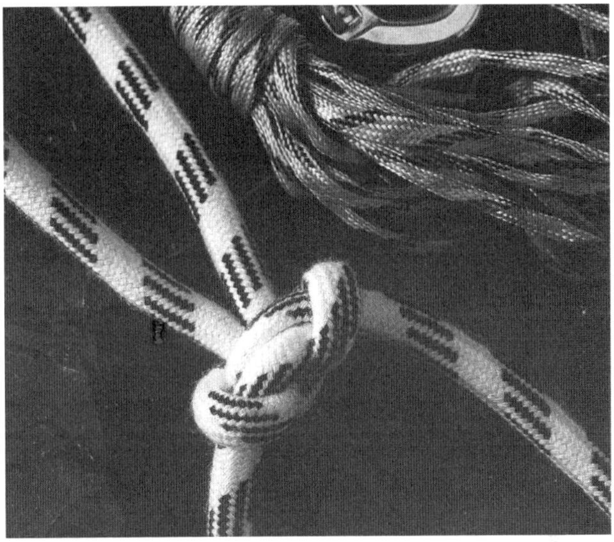

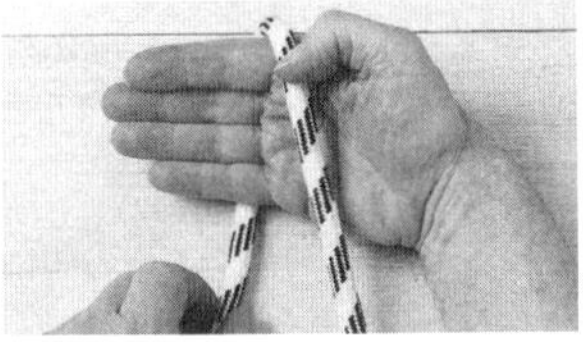

1. 把绳绕在手掌上形成 1 个绳耳。

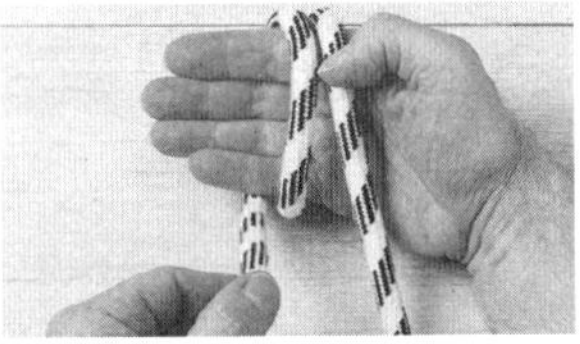

2. 用活端再绕 1 圈，形成 1 个完整的线圈。

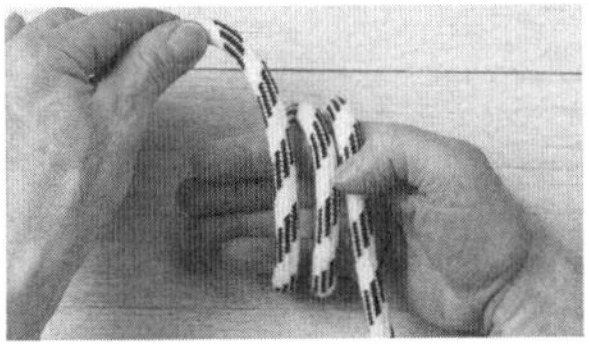

3. 再用活端绕 1 圈。

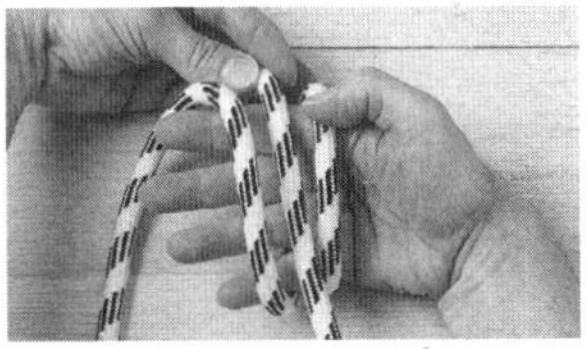

4. 把右边的线圈（从手上面）拉到中间。

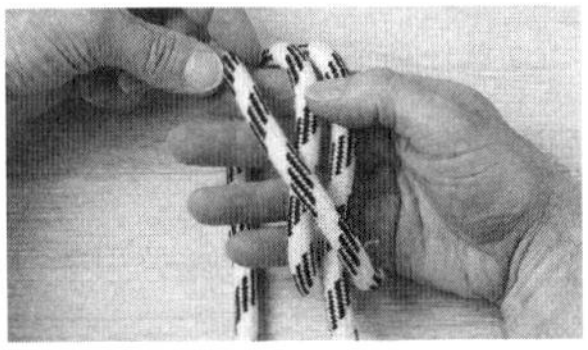

5. 然后把现在位于右侧的线圈拉到左侧，形成新的左侧线圈。

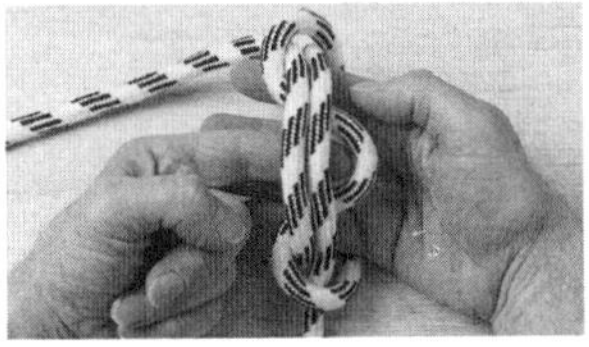

6. 把现在位于左侧的线圈塞进右侧的 2 个线圈下（从左到右）。

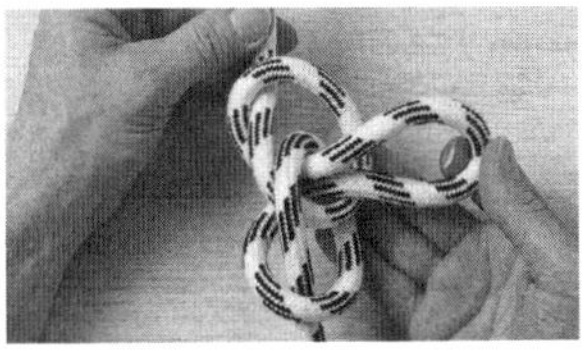

7. 拉出绳耳，调整至所需尺寸，然后拉两侧本绳收紧绳结。

3/4 的 8 字绳环

此结是从基本的 8 字绳环演变而来的，是加拿大攀岩爱好者罗波特·切斯内尔于 1980 年设计的，这种结可以双边受力，而且不会扭曲。但是这种结使用的时间并不长，因此最好在安全的环境里先试用此结，在确定其安全的情况下才能用它来代替其他比较经典的结（比如阿尔卑斯蝴蝶结）。

1. 打 1 个顺时针的下手绳环，然后把活端拉到绳环后面，再拉到前面。

2. 把活端从左到右以下、上的顺序塞入结内。

3. 把绳的另一端拉到活端下。

4. 将另一端作为活端越过原活端穿入结内。先拉绳环，再拉绳端收紧绳结。

佛罗斯结

这种结是一种用宽带打成的简单的上手绳环，可以用在一种在法语中被称之为马镫的临时短爬梯上。此结是由汤姆·佛罗斯于20世纪60年代设计的。这是一种带结，一般不用绳索来打。

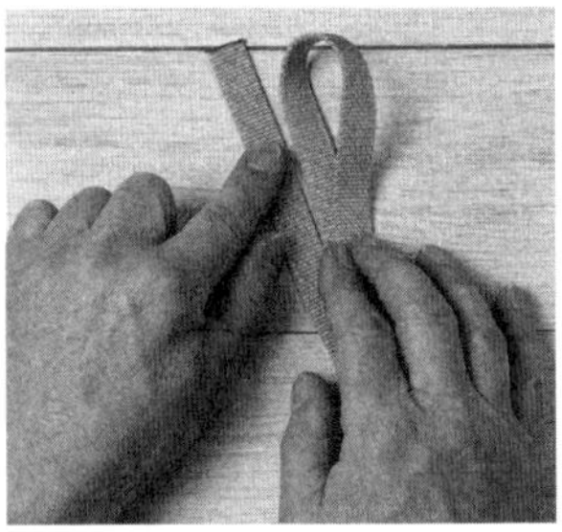

1. 用宽带的一端打1个短的绳耳，把另一端塞进绳耳内，使其处于作为绳腿的两条带子之间。

2. 用这个3层的带子打1个逆时针的上手绳环。

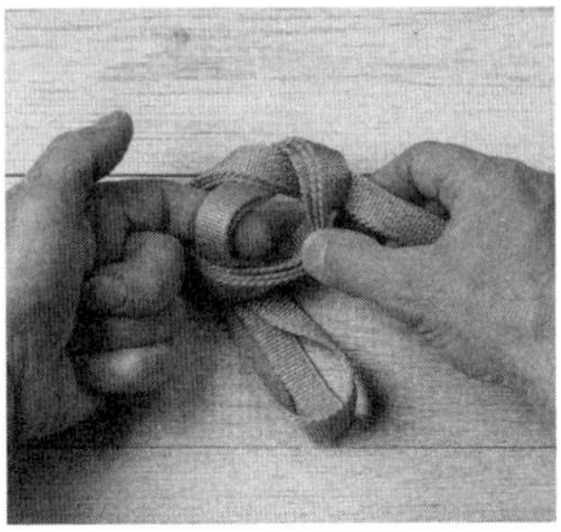

3. 把由3层带子组成的活端从下面塞进绳环内，打1个复合的单结。

4. 收紧绳结，并把此结整理平整。

双佛罗斯结

这种结是由基本佛罗斯结组合而成的，可临时用在法语中称为马镫的短爬梯上。

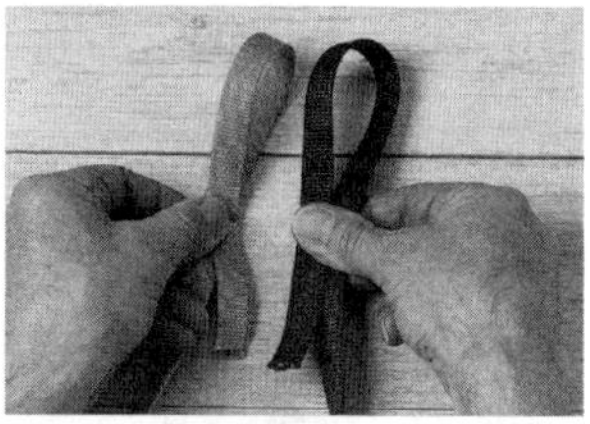
1. 用两根长度相等的带绳打 2 个对称的绳耳。

2. 用其中一个绳耳打 1 个上手绳环。

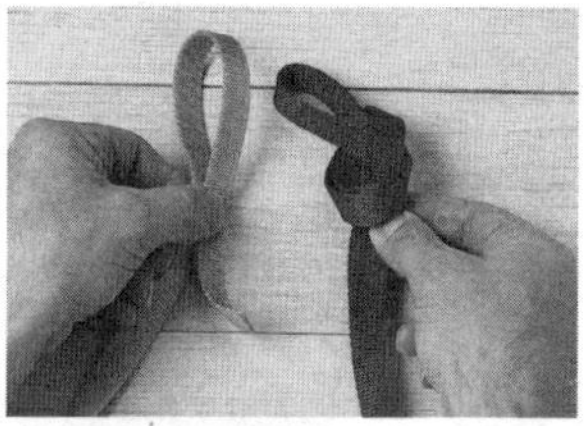
3. 再将绳环打成单结。

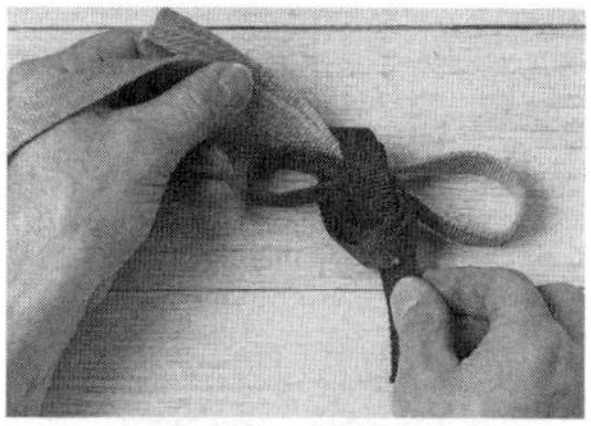
4. 把另 1 个绳耳塞进这个单结内，让它在第一个绳耳上面。

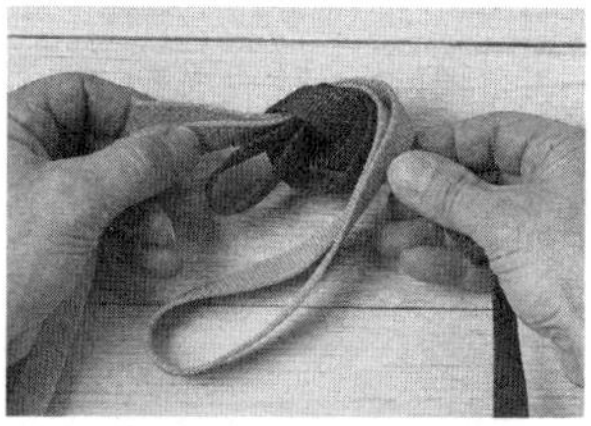
5. 然后用第二个绳耳顺着单结再打 1 个结。

6. 在这个过程中要保证带子的平整。

7. 调整绳环的尺寸，收紧绳结。

双 8 字结

这种双环结很受登山者的欢迎，是由克厉夫·爱斯利于 1944 年设计的。此结是用绳耳打的。这种结的优点在于结身上没有留下容易松散的绳子末端，增加了绳结的安全性。这种绳结中的双股绳环一般是同样大小，但如果你想得到 2 个不同大小的绳环的话，可以小心地松开绳结，调整绳环的大小。

1. 把绳索对折，形成 1 个绳耳。然后在这个绳耳上打 1 个顺时针的下手绳环。

2. 把绳耳的一端从双股的本绳上绕过来（从右到左）。

3. 把绳耳拉到绳环下，然后把其中一部分拉出绳环，形成 1 个新的双股绳环。

4. 将双股绳环调整到所需的大小。

5. 将绳耳从绳环上套过去。

6. 将绳耳从整个结上套过去，收紧绳结。

西班牙称人结

这是一种古老的结，张开的2个绳环可分别套住人的两条腿，把一个人提起或使他安全落下。消防队、海岸警卫队或是救援队常常使用这种结，此结也称为椅结。不过在使用此结救人时，要用绳子将被提起的人在齐胸的位置紧紧地捆住，使他不会滑出，在使用这种临时的救援结时，请重读本章最前面的注意事项。这种称人结是非常牢固的绳结，以前也常用于海上救援。

1. 如图在绳子的中间位置打2个对称的绳环。

2. 把左边的绳环向上逆时针转半圈。

3. 把右边的绳环镜向转动（顺时针）。

4. 将左边的绳环从右边的绳环中穿过。

5. 把2个绳环拉开，形成如图所示的形状。

6. 把两绳环交叉处的线圈拉开，形成2个绳耳。

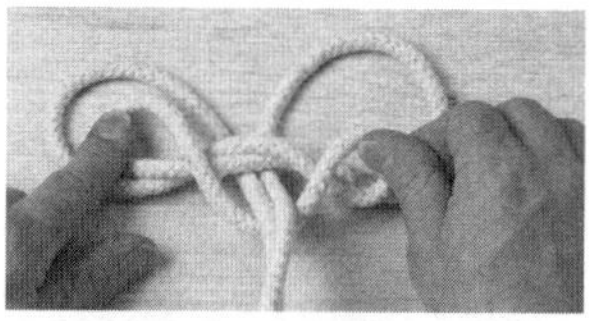
7. 将下面的2个绳耳拧成2个小绳环并将其向上拉，令其分别从上面的绳环中穿过。

8. 把2个小绳环向外拉直到其尺寸满足需求，然后拉下面的两条绳腿收紧绳结。如果下面的两绳中一端较短的话，用1个双重的单结把它系在本绳上。

伯姆查姆称人结

此结有 2 个整齐的绳环，如果用卷绳来打这个结的话可以得到更多的绳环。毫无疑问它的名字来自当地人对伯明翰的昵称，这个城市是这个结的发明者英国绳结发明家哈利·亚什的居住地。

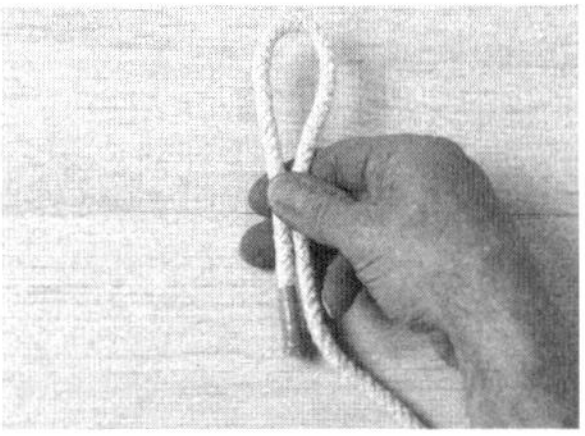

1. 用绳索的一端打 1 个绳耳，绳耳的长度不要超过所需绳环的长度。

2. 用绳索的长端打 1 个绳环。

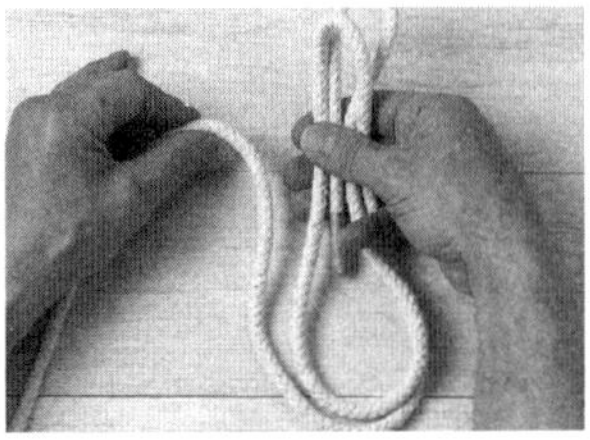

3. 再打 1 个一样的绳环（如果需要的话可以打更多绳环）。

4. 然后打 1 个下手绳环。

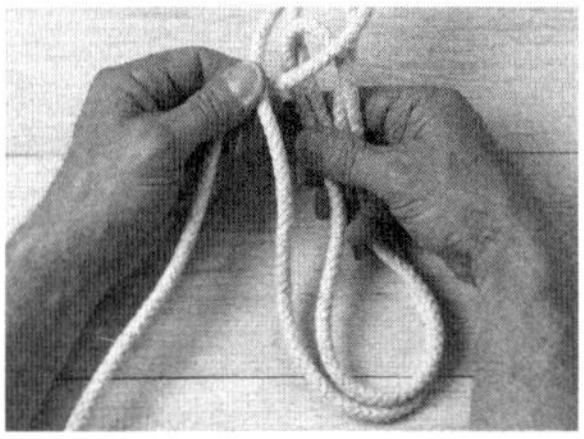

5. 将下手绳环套在 2 个（或多个）绳耳上。

6. 把活端从后向前地穿过被套在一起的绳耳，收紧后即可完成此结。

三重8字结

此结是加拿大的罗波特·切斯内尔在20世纪80年代中期发明的，这种结在登山运动中很有用。

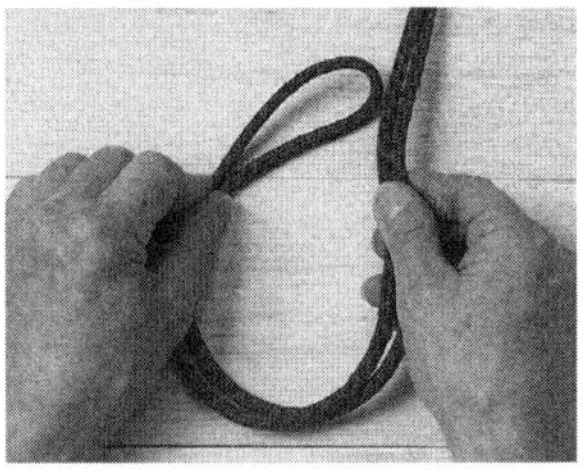

1. 把绳对折或者打1个长的绳耳。

2. 用绳耳打1个顺时针的下手绳环。

3. 把绳耳从右到左地绕在双股本绳上。

4. 把绳耳放到第二步形成的绳环下面（从左侧）。

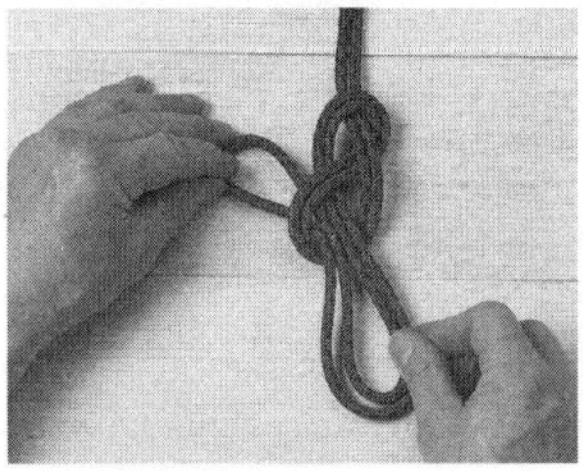

5. 把绳耳塞进这个双股的绳环内，形成1个双股的8字形。

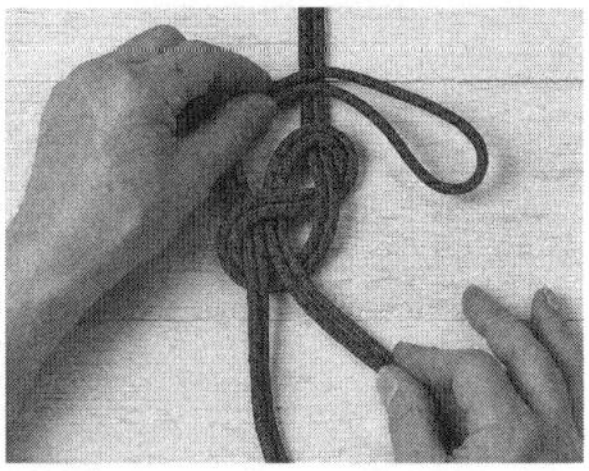

6. 把新成形的绳环调整到所需尺寸。

7. 最后把绳耳从左到右压在双股的本绳上，再从下面塞进原来的绳环内，收紧这个有3个绳环的结。

三重称人结

罗波特·切斯内尔设计了这个三重的称人结，这个结是用绳耳打成的，主要用于训练。这种结可把人拴在树上或是其他固定物上（每一个绳环都可以拴一个人或一件物体）。

1. 把绳对折或用登山绳打 1 个长的绳耳。

2. 把绳耳的活端压在本绳上。

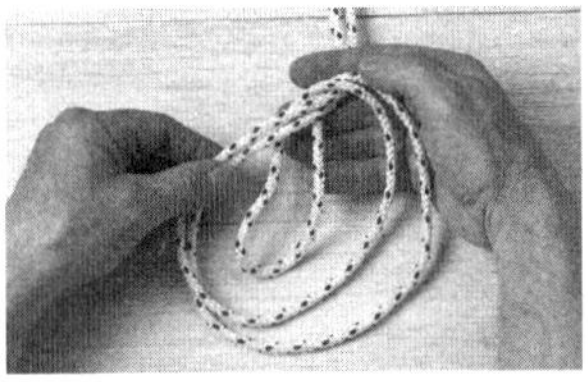

3. 把绳耳绕到后面塞进双股的绳环中。

4. 拉住绳耳，把本绳调整为称人结的形式。

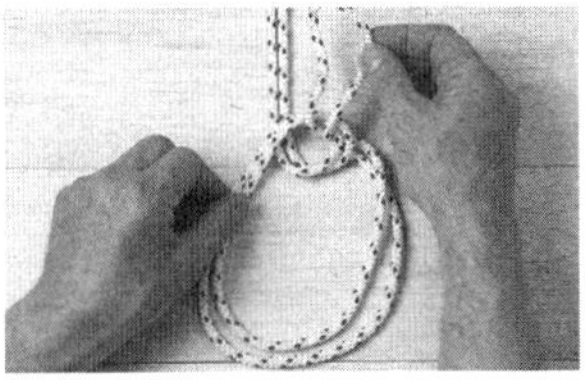

5. 把这个双股的绳环调整到所需大小。

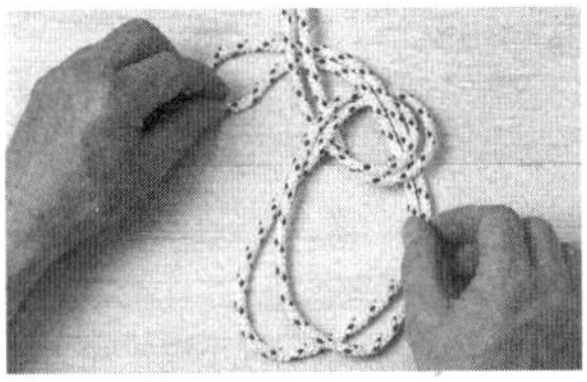

6. 把绳耳绕到本绳后面。

7. 把绳耳从前往后塞进结内，形成第三个绳环。一只手抓住 3 个绳环，另一只手抓住两条本绳，收紧绳结。如果有一条本绳较短，用 1 个双重单结把它系在另一条本绳上。

绞索结

这种结松动的范围比较小，可以用来收紧或松散帐篷的拉索、洗衣绳这类比较细的物体。美国牛仔的套索或是西班牙牧童的套索就是用此结制成的临时绳环。古代的不列颠人、林登人用相似的结勒紧制成的木乃伊保存了2000多年，现在就陈列在伦敦的大英博物馆内。

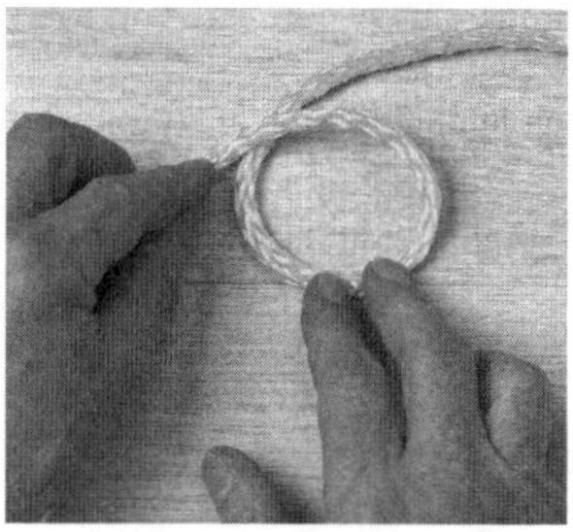

1. 用绳索的活端打1个顺时针的下手绳环。

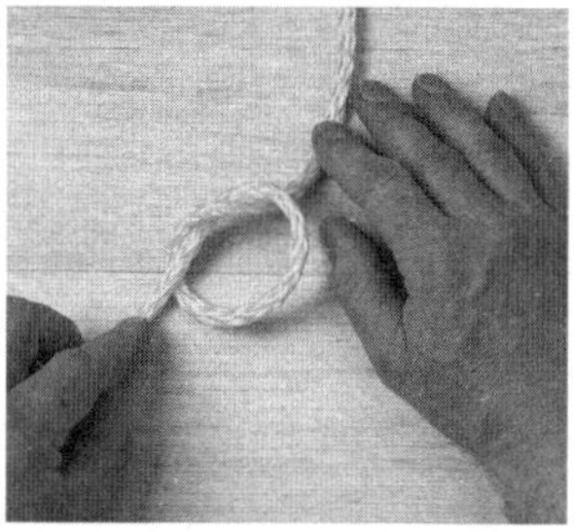

2. 把活端塞进绳环形成一个单结。

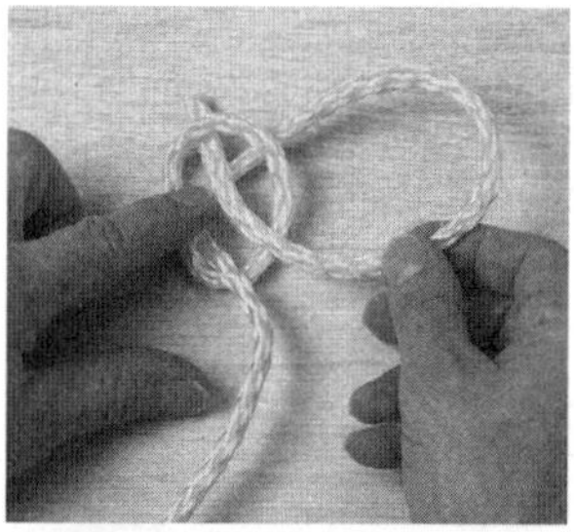

3. 把活端塞进单结内，一定要让活端以如图所示的顺序从绳结中穿过（其他的方法不能得到相同效果的绳结）。

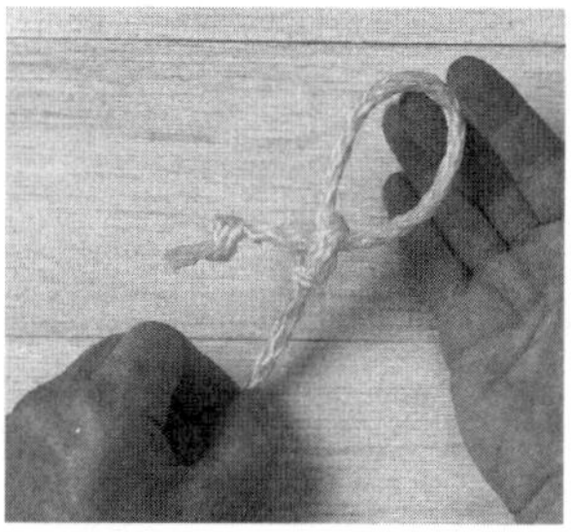

4. 收紧绳结，并在绳端打1个小的死结防止绳端从结中滑出。

海军结

这是一种滑抓结，可滑到任何所需的位置（然后收紧），因此可以套在拉索、支柱或护桅索上。从它的名字我们可以知道此结来源于英国皇家海军。

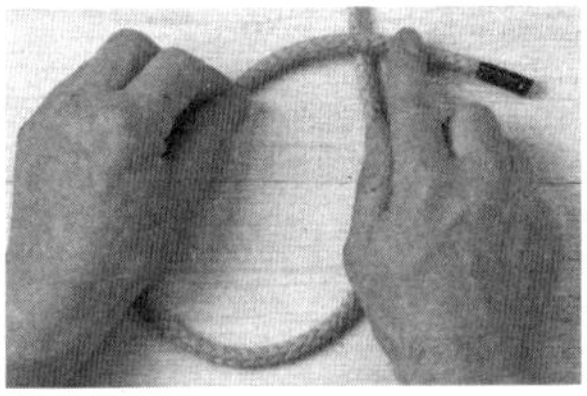

1. 打 1 个顺时针的上手绳环，调整到所需尺寸。

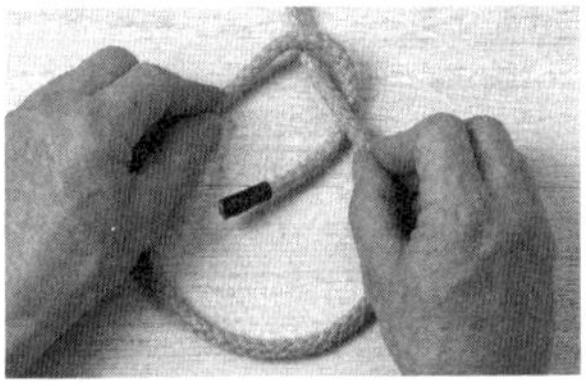

2. 把活端绕到本绳后并从后面塞进绳环内。

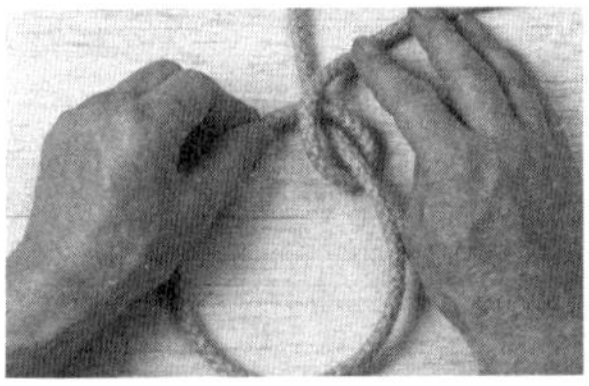

3. 把活端拉上来绕线圈。

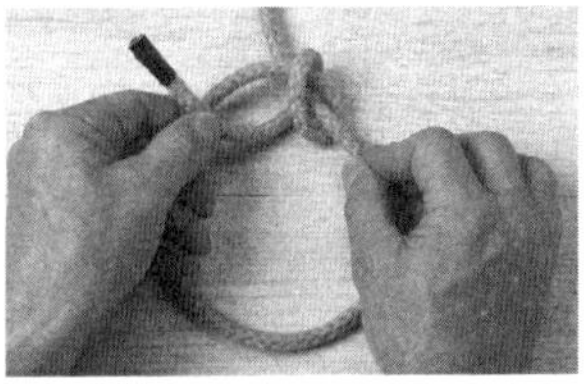

4. 把活端绕到绳环后再绕 1 圈。

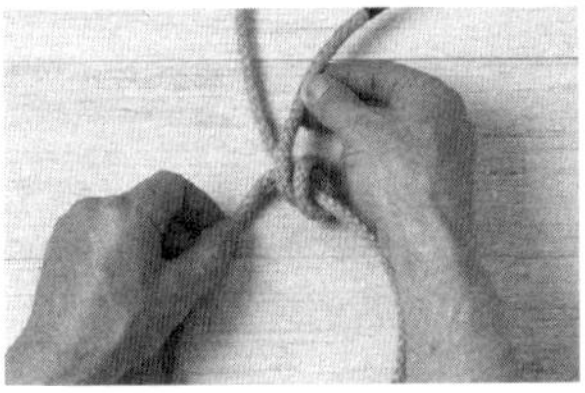

5. 把活端拉上来，这样一来 2 个线圈就沿斜线方向将绳环上端缠住了。

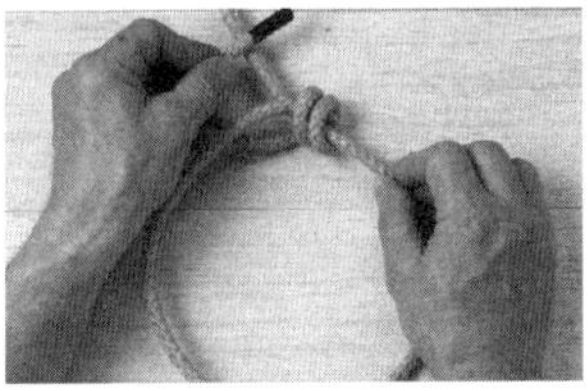

6. 把活端拉到绳环与本绳之间。

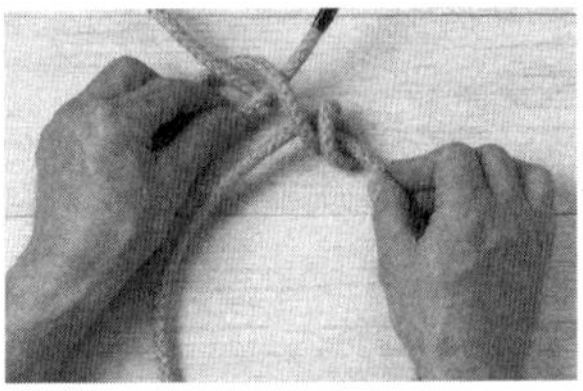

7. 最后用活端在本绳上打 1 个半套结，收紧后，这个半套结就和其他的 2 个线圈紧靠在一起了。

坦波克抓结

这种滑抓结是由肯·坦波克用刚发明的尼龙登山绳打的，随后他把此结推广开来。其实早在1946年这种结就被美国植物园艺师使用过了，不过他们只把此结简单的称为“绳结”。此结会在本绳抓牢的地方形成一个“狗腿形”的弯，而一般的横杆或者桅杆等都不可能有这种弯度，因此当作套结使用时一定会受到侧面的拉力，并不实用。这种结也不能当作攀爬结，因为这种受力方式会损坏夹心绳的绳壳，造成危险。

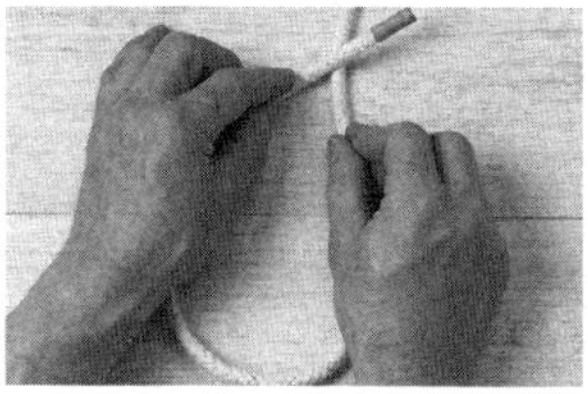
1. 打1个大小合适的绳环。

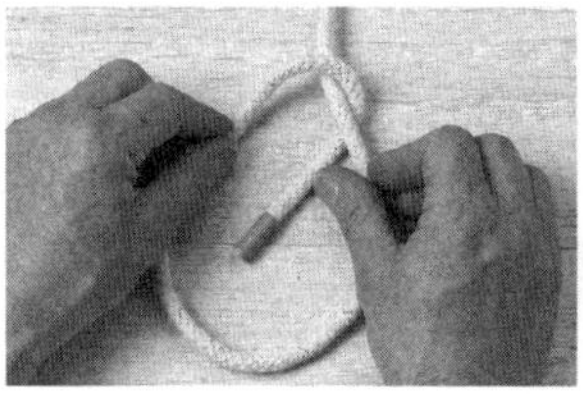
2. 把活端向后绕到绳环下面。

3. 把活端从绳环中拉出，准备绕第二圈。

4. 用活端绕第二圈，然后把活端从绳环中拉出来。

5. 把活端绕到本绳后面。

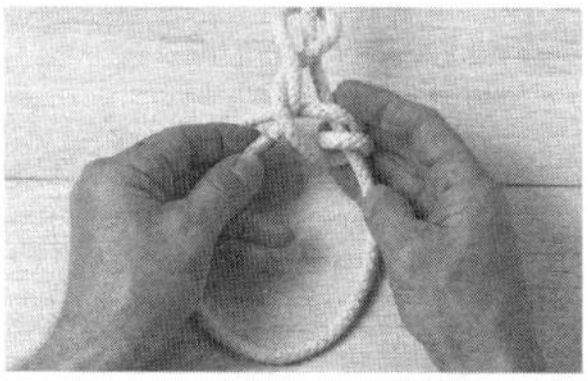
6. 把活端从右向左地塞进刚形成的绳环内。慢慢收紧绳结。

可调节绳环

这是加拿大登山者罗波特·切斯内尔的另一项发明。这种结的绳环可以调整为任意方向，且在受力时便能抓紧。此结的一个特点（所有的滑抓结都具有这一特点）是受到突然的作用力时绳结会滑移，除非摩擦力足够大，能够抵消部分作用力。

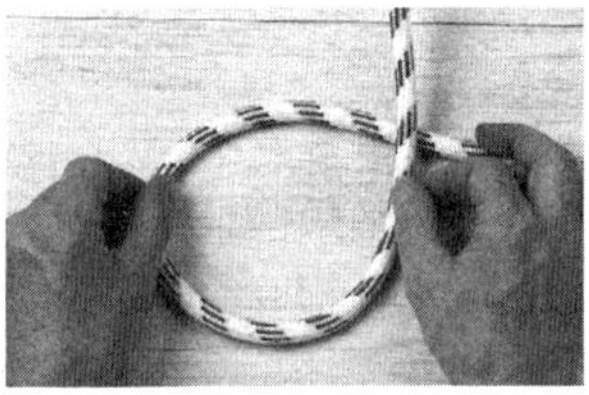

1. 把绳子的活端压在本绳上，形成1个绳环。

2. 用活端绕本绳1圈。

3. 用活端再绕本绳1圈。

4. 然后用活端把绳环的两条绳腿缠绕起来。

5. 最后把活端塞进第二个线圈内。

刽子手套索

不要被这个恐怖的名字吓倒，这个绳结也有一般的用途。它是除了比米尼扭结之外最结实的绳环。紧密的线圈使此结能承受很大的突然作用的力，并具有滑抓的特性。在打这个结的时候一定要让线圈紧密地靠在一起。

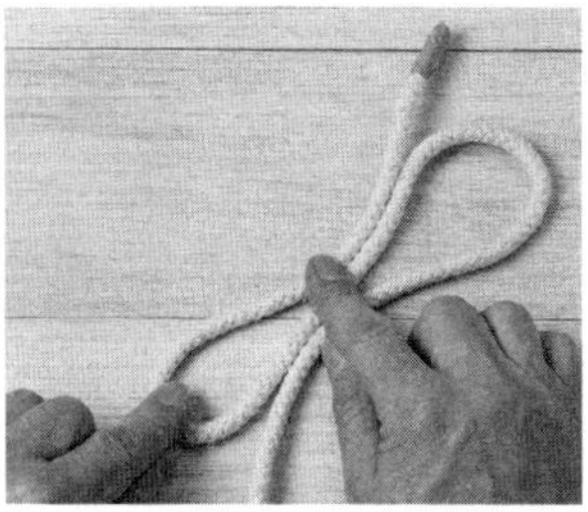

1. 把绳索的一端摆成1个平坦的S形或Z形。

2. 用绳子的另一端缠住绳环的两条绳腿。

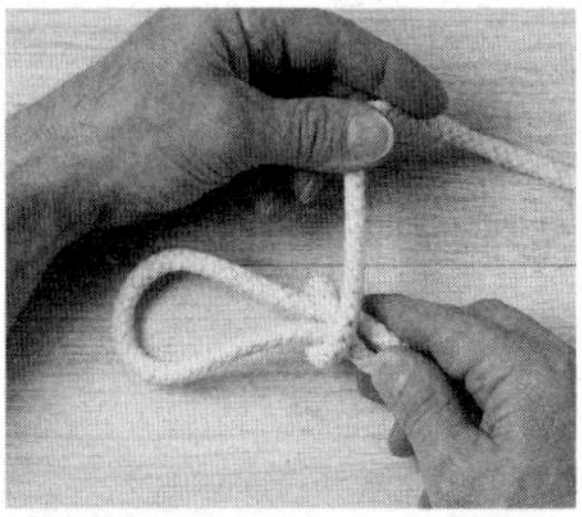

3. 绕圈时要注意把第一个线圈缠在内。

4. 继续用活端缠这3条绳，确保线圈紧密靠在一起。

5. 绕圈的时候用力拉绳子的活端，保证线圈收紧。

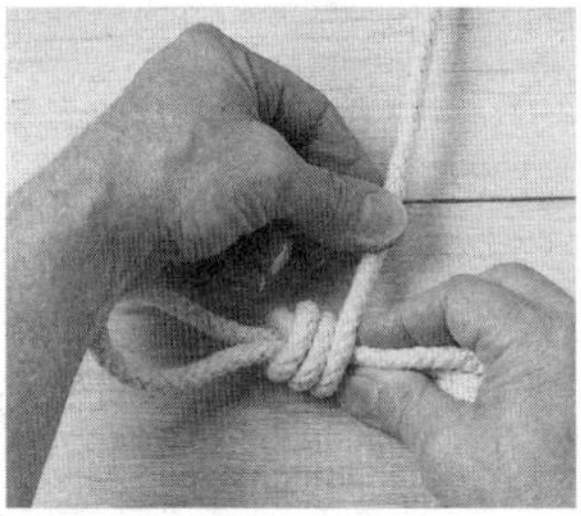

6. 继续绕圈，让线圈紧靠在一起。

7. 至少绕7圈（打结的水手认为7圈是代表着七大洋）。

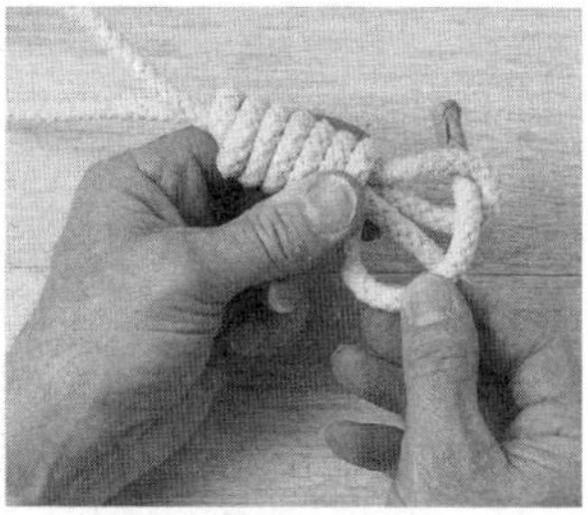

8. 最后把活端塞进剩下的小绳环内，然后拉大绳环的其中一条绳腿收紧绳结。

树结

这个结主要是用来把单纤维绳或是编织绳系在树上，同样也是一种可以抵抗突然的作用力的滑抓结。

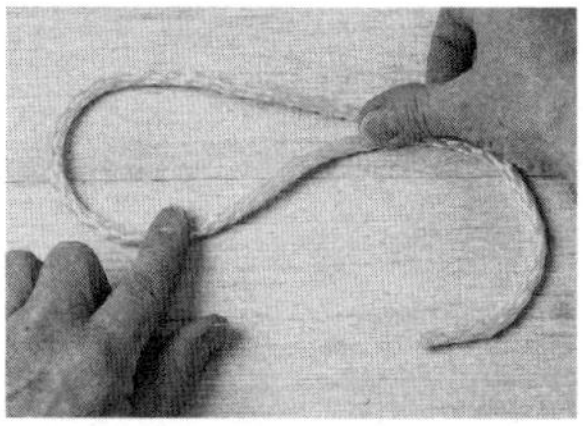

1. 在单纤维绳或是编织绳的一端打 1 个绳耳。

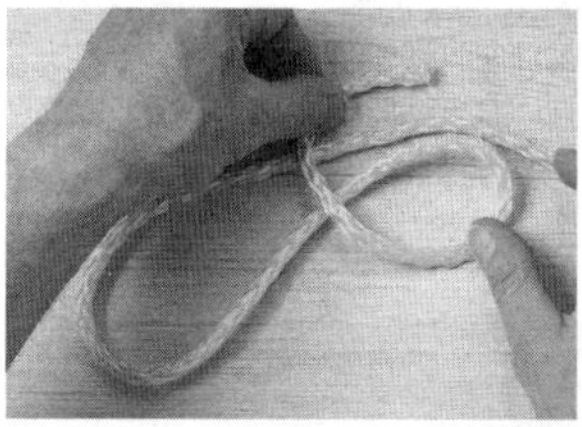

2. 使两条平行的绳腿靠拢，然后用活端打 1 个小的绳环并将活端压在两条绳腿上。

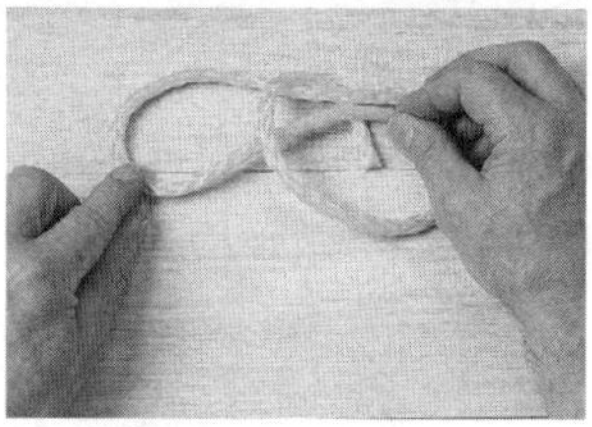

3. 把活端绕到绳环的后面。

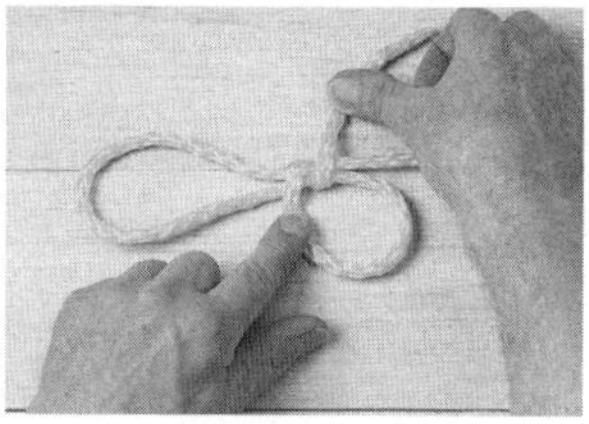

4. 把活端从绳环中拉出来，然后绕绳耳 1 圈。

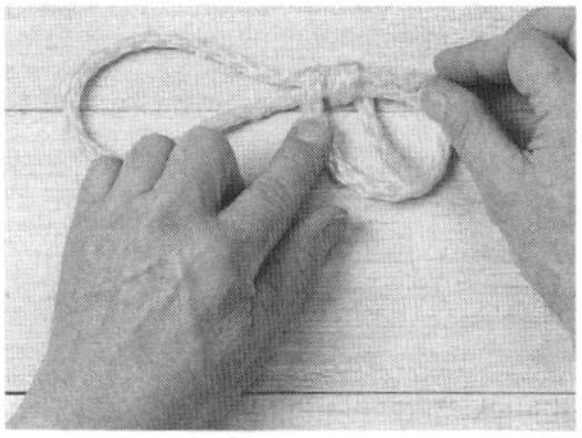

5. 再把活端拉到结后面去。

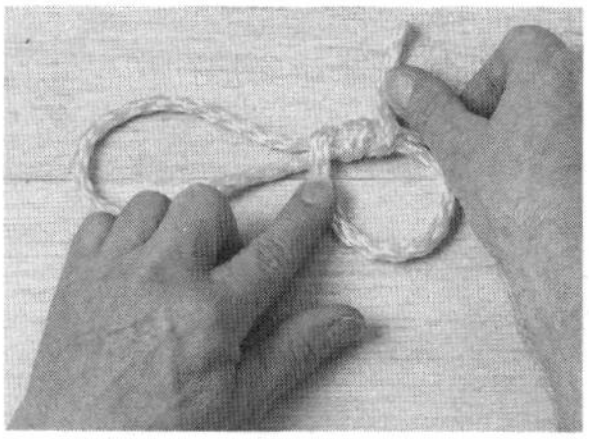

6. 继续绕圈，并拉紧线圈。

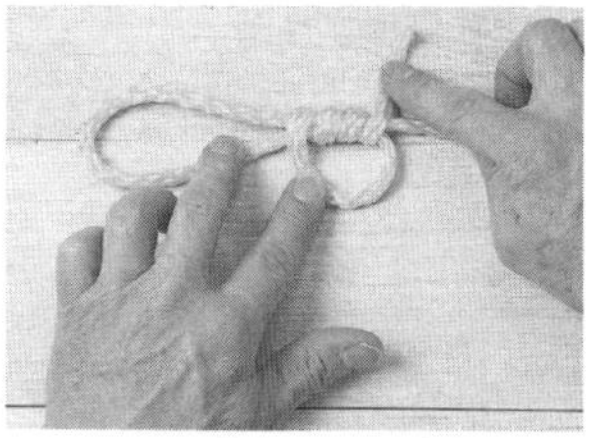

7. 绕第三圈，让线圈紧密地靠在一起。最后拉动大绳环的绳腿收紧小的绳环，并将剩余的活端缠住。

比米尼扭结

这是个相当结实的绳环（其强度可达到原绳的95%～100%），可在大型的钓鱼场所使用，出现于1975年。图中所示的绳比实际所用的要粗得多，这么做是为了能清楚地展示此结的打法，另外用细的单纤维绳或是编织线不能表现出手或脚在打此结时候的协调并用。用食指搓出来的那些“麻花”，最后会成为重叠在一起的线圈，这就是使绳结牢固的秘诀。

1. 打1个长约50厘米的绳耳，然后把食指塞进绳耳的顶端处，用另一只手搓动绳耳。

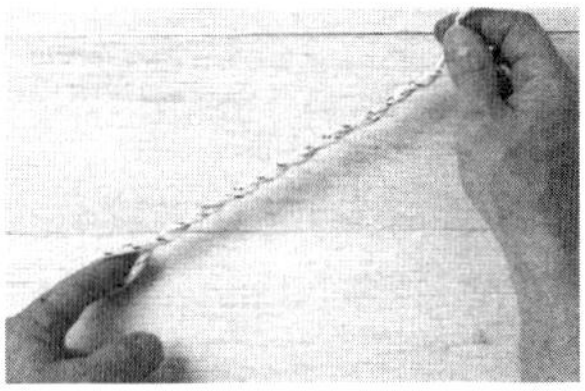

2. 在绳耳上完成大约20次扭转，然后拉住绳耳两端，防止扭转的线圈散开。

3. 现在把绳环撑开。实际上，这一步必须用脚完成，这样两只手就能腾出来拉住另一端的2股绳。慢慢撑开绳环，使之前形成的扭转集中起来。

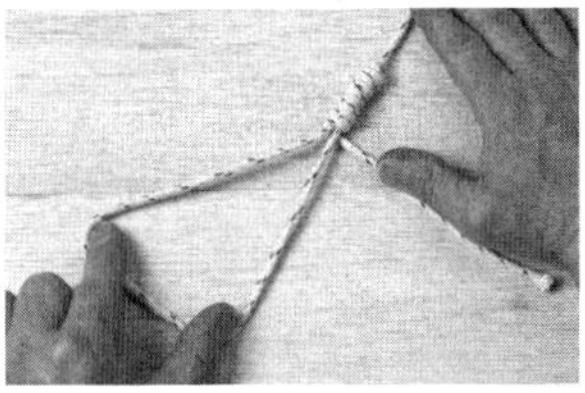

4. 在靠近手的地方会出现1个线圈，这时要紧拉住本绳，并把活端拉到与线圈垂直的角度，让线圈紧实地靠在一起。

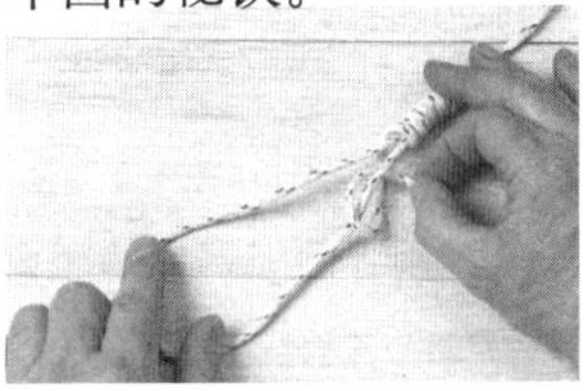

5. 用活端在大绳环的一条绳腿上打1个半套结。

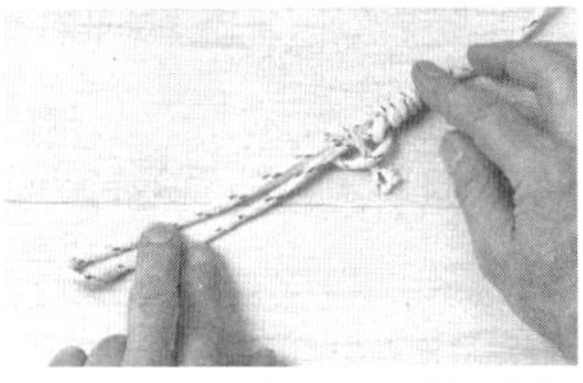

6. 最后再用活端绕大绳环的两条绳腿打1个半套结。

葡萄牙称人结

古时候的水手通晓多种语言，他们乘船远渡重洋，所以同一个绳结在不同的地方就会有不同的叫法。菲利克·瑞森伯格把此结称为法式称人结，不过克厉夫·爱斯利从他的家乡马萨诸塞的新贝德福德登上葡萄牙船时，给此结起了这个名字。在颠簸的船上，水手们会用这种结的一个绳环套住双脚，用另一个绳环套住背，把自己固定在椅子上。

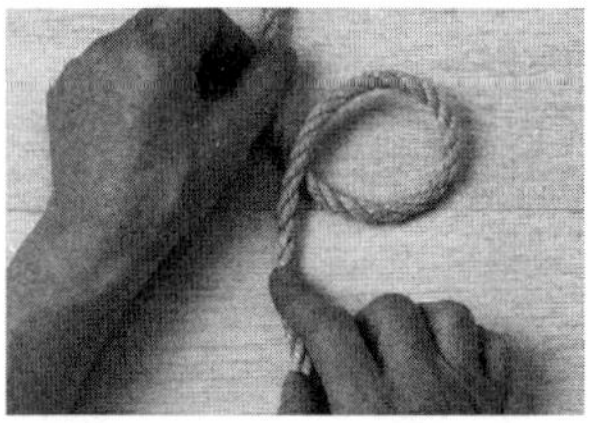

1. 用绳的活端打 1 个小的上手绳环。

2. 朝同一个方向再打 1 个大的绳环，将绳环调整至所需尺寸。

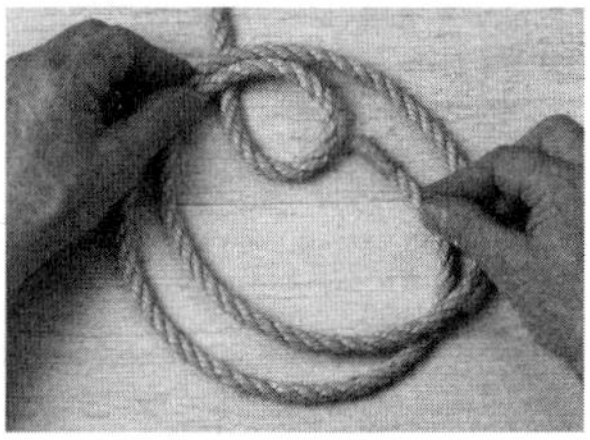

3. 把活端拉到小绳环后。

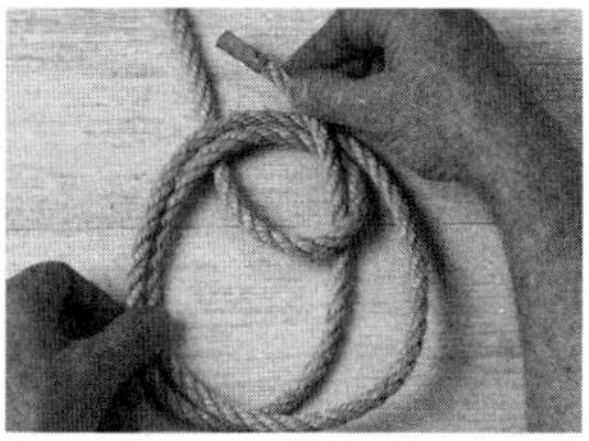

4. 把活端从小绳环中拉出，这一步和普通的称人结很像。

5. 把活端绕到本绳后面。

6. 最后把活端塞回小绳环内，拉紧。注意留下的活端应该比图中所示长一些。

有分散绳环的葡萄牙称人结

一对这样的结可以用来吊住木板或梯子，搭成一个临时的工作平台。但是拉此结的 2 个绳环中的任意一个，都能使另一个变松，因此此结的使用场合是有限的。而克厉夫·爱斯利则称他在葡萄牙的船上看到过这种结。

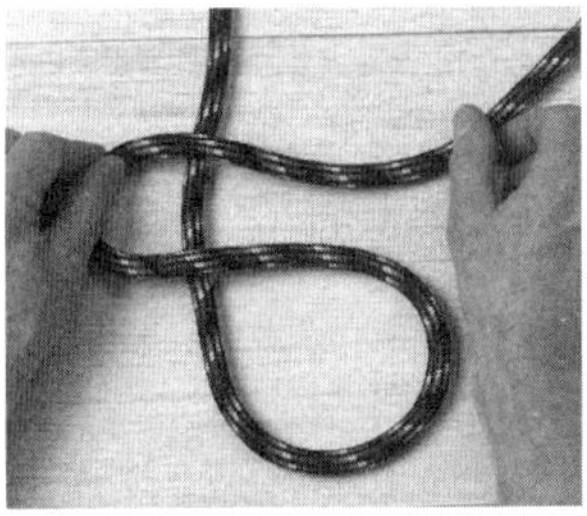

1. 如图所示放置绳。

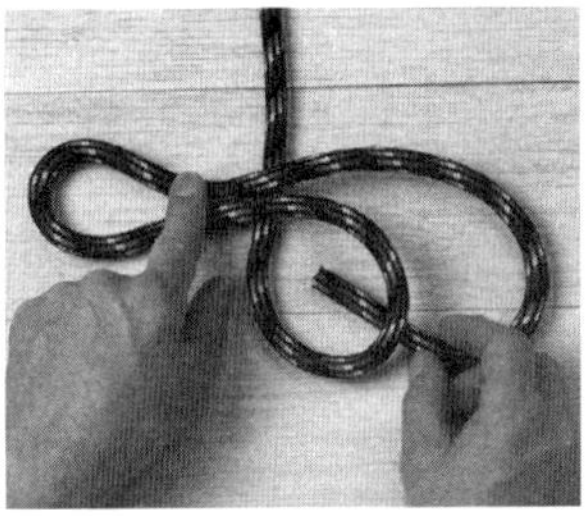

2. 缩小下面的绳环，然后捏住左边的绳耳，把活端拉到右边形成第二个绳环。

3. 使活端向上穿过中间的小绳环，然后绕到本绳后面。

4. 最后，把活端往下拉，塞进中间的绳环中。将 2 个绳环调整到所需的尺寸，收紧，就出现了我们熟悉的称人结的模样。

席垫、辫绳和环绳、吊索及其他

只要有点线和一点拓扑学式的独创性，我就可以把我的长袖毛衣变成临时用的背包。

——佛瑞德·荷尔爵士，《奥西恩的骑行》，1959 年

绳结是一种工具。有可能你只需要借助其中的四五种就能完成一个看似不可能完成的任务。因此最好能掌握各种捆绑结、套结以及其他结的制作技巧，以帮助你解决一些难题。有许多捆绑结、套结并不常用，但在需要用到它们时，它们的作用是其他东西都不可取代的。本章将会向大家展现这些并不常见的绳结。

水桶吊索

这种分开的单结可以用来提半满的水桶、木桶或圆桶。活端应系在本绳上，注意不要让下面的绳环因为物体过重而滑动。虽然用这种吊索提物体并不是很稳妥，但有一段时间人们很喜欢用它来吊起浴盆、水桶和其他物品。

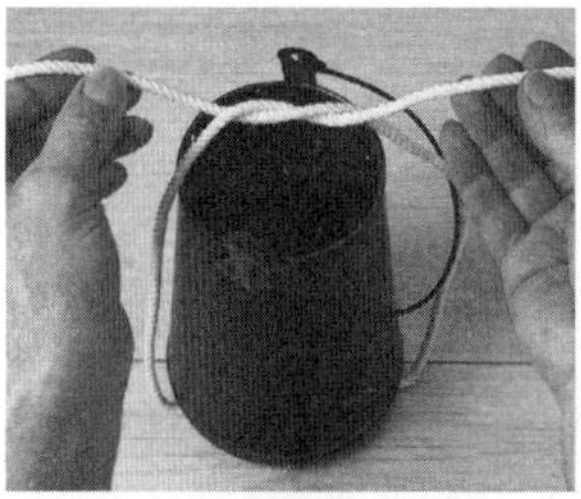

1. 把吊索绕过要提的物体的底部，将两端拉到物体的上面并打 1 个半结。

2. 把这个半结撑开，套在物体上。

3. 拉住绳的两端，使结紧紧套在物体上。

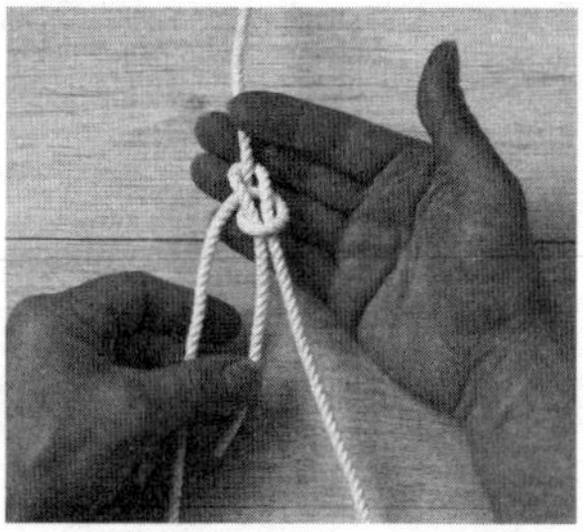

4. 最后用短端绕本绳打 1 个称人结。

支架吊索

此结和柱编结很相似，但是它所用的材料是绳子而不是索。用一对支架吊索和一块木板就可以构成一个临时的工作平台。

1. 把绳子的一端放在支架或其他平台后面。

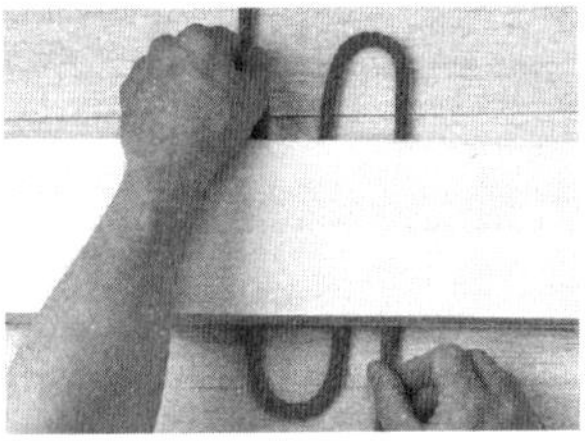

2. 在支架下将绳子拉成S形或Z形。

3. 把绳端绕到支架前面，并塞进对面的绳耳内。

4. 把另一端也绕到支架前面，并塞进对面的绳耳内。

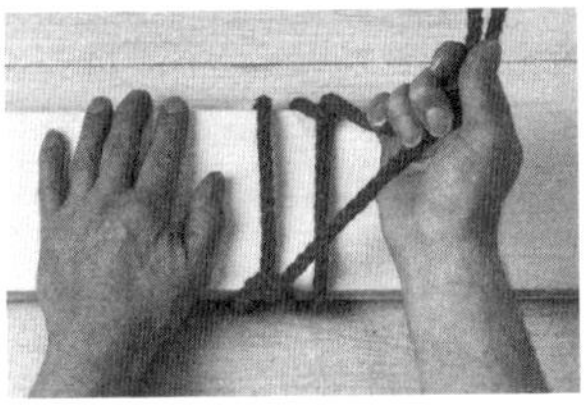

5. 调整并收紧吊索，使得绳耳的顶端位于支架的边缘。然后把短端系到本绳上。

应急桅杆结

此结有3个可调整的绳环，可用来在小船上搭建一个临时的桅杆。每一个绳环以及绳的两端，都可以固定。但现在此结只出现在绳结制作展示会上。

1. 在绳子上打1个顺时针的上手绳环。

2. 再打1个逆时针的下手绳环，将左边的绳环叠在右边的绳环上，使2个绳环交叠。

3. 在这2个绳环的右边再打1个逆时针的下手绳环，使其位于2个绳环下面并与中间的绳环交叠。

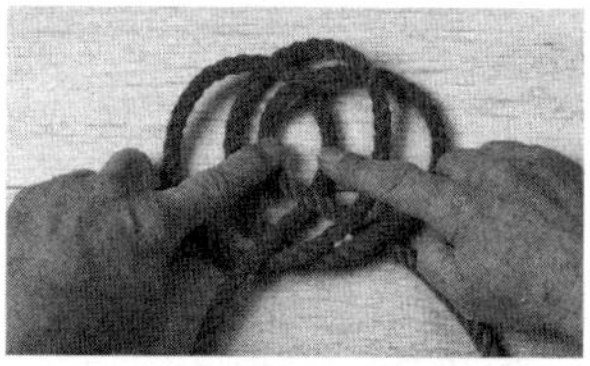

4. 令最左边的绳环和最右边的绳环交叠（右边的绳环在上）。

5. 拉住右侧绳环的左侧，以下、上的顺序穿过左侧的绳环，形成1个长的左绳环。

6. 拉住左侧绳环的右侧，以上、下的顺序穿过右侧的绳环，形成1个与左绳环对称的右绳环。

7. 最后，把中间的绳环的顶端向上拉出形成1个上绳环。

3 线的接绳结

当需要把 3 段绳索接在同一位置上时，可以考虑使用这种简单有效的方法。1990 年瑞典航海艺术家及绳结制作家佛瑞克 · 瑞森欧设计了这种结，此结是他在希腊海域内巡游时发明的。

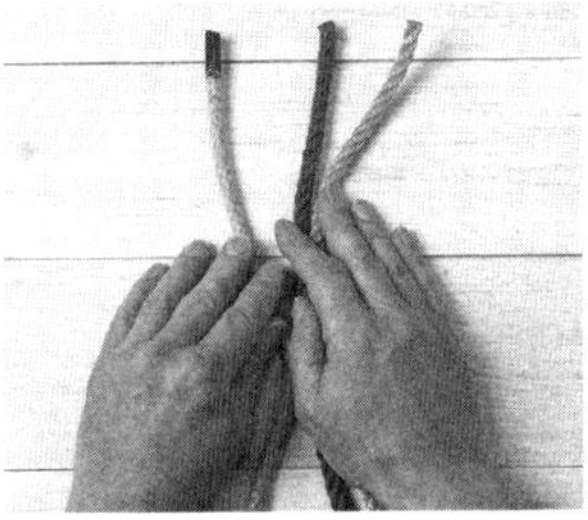

1. 把 3 条绳索放在一起，这 3 根绳索可以是不同直径和材质的。

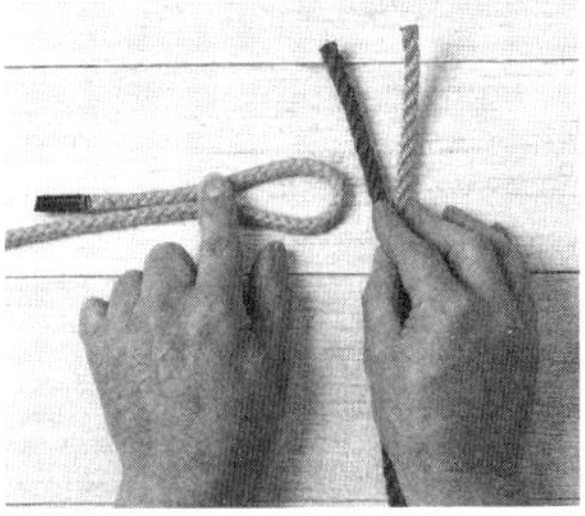

2. 用其中一根绳子打 1 个绳耳，如果绳索直径不同，选择粗一点的绳子打绳耳。

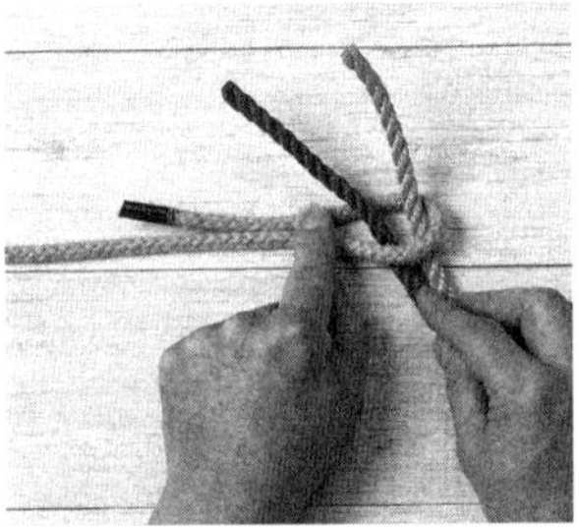

3. 将另两根绳向上穿过绳耳。

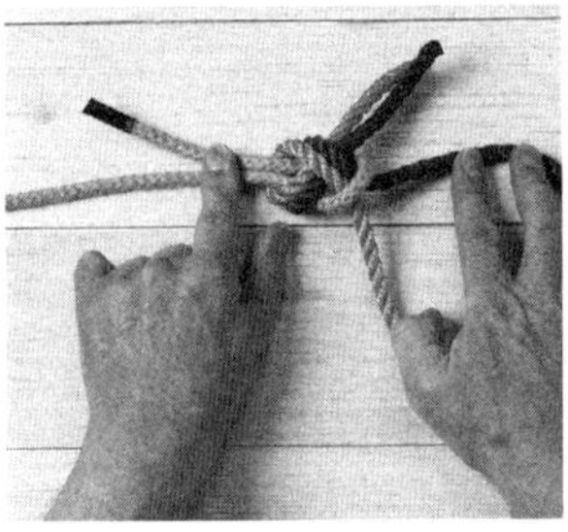

4. 用这两根绳绕绳耳 1 圈，然后令其从刚绕完的双股绳圈中穿出，使 3 个活端都在绳结的同一侧。

猴拳结

这种结可以给绳索增加重量，使吊线可以扔得远一些，所以此结虽然使用很长时间了却仍受到人们的欢迎。在制作这种绳结时需要一些能够固定形状的东西，比如一个圆形的石头，你可以在完成最后3个线圈之前将石头塞进绳结内。另外，在将带着这个结的一端扔出去时最好扔到离对方一臂远的地方，因为绳结很重，直接扔给对方的话有可能会造成伤害。

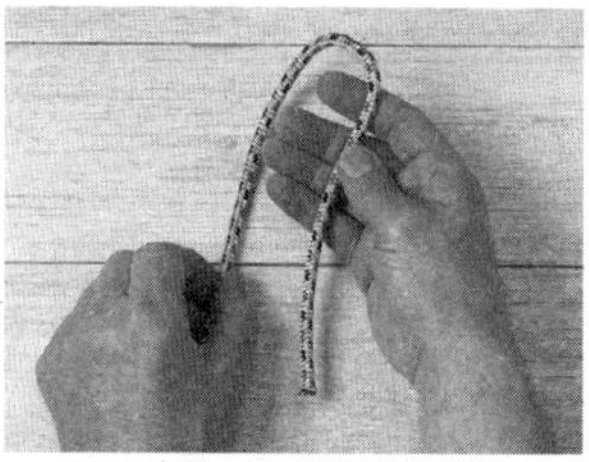

1. 选择重量和粗细合适的绳，如果是在水上使用的话，最好选择可以漂浮的绳。

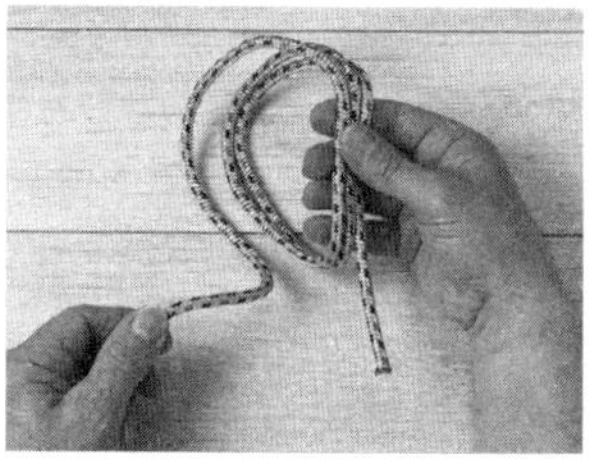

2. 绕3个完整的线圈，并用手捏住有绳端的一侧。

3. 将活端转90°，绕完整的1圈。

4. 再多绕两圈，保证第二次绕的线圈能缠住第一次的3个线圈。

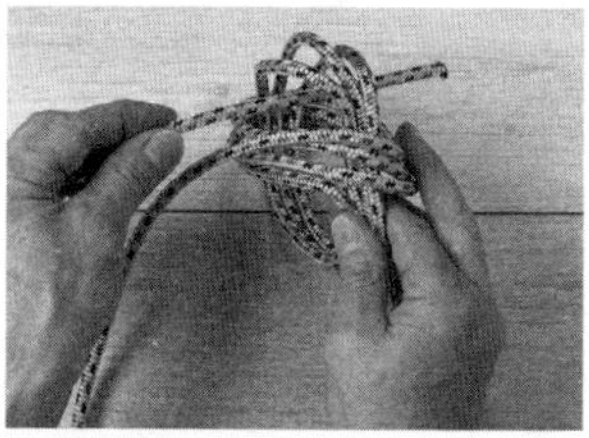

5. 再次将活端转90°并令其从第一次和第二次形成的线圈之间的空隙中穿过。

6. 再将活端从前两组线圈之间的另一侧空隙中穿过。

7. 像这样绕3圈，形成与前两次的线圈分别成90°的第三组线圈。然后在线圈中塞入一颗圆形的石头、不用的壁球或其他合适的填充物。然后，一点点收紧所有的线圈。最后把短端用结或胶带固定在本绳上。

半套结

许多不同形状和尺寸的长包裹（从卷成卷的地毯到小商店购买的长塑料锤子），都可用一系列的半套结来固定。从第一个缠结开始，间隔相同的距离整齐地打上一系列的缠结，这样包裹受的力就会变得均匀，等原路返回打十字结时轻轻地用力，把绳结拉紧。

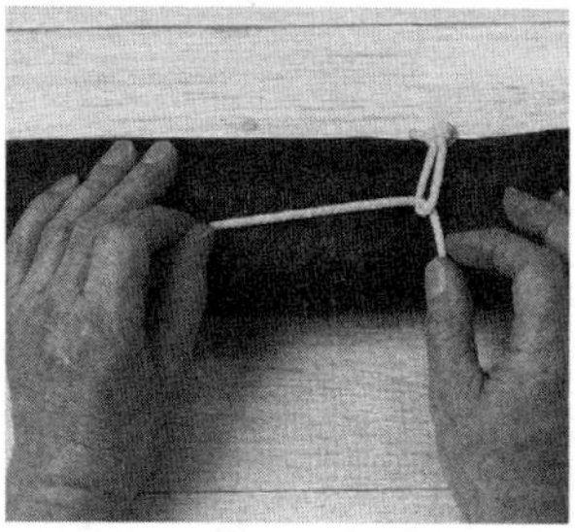

1. 在绳的一端打 1 个小的固定绳环，然后将另一端从这个绳环中穿过，形成 1 个可滑移的绳环，套在物品上。

2. 用活端打 1 个下手绳环（此例中为顺时针）。

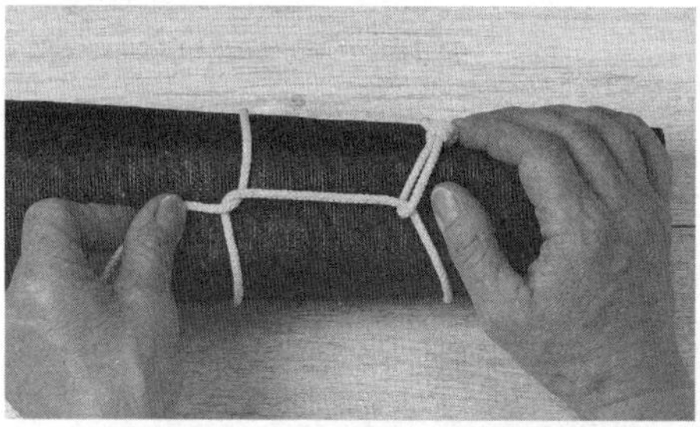

3. 把这个绳环套在物品上，拉紧这个半套结。

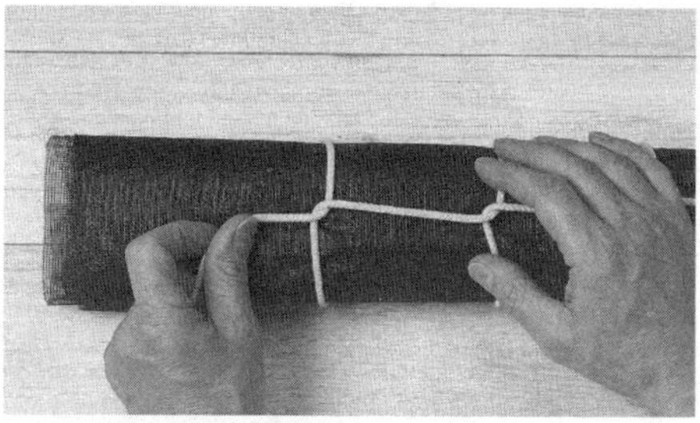

4. 用同样的方法打一系列的半套结，收紧，并使它们等距地排列在一起。

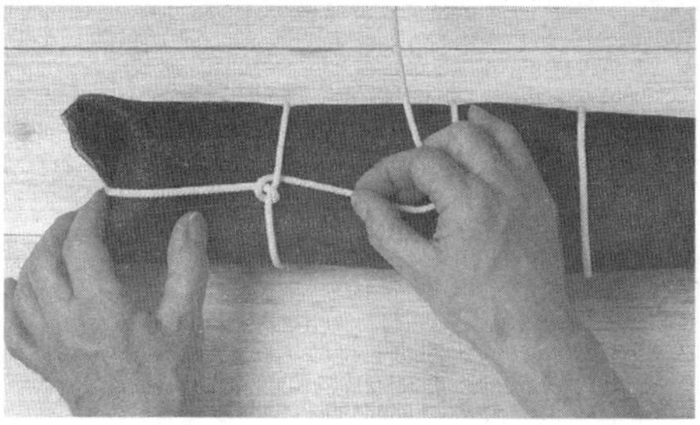

5. 将物品翻过来，然后将活端从物体的一端拉过来，在其与第一个绳环交叉处打 1 个十字结。

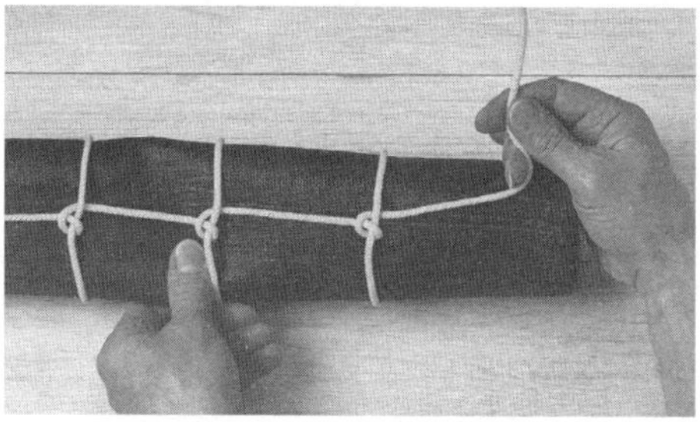

6. 依次再打一系列的十字结，收紧，并使它们保持等距。

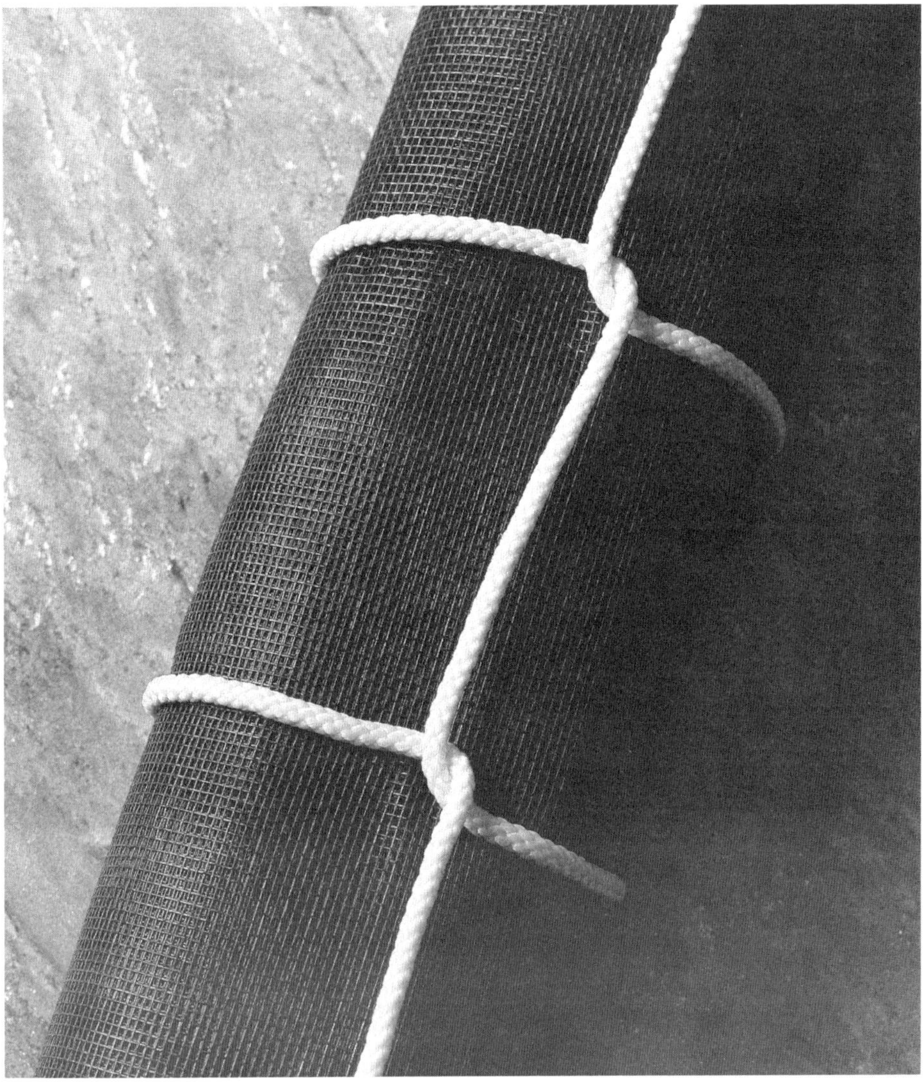

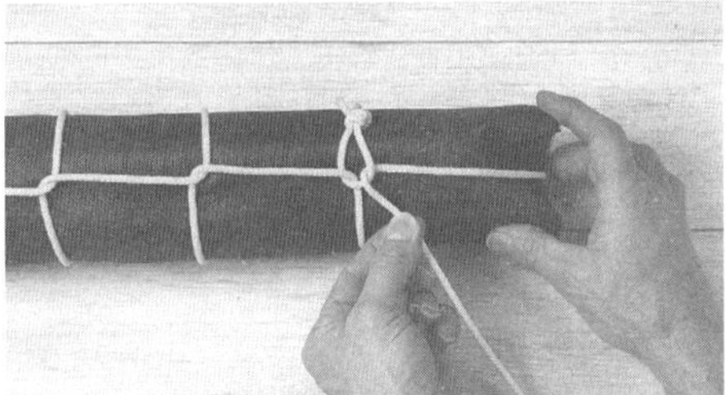

7. 把物品再翻过来，将活端穿进小的固定绳环内。

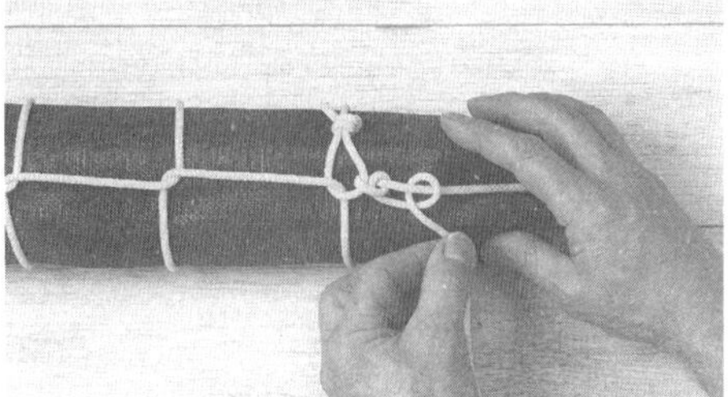

8. 最后打 1 对半套结完成这个打包工作。

细缆套结

这种细缆套结与半套结看上去很像，但实际上它们并不相同。当拉动这两种结时就可以明显看出它们之间的区别。半套结因为是用绳耳打成的，因此一拉结就没有了，而细缆套结是由一系列单结组成的（需要用到活端），而且能将物品捆得更紧，安全系数比较高，不过打起来比半套结要慢。可以用这种结在冬天的时候把花园里的吊床收起来，或者在搬家的时候把地毯及任何比较长不方便拿取的东西整齐地捆起来。

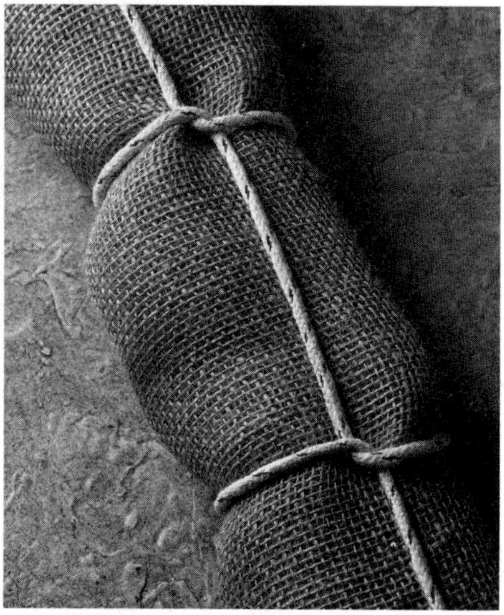

1. 在绳的一端打 1 个小的固定绳环，然后将另一端从这个绳环中穿过，形成 1 个可滑移的绳环，套在物体上。

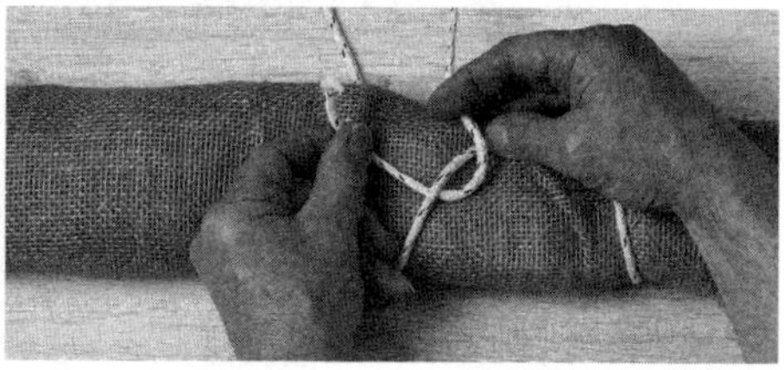

2. 用活端打 1 个单结。

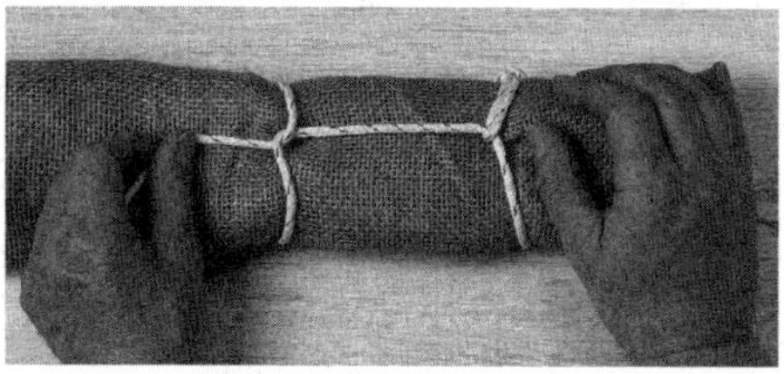

3. 把单结收紧。这种结不像半套结，它可以产生更大的摩擦力使绳结更牢固。

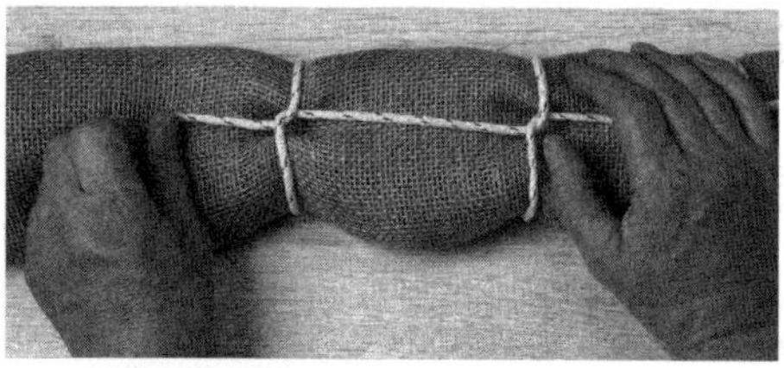

4. 在包裹上等距地打一系列同样的单结。翻转包裹，把活端拉回，在单结的背面打一系列的十字结。

帕朵滑环结

拉这种绳结的一端能够拉紧绳结，拉另一端则能使绳结松脱，而且这种绳结能在短时间内打成，因此适合做晾衣绳或者在救生艇上使用。

1. 在绳子的一端打 1 个结实的固定绳环（图中所示为钓鱼结）。

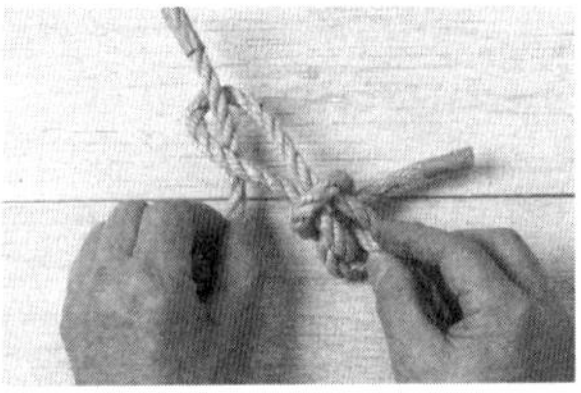

2. 使绳的另一端穿过这个固定绳环，形成 1 个大的活环。

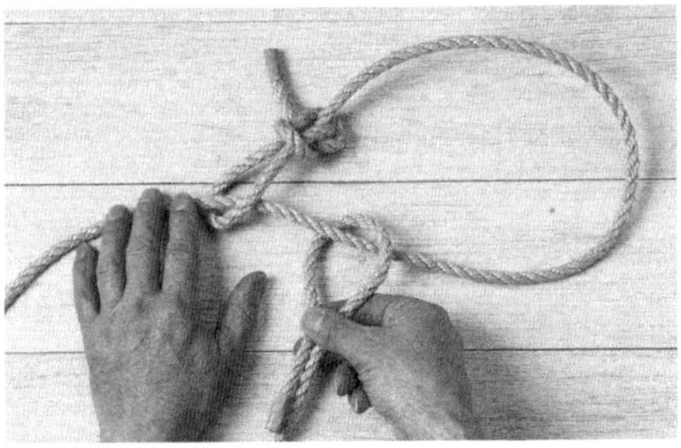

3. 如图，用绳端在这个大的绳环腿上打 1 个可滑移的绳耳。

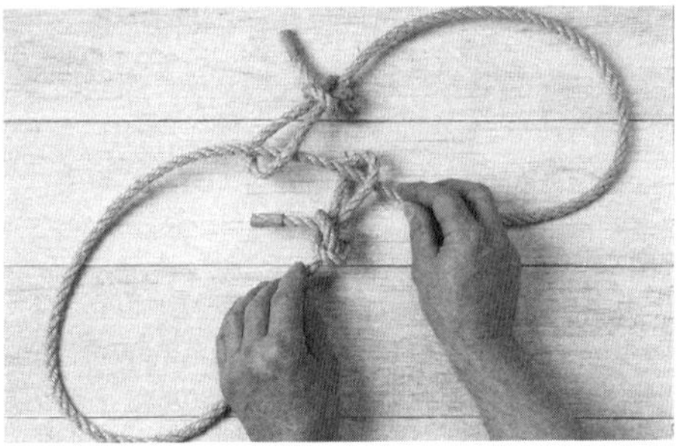

4. 打 1 个对称的固定绳结来固定住这个绳耳。当把这 2 个绳结拉开时，整个绳结就被拉紧了，相反，当把这 2 个绳结拉到一起时，整个绳结就松开了。

链针拉筋

这种结虽然需要用掉很多绳，但很适合用来捆粗笨的、不平整的长包裹，而且只要一拉活端就可以轻松地把结解开。这种结因为打成弯曲的形状，样子很美观，如果能用好看的、颜色鲜明的绳子来打的话，会更加吸引人。它也可用来包装礼品盒或是纸盒，尽管有时这些盒子本身不需这种结来固定。

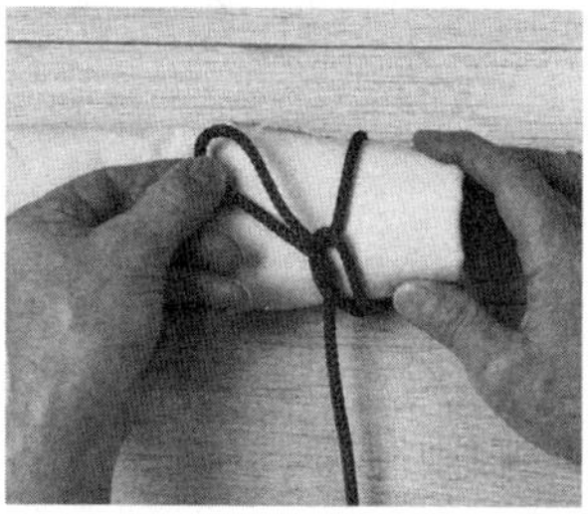

1. 在绳的一端打 1 个小的固定绳环，然后用本绳打 1 个绳耳并将其从绳环穿出来。

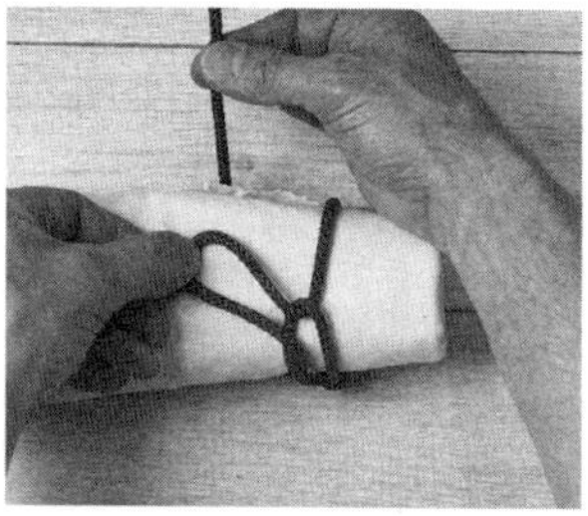

2. 把本绳绕到物体后面。

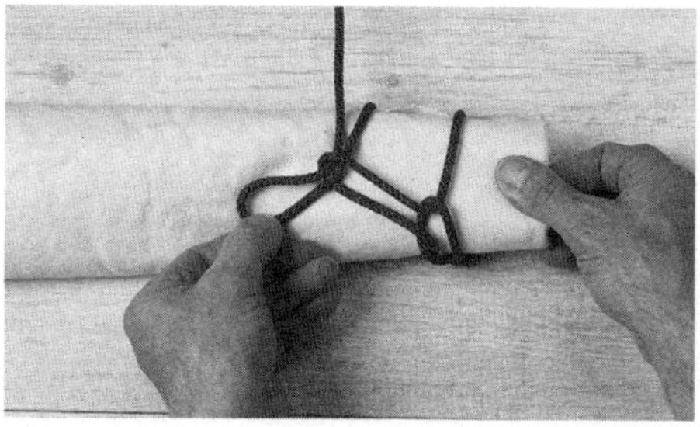

3. 再用本绳打 1 个绳耳，并把此绳耳穿进第一个绳耳中。

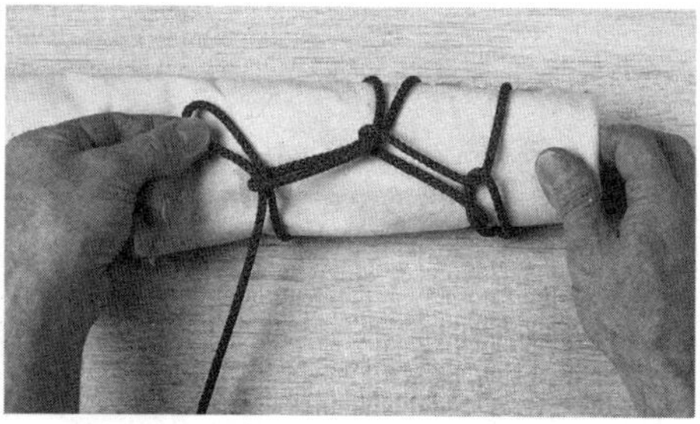

4. 再把本绳绕到物体后面。再打第三个绳耳，并使其从第二个绳耳中穿过。

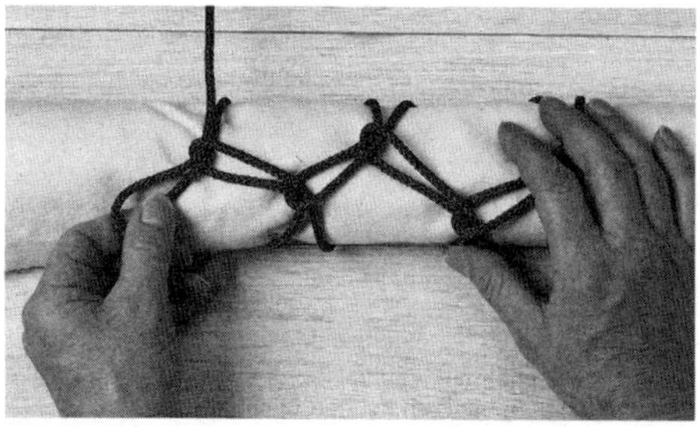

5. 重复第 2 步、第 3 步，使第四个绳耳从第三个绳耳中穿过。

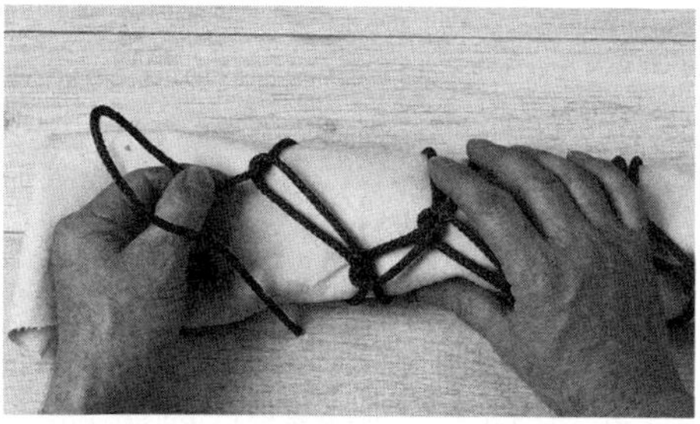

6. 继续这个交叉穿绳耳的过程，直到到达包裹的一端。使活端从最后一个绳耳中穿过。

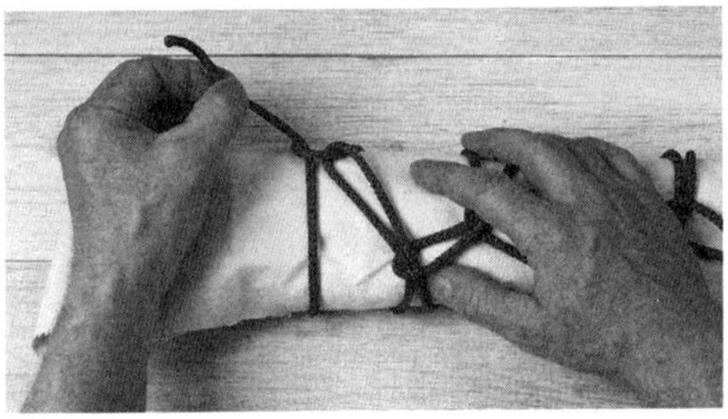

7. 用活端再绕物体 1 圈，最后将其穿入刚绕的线圈内。

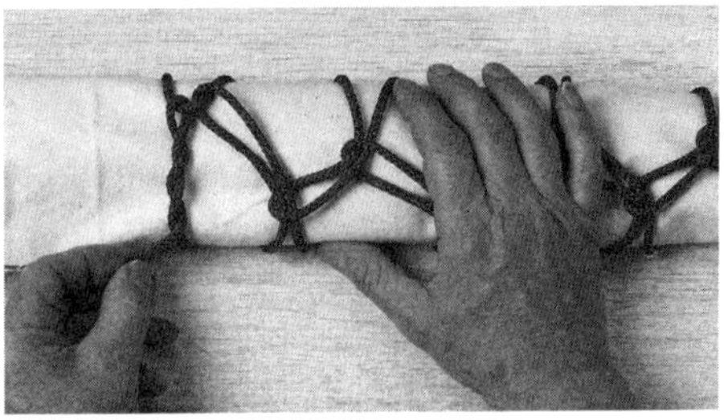

8. 最后把活端固定在本绳上。

菱形套结

探险者、采矿者或是其他野外工作者都要依靠动物来运输各种货物，捆绑货物时就需要用到这种套结，如今在一些经典的美国西部电影中还能看到这种结，它可以把形状不规则的物品固定在骡子和马背上，也能把物品挂在沙滩车、雪上摩托车或其他的交通工具上。如果是不易打包的物品，则可以用此结将其挂在运货人身上。

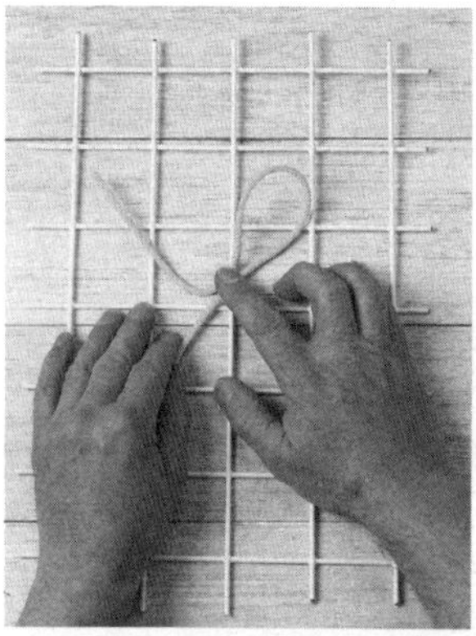

1. 找一块大小适合的底板，一根长短适合的绳子。

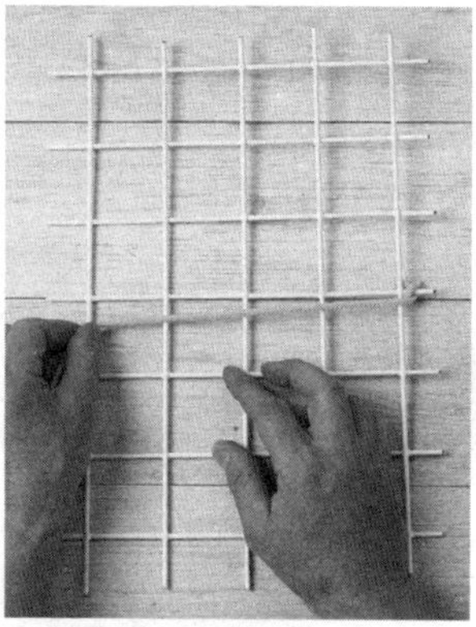

2. 把本绳固定在中间的一个固定点上。

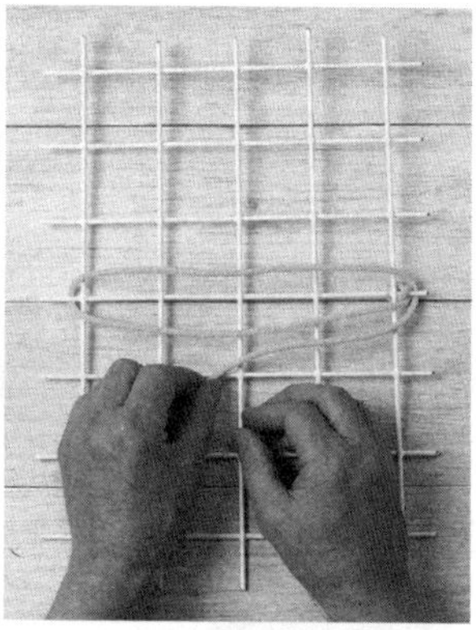

3. 把绳子松松地绕在对面的固定点上，然后返回再绕在第一个固定点上。

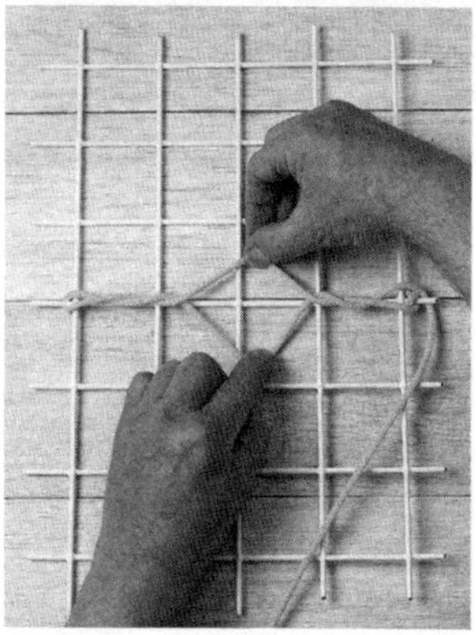

4. 扭搓 2 股绳，直至绳子收紧。然后撑开中间部分。

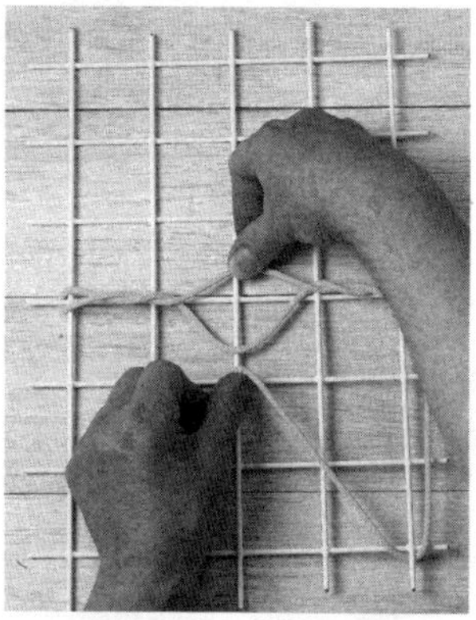

5. 把活端绕在底板右下角的固定点上，然后将其从撑开部分中穿过。

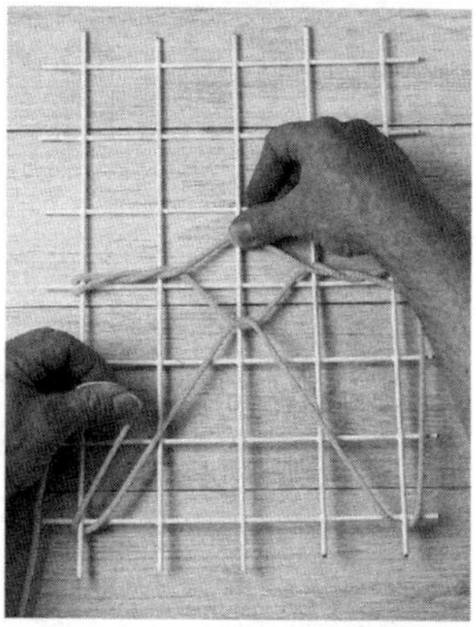

6. 把活端拉下来，绕在底板左下角的固定点上。

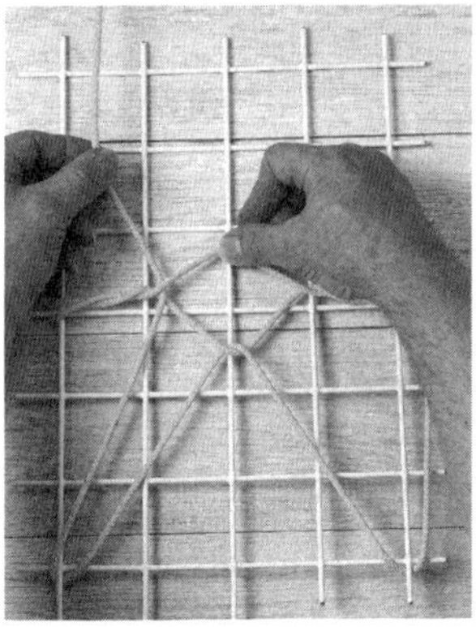

7. 把活端拉上来，将其从中间的菱形（此结因此命名）中穿过。

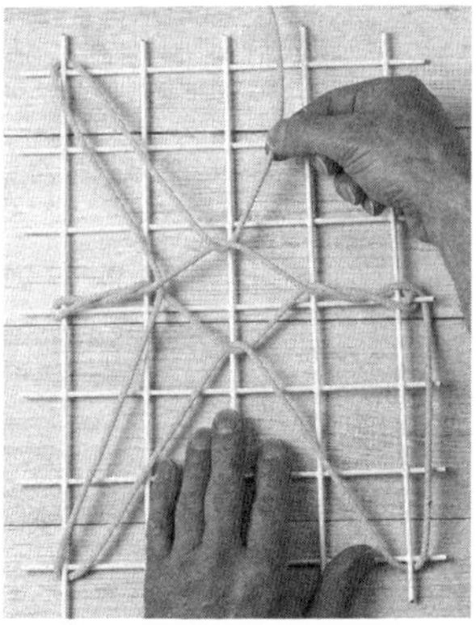

8. 把活端绕在底板左上角的固定点上，再拉回来穿过中间的菱形。

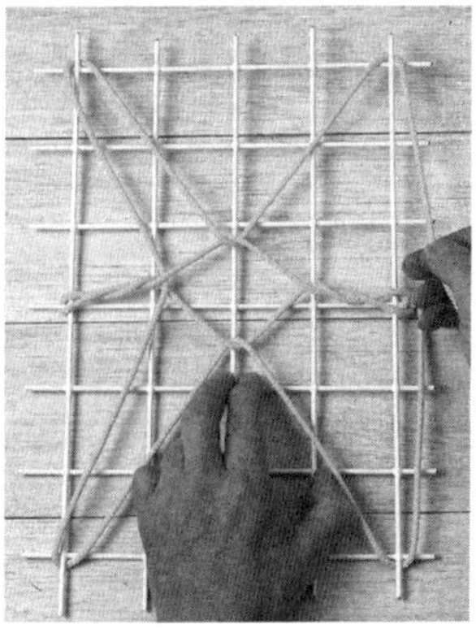

9. 把活端绕在底板右上角的固定点上，再拉回来到最初的固定点处，把绳固定在这个点上。

卡车套结

现在还有很多卡车司机用这个结来固定货物——只要在绳索还未被宽皮带和其他的锁具取代的地方就会有这种结。最早使用这种结的人是那些从一家跑到另一家，一个城镇到另一个城镇的马车夫和小贩。以前这种结被称为货车套结，但其用途到现在已经发生了些许的改变。

1. 把绳固定到车的某个固定点上，然后压在货物上。

2. 在绳上打 1 个逆时针的上手绳环。

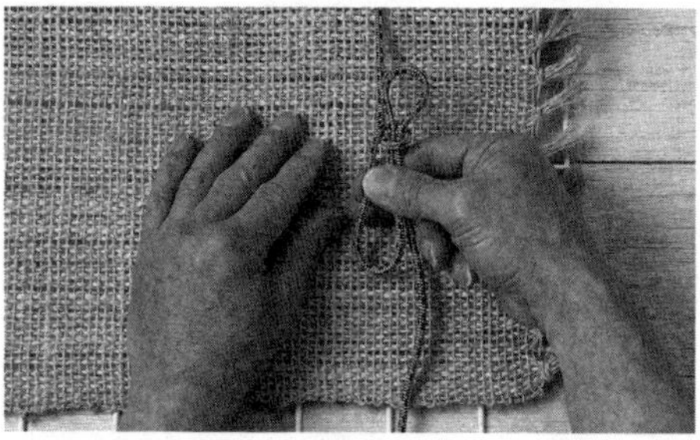

3. 用本绳打 1 个绳耳，然后将绳耳塞进（从后往前）前面打好的绳环内。

4. 上一个步骤在本绳上形成了 1 个长的绳耳，把这个绳耳逆时针扭转 180°。

5. 再转 180°，在绳耳上形成 1 对互锁的绳肘。

6. 拉住本绳并使它从扭转得到的下绳环中穿过，形成 1 个新的绳耳。

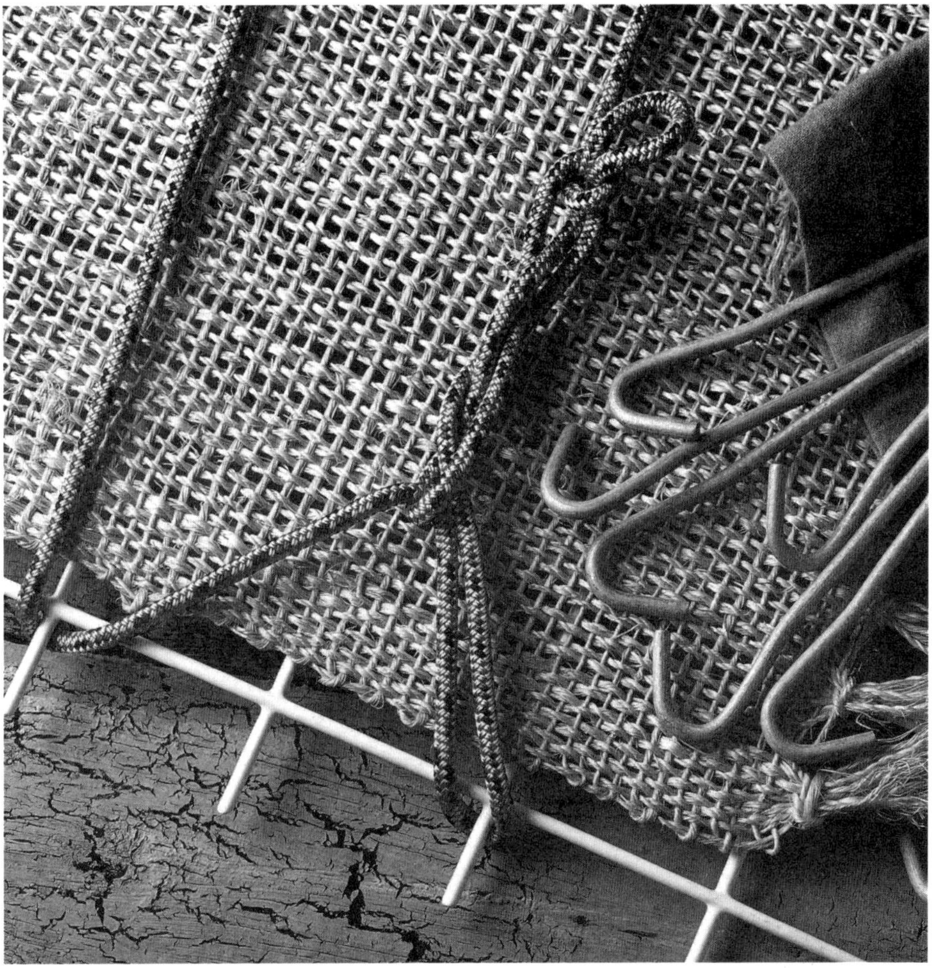

7. 把最新形成的绳耳套在车的固定点上（与第一个固定点相对）。

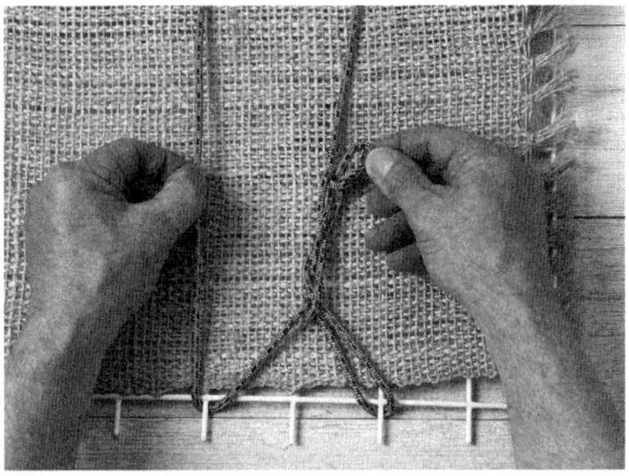

8. 把绳绕在与第二个固定点同一侧的另一个固定点上，然后压在货物上，然后重复第 2 ～ 7 步。如此反复缠绕货物，直到货物被完全固定。

圆垫

这种圆形的结可以取代普通的垫子，或用胶水粘到拼贴画或是鼓手长的制服上作为装饰。

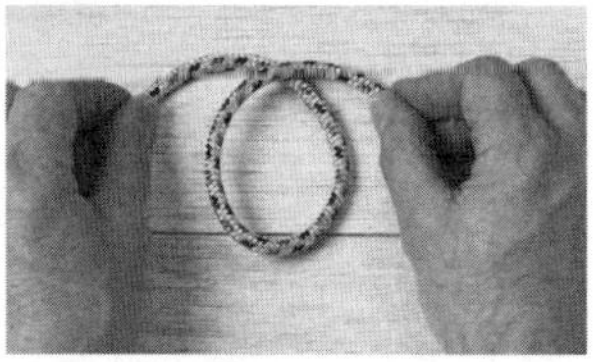

1. 在绳的中间打 1 个逆时针的下手绳环。

2. 把活端拉到绳环的后面形成对称的形状。

3. 把另一端拉上来以上、下、上的顺序（最后到达左上方）沿斜线方向塞进绳环内。

4. 再顺时针转动活端，然后将其以下、上、下、上的顺序（最后到达下右方）沿斜线方向塞进绳环内。

5. 把活端塞到结内与本绳靠拢，然后用活端按着原来的轨迹再绕 2 ~ 3 次加粗绳结。最后把绳两端用胶水或别针固定在绳结上。

花联垫

这种结可作为垫子使用，也可作为工艺品或其他艺术品的组成部分。可绕着手打此结，形成 1 个领圈环。

1. 用绳索打 1 个顺时针的上手绳环。

2. 把绳环的一端拉到绳环的后面形成对称的形状。

3. 把活端从右到左拉到本绳下。

4. 把活端沿顺时针方向以上、下、上、下的顺序塞进绳环内。

5. 把活端拉到本绳旁边，按原来的轨迹重复绕 2 ~ 3 次。

海洋辫绳

这个外表美观的结可用最细的合股线打，也可以用最粗的绳打。这种结可用做餐桌垫或是贸易船上的门垫，乐队人员、女性衣服上的装饰，或是把它装框挂在墙上。在绳结完成之前，可用大头针将其钉在软木板上或是聚苯乙烯地砖上以保持形状。

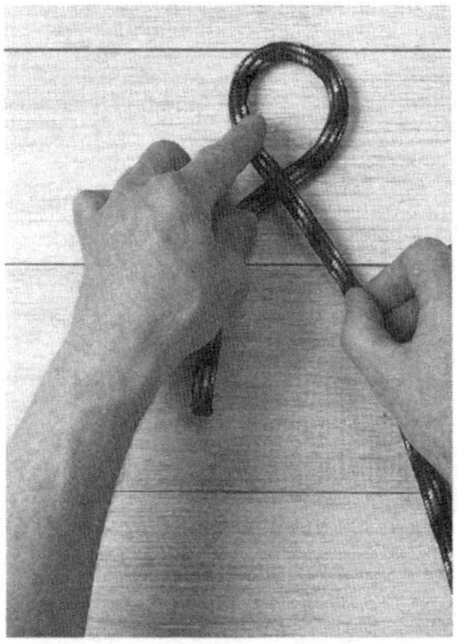

1. 选择一根长一点的绳，用一端打1个逆时针的上手绳环。

2. 将活端压在本绳上并使其向上弯折到绳环上方。

3. 把活端往下拉，压在绳环上（从左到右）。

4. 把活端沿斜线的方向（从右到左）压在下方的绳环上。

5. 将另一端作为活端，将活端压在此时的本绳上（从左到右）。

6. 把活端沿斜线塞到最近的绳环下面（最后到达右上方）。

7. 把活端沿斜线以上、下、上、下的顺序从右到左地穿过绳结的上半部分。

8. 再把活端沿斜线以上、下、上、下、上的顺序（这次是从左到右）从绳结中穿过，最后到达右下方。

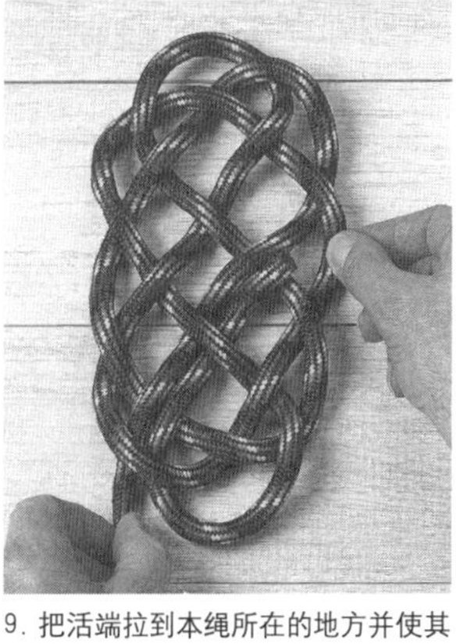

9. 把活端拉到本绳所在的地方并使其与本绳靠拢。可按原来的轨迹重复绕 2～3 次，以加粗绳结。

长垫

这种长垫因为可以一直加长所以得此名。只要有足够的材料（和耐心）此结就可以一直加长。在实际应用中，如果海洋辫绳不够长的话，就会用到此结。

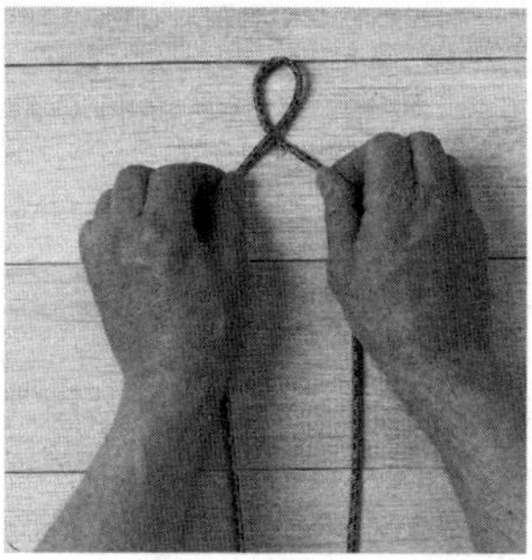

1. 选一根足够长，能够完成此结的绳。

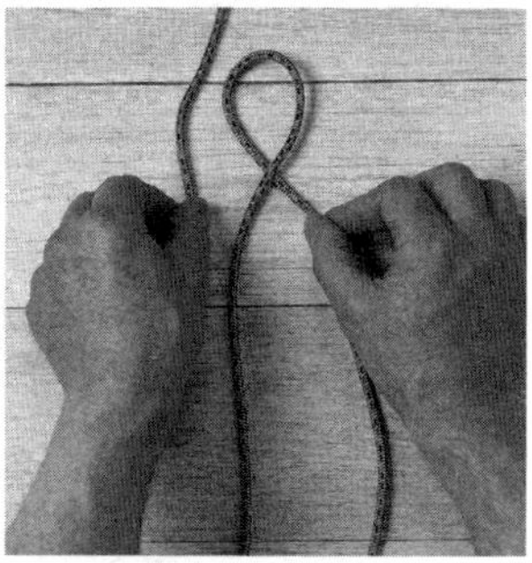

2. 打1个顺时针的上手绳环，并把活端对折，形成1个长的左绳耳。

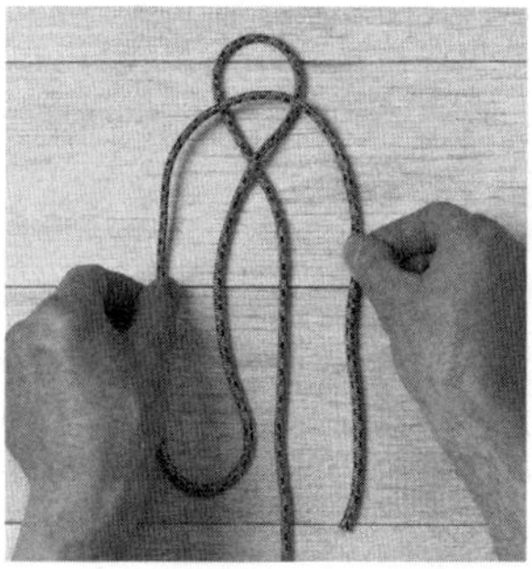

3. 把活端从左向右地压在之前完成的绳环上。

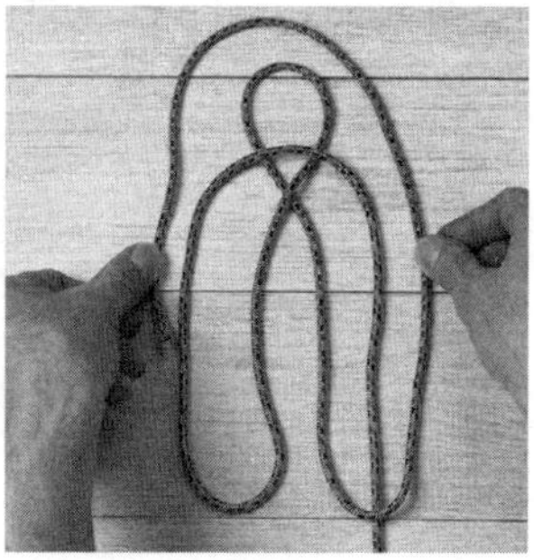

4. 用本绳打1个长的右绳耳，使其与左侧的绳耳对称。

5. 把此时的活端从右到左沿对角线方向以上、上、下的顺序穿过上面的绳环，最后放置于左绳耳上面。

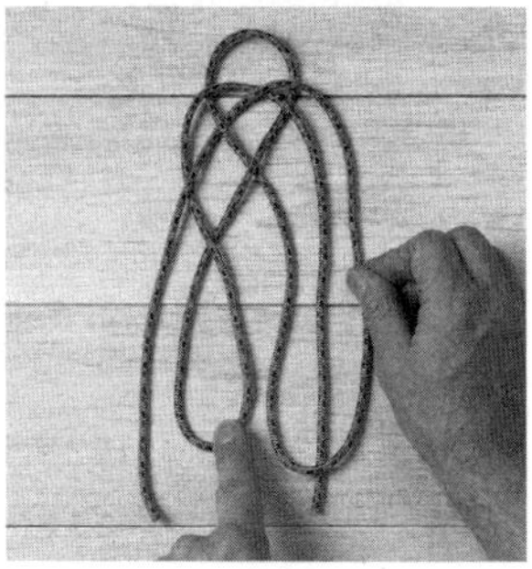

6. 把左绳耳顺时针转动180°。

7. 同样顺时针转动右绳耳。

8. 把右绳耳放在左绳耳上面。

9. 把左侧的活端以下、上、下、上的顺序沿斜线方向穿过绳结（从左到右）。

10. 把右侧的活端以上、下、上、下、上的顺序沿斜线方向穿过绳结（从右到左）。

11. 把正在加工的活端沿着固定的本绳收拢，沿着最初的绳结环绕着循环进行，让绳结成为双重或三重的。

交替的圆环套结

在大的金属环上使用这种套结，可防止金属环在与硬的表面碰撞时发出叮叮当当的声音。而在小的指环上绕上这种结，能起到装饰的作用，同时还能防止指环拉动时弄伤手指。有耐心的人会用此法缝上几千针，为墙上挂的装饰物和棉被缀上花边。

1. 将一根线从圆环中穿过。

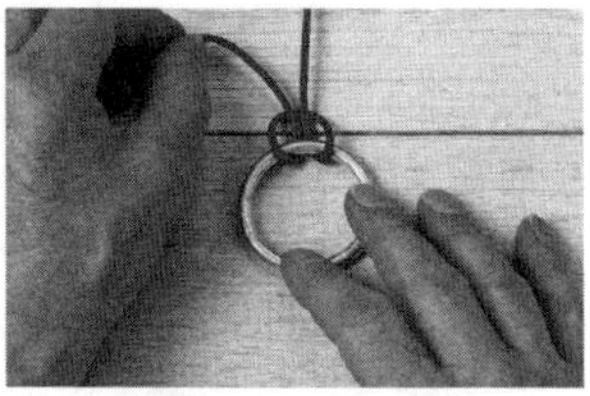

2. 系一对相反的半套结，类似捆绑用的吊索套结。

3. 再加 1 个半套结，要求其与第一个半套结成镜像对称，然后收紧。

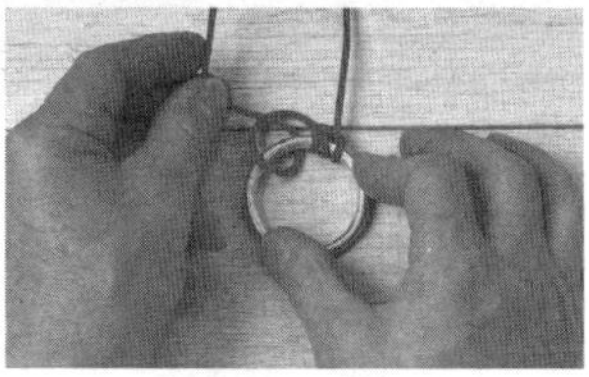

4. 再加 1 个半套结，令其与第二个套结成镜像对称，收紧。

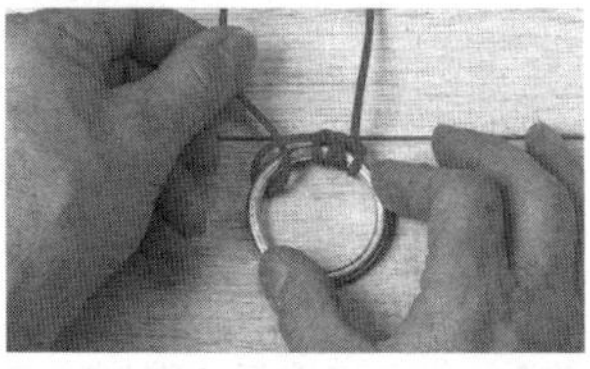

5. 重复步骤 2 ～ 4 直至半套结完全覆盖整个圆环。

连续的圆环套结

这种打法会在圆环上形成一条狭窄的绳脊，并有小的十字断面。

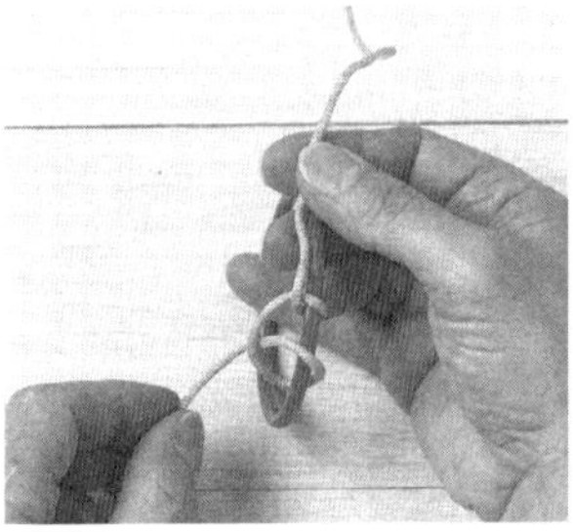

1. 打 2 个一样的半套结，形成 1 个双套结。

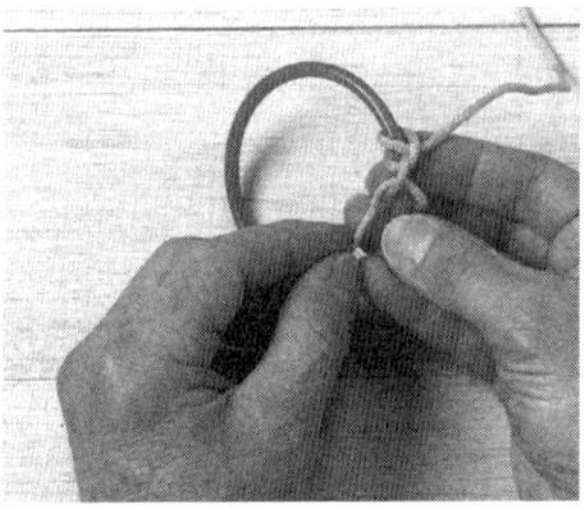

2. 再打第三个半套结，并且和之前的套结同样的方向小心地把活端塞进去。

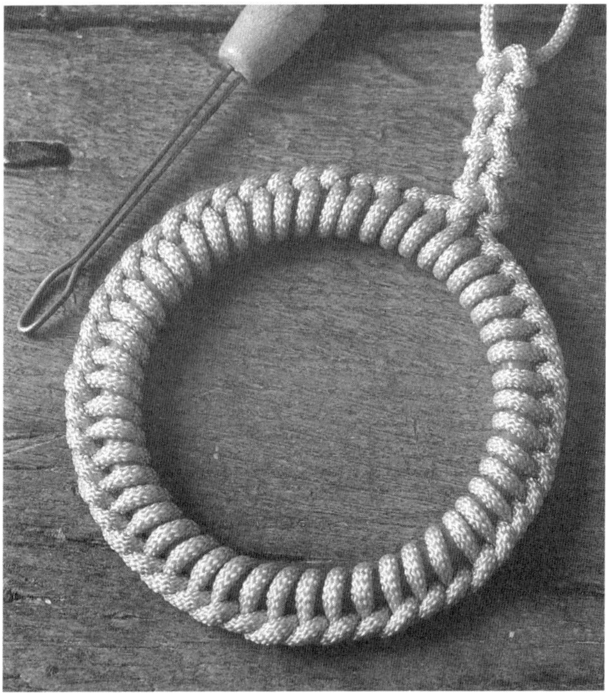

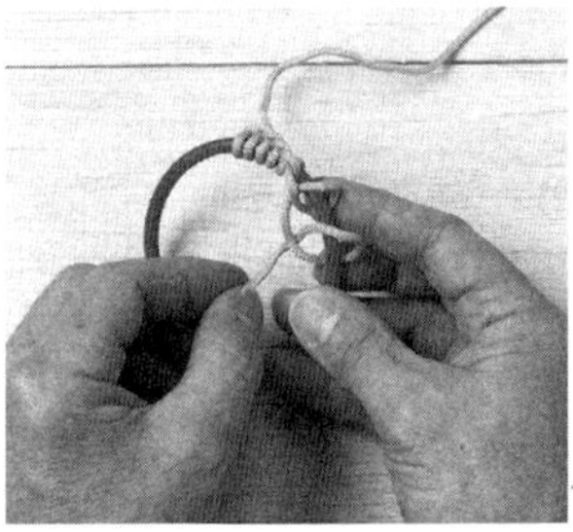

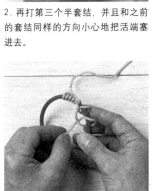

3. 每隔一段就整理一下绳结，以保证套结的脊不会螺旋地缠在圆环上，而且这样做也有利于收紧绳结。

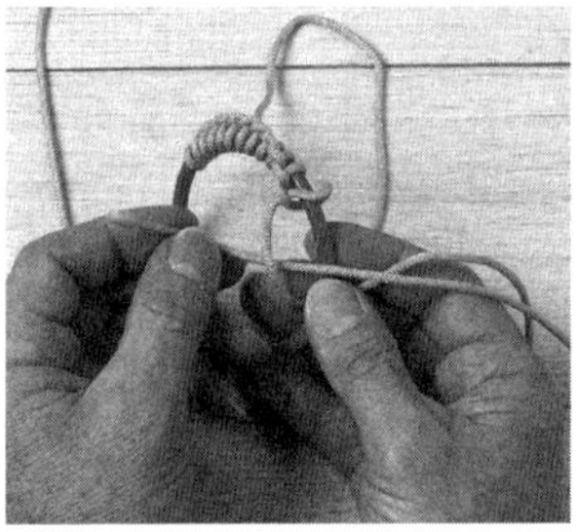

4. 沿着圆环继续打同样的半套结。

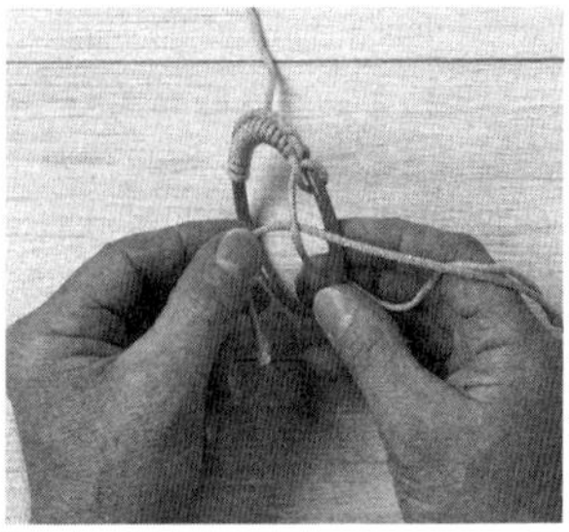

5. 继续打半套结，并不时拉直环脊，直到整个圆环都被套结覆盖。尾端可如完成图一样编起来。

双重圆环套结

这种圆环套结可用来缠绕那些比较粗的圆环，此结比连续的圆环套结更美观。圆环套结的大小可根据圆环的粗细，按比例放大或缩小，这种套结可应用在许多工艺品上，也可缠绕在把手上做装饰用。

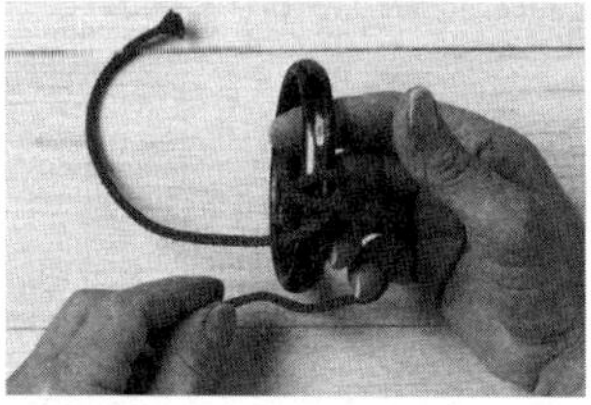

1. 用活端绕圆环打 1 个 8 字结。首先用活端在圆环上绕 1 圈，令其在圆环前面压在本绳上（从左到右），然后将活端拉到圆环后面，再将活端沿斜线绕到前面来并以下、上的顺序塞到之前绕的绳圈中（从左到右）。

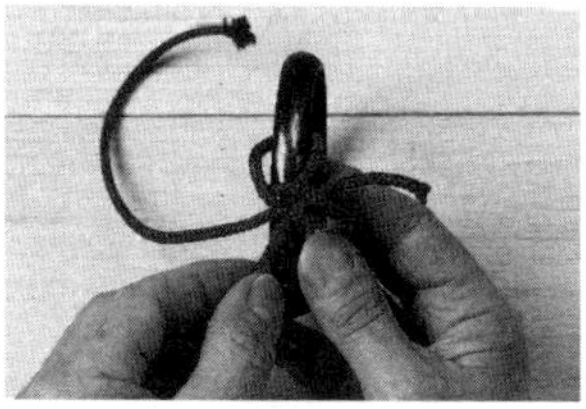

2. 把活端从右到左穿过圆环，然后从两个结中间穿过，拉到右侧。

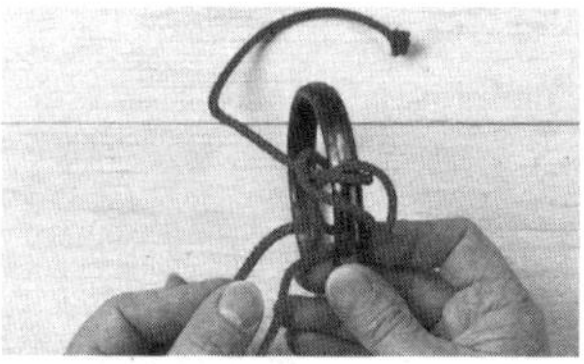

3. 重复第 2 步，将活端从圆环中穿过，然后从 2 个结下面塞回右侧。

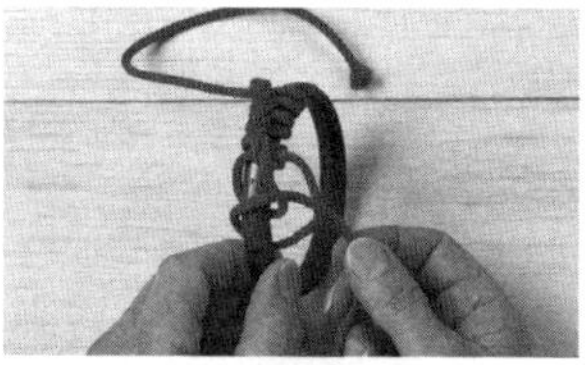

4. 每隔一段距离就拉直绳脊，以免其发生扭转，这样做也能将绳结收紧。

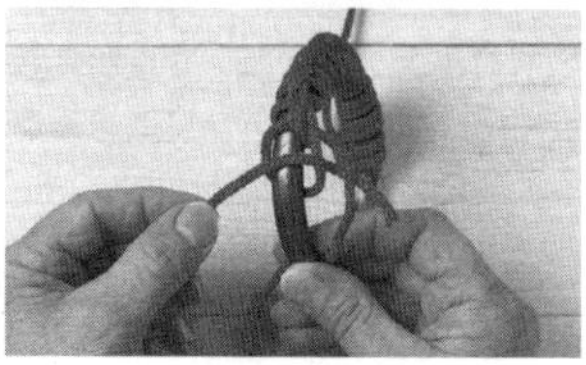

5. 继续用活端绕着圆环打结。

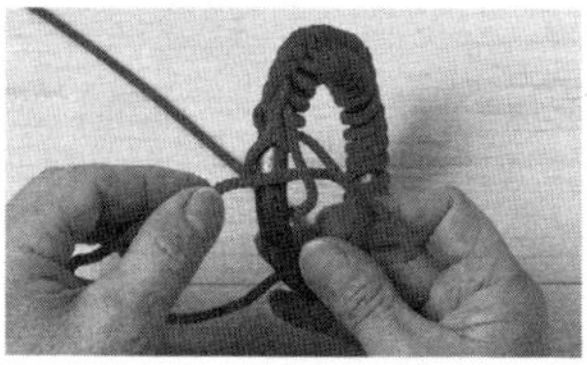

6. 继续打结，直到绳结把整个圆环覆盖上。

下手绳环套结

这种圆环套结的脊看上去就像一根链条，比较适合打在粗的圆环上。这种结和其他的圆环结一样，既可用很细的合股线或细线来打，也可用很粗的绳索完成。比如针线人和绳索制作者会用棉线和丝来打此结，而皮革制作工人则会用皮带来打此结。这种结有很多用途。结上的套结看上去很像针线编织结，但针织结间是相互依赖的，只需拆开一处结就会全部松开，而这个结的套结之间却是相互独立并分别固定的，结身非常牢固。

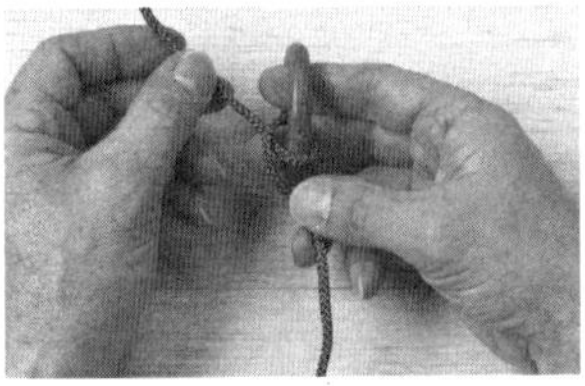

1. 用绳绕圆环1圈，令两端交叉，本绳向上，活端向下。

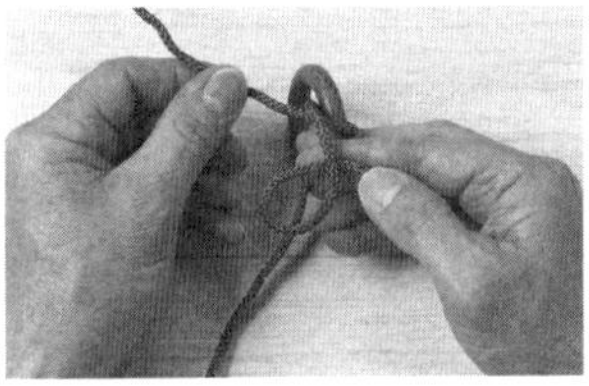

2. 用活端打1个顺时针的下手绳环。

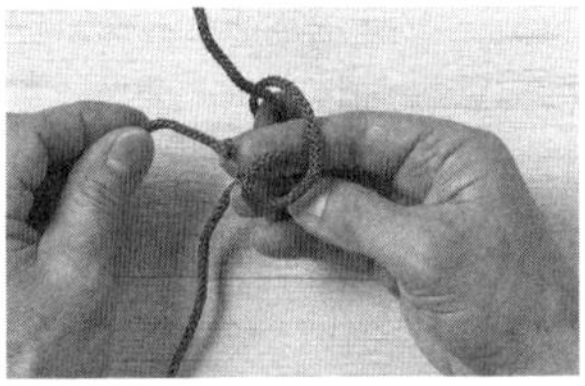

3. 将活端从圆环中穿过（从右到左）。

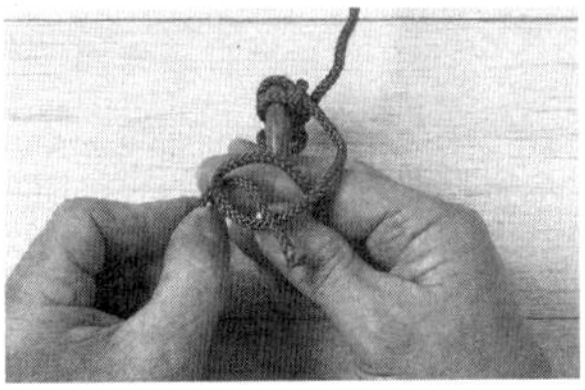

4. 将活端从下手绳环中穿过，把结收紧。

5. 继续重复打绳环、将活端从绳环中穿过的过程。

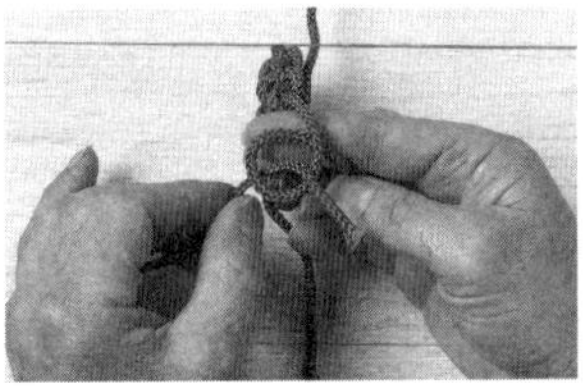

6. 继续打结，直到圆环被完全覆盖。

带环螺栓套结

这种套结只用一根线，但能在圆环的外围形成一条很像 3 股线的编织绳或是辫绳的绳脊，所以此结很适合又粗又宽的圆环。

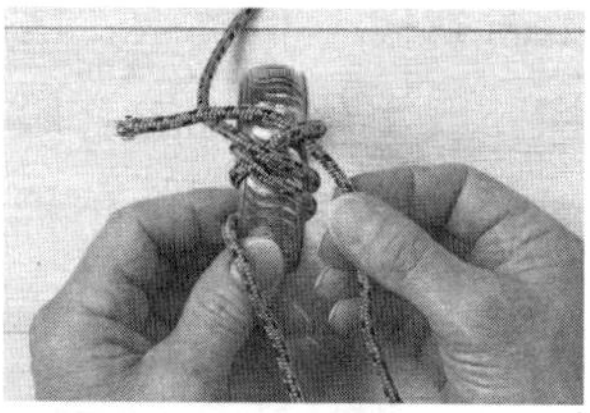

1. 用绳绕圆环 1 圈，把活端在圆环前面塞到 2 股绳下面，再绕 1 圈。然后将活端从右上方的绳圈下穿过。

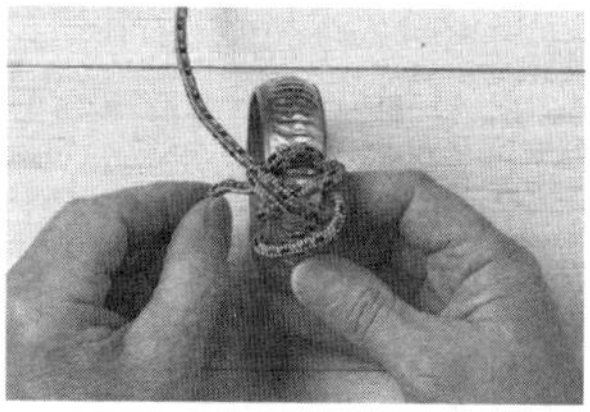

2. 如图所示，把活端向下沿对角线方向塞入结中（从右到左）。

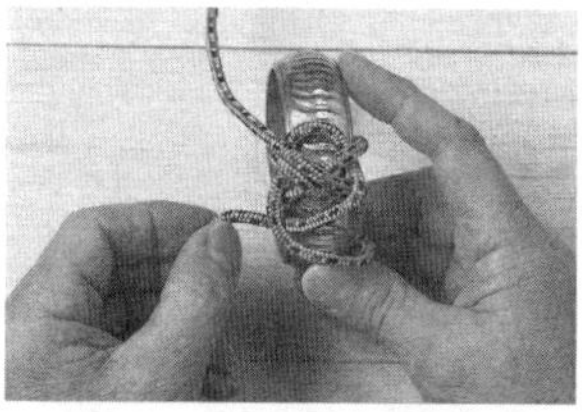

3. 把活端向前绕（从左到右），然后将其从圆环中穿出（从右到左）。

4. 上一步形成了 1 个 8 字结。将活端沿斜线（从左到右）从 8 字结前面越过，然后将其穿到两条绳下方（从右到左）。

5. 重复第 4 步，使活端向下绕到右侧，再令其从圆环中穿过（从右到左）绕到前面的右上方。

6. 然后把活端塞进两结之下（从右到左）。重复这个过程直到整个圆环全被覆盖住。

多功能滑环结

这种滑环结可以承受很大的拉力，由乔治·奥瑞于1985年10月设计发明。用细线打这种结可作为临时用的夹钳夹住新粘起来的画框、椅子或其他木制品。用粗绳打这种结则可用于提起重物或是拉出陷于泥坑中的摩托车，或作为帐篷、旗杆、收音机天线的拉索。如果用植物纤维绳打此结，绳环易因摩擦而损坏，而用合成绳打的话，就可以使用更长的时间。

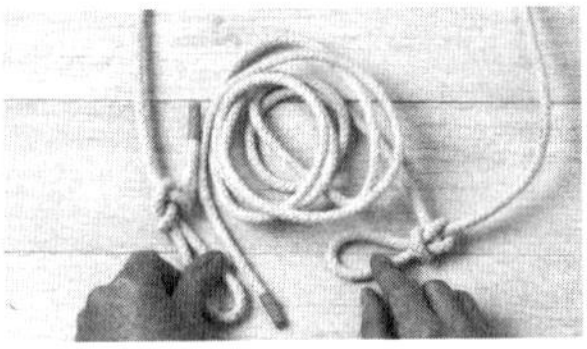

1. 在绳的一端打1个固定的绳环（最好是钓鱼绳环）。在离这个固定绳环较远的地方，在绳耳上打1个相似的绳环。

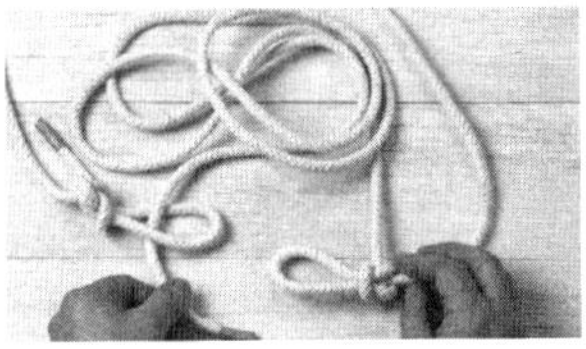

2. 将第二个绳环的活端从第一个绳环中穿过。

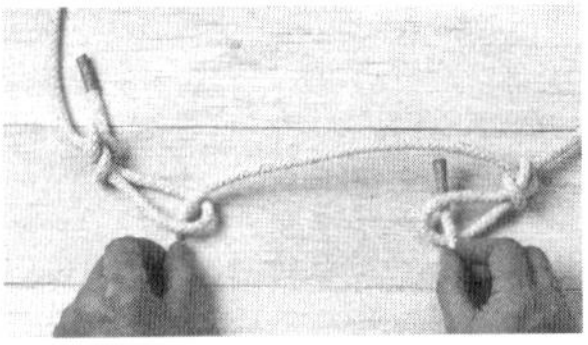

3. 再将活端从第二个绳环中穿过。

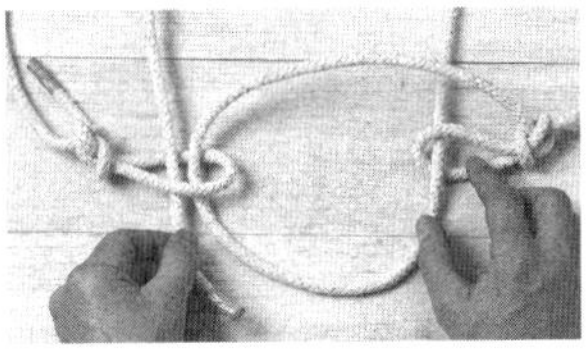

4. 将活端再次穿进第一个绳环中。

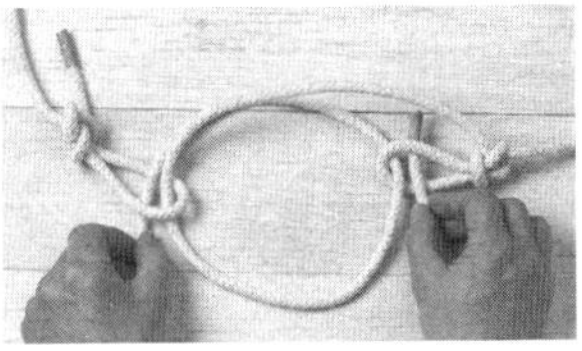

5. 再把活端穿进第二个绳环内。重复这个将活端从2个绳环中穿过的过程。

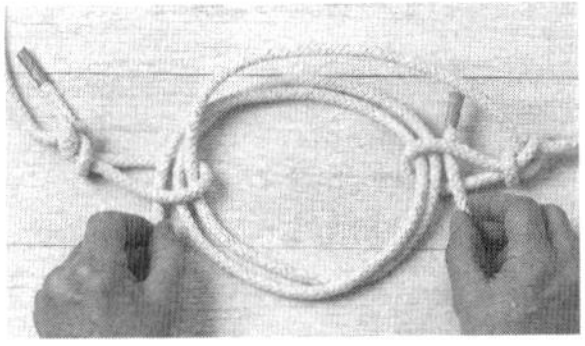

6. 使两个固定绳环内都有3股本绳，使劲拉2个固定的绳环，你会惊奇地发现这个滑环结能自动“锁”在一起（不过为了安全起见，最好加一个半套结）。要解开此结，需要将活端从绳环内抽出来直到结完全散开。

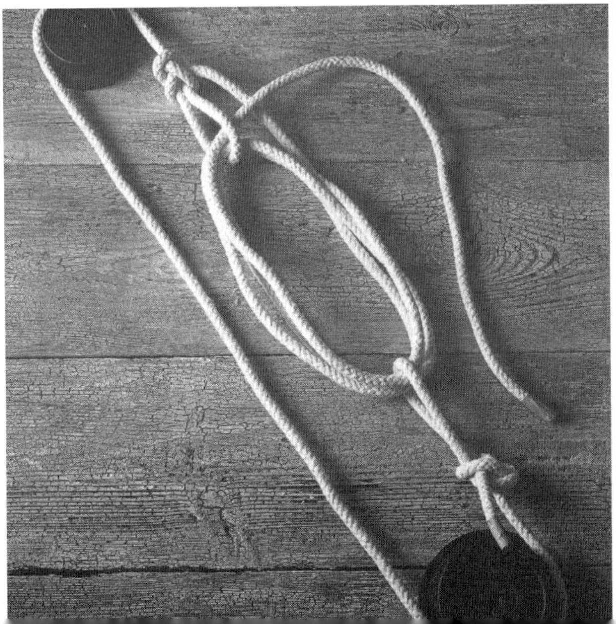

单链结

这种单链结可以把长绳缩短 1/3 左右。可用此结把细的合股线编成装饰品，比如可用来镶在放大镜的框上。

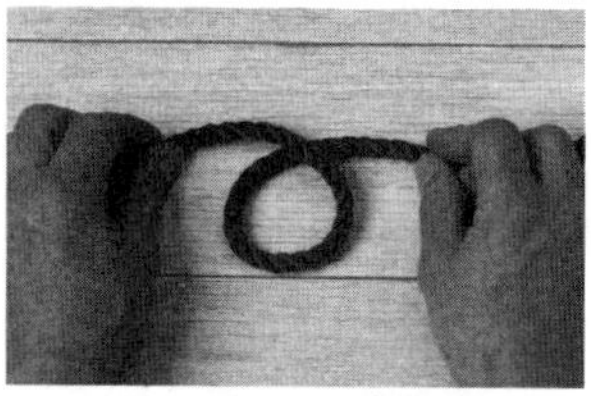

1. 用长的活端打 1 个逆时针的上手绳环。

2. 把活端塞进绳环里面，拉出 1 个绳耳（从后向前），收紧绳结。

3. 令活端从第一个绳耳中穿过，拉出第二个绳耳，收紧。

4. 同样，令活端从第二个绳耳中穿过，拉出第三个绳耳，收紧。

5. 重复这个拉出绳耳的过程，注意在进行下一步前先把前面的绳结收紧。

6. 要完成链结，只需把活端塞进前面的绳耳内即可。

连接单链

这种方法可以把单链整齐地连接起来，并使单链在连接处也保持同样的形状。这种结可用来做手镯、项链、脚链，也可用来装饰镜框或画框。图示中是把两条不同颜色的单链连接起来，但实际上这种方法常用来连接同一条单链的两端。

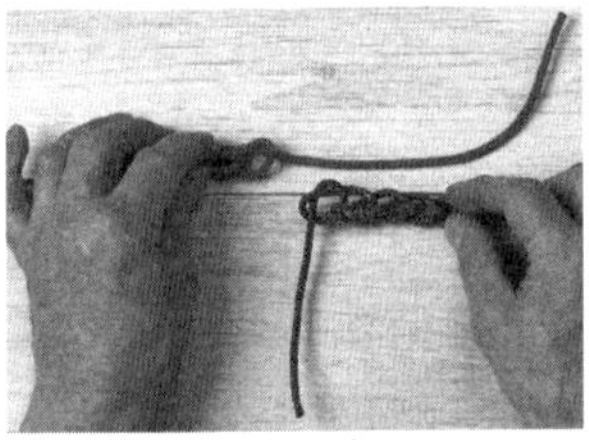

1. 把两条单链的尾端放在一起。

2. 将一条单链的尾端（图中所示为左边的单链）从另一条单链的第一个绳环中穿过（从后往前），令其与本绳靠拢。

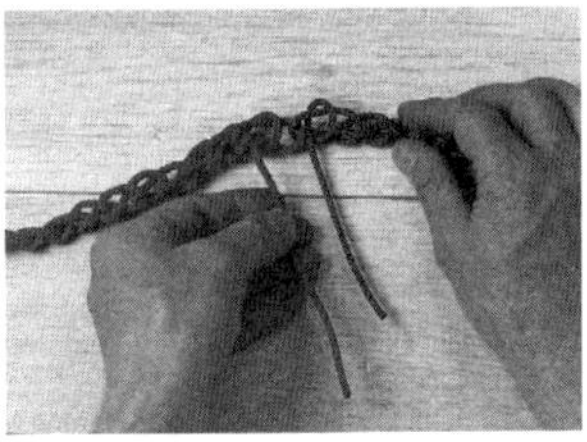

3. 将第一条单链的活端从最后一个绳环中穿过（从后往前）。

4. 将第一条单链的使活端从第 3 步形成的连接绳环中穿过（从前往后）。

5. 把另一条单链的活端从绳环中拉出来，绕在第一条单链的活端上。

双链

这种结通常系在小号或喇叭上（它也可作为军队乐队成员制服上的装饰），其体积比单链要大。如果希望此结看上去像军队用品的话，可用粗的金线打。

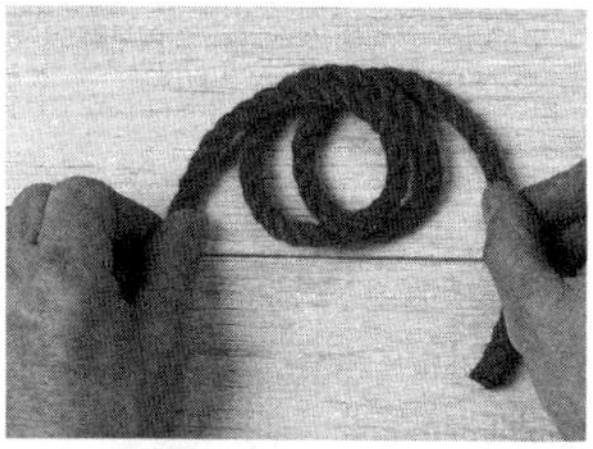

1. 打 2 个逆时针的上手绳环，并使第二个绳环在第一个上面。

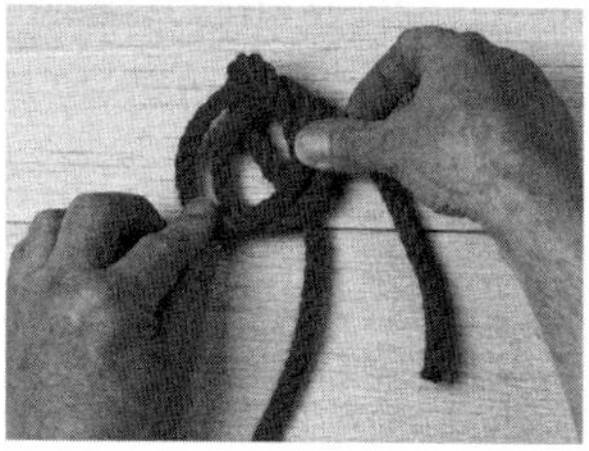

2. 把绳环的活端放到 2 个绳环后面。

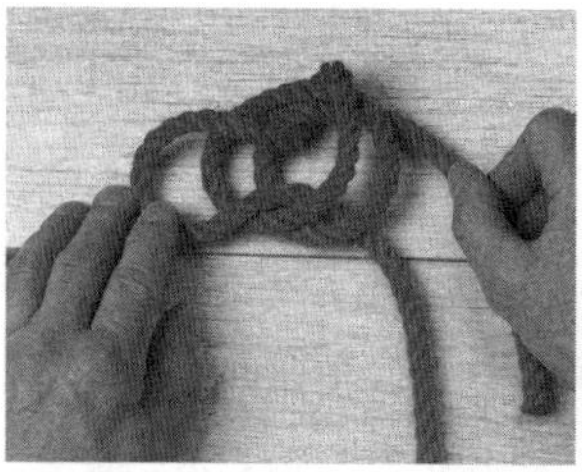

3. 把活端从 2 个绳环中拉出（从后往前）1 个绳耳。

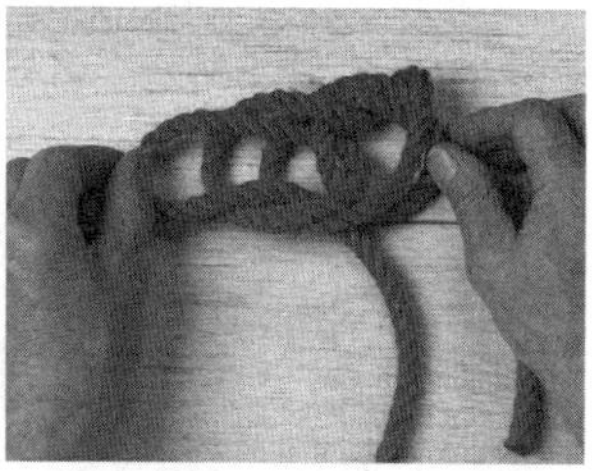

4. 稍微收紧一点，但要保持足够的松散以从后面的 2 个绳环中拉出第二个绳耳（从后往前）。

5. 重复第 4 步，直到绳链足够长。

6. 最后把活端塞进最后一个绳环内固定绳结。

连接双链

这种结可以把两条双链的尾端连接起来作为装饰物或用来制作工艺品。图例为了清楚地表示打结过程而选择了两种颜色的双链，但实际应用时此结通常用来连接同一条双链的两端。

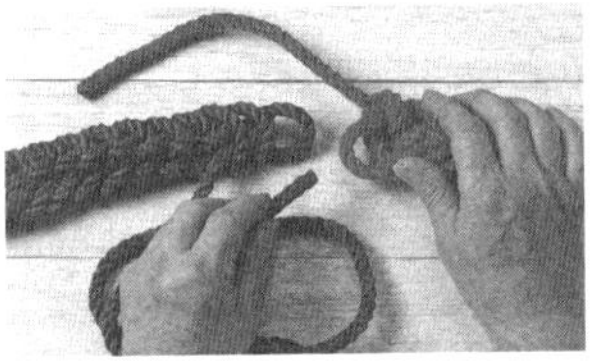

1. 把双链的本绳与活端拉拢（用两条双链绳的话，把其中一条双链的活端作为活端，另一条的本绳则为本绳）。

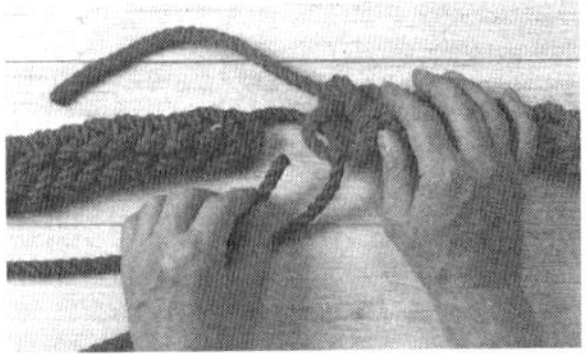

2. 把活端穿过本绳端的最后一个绳环（从后往前）。

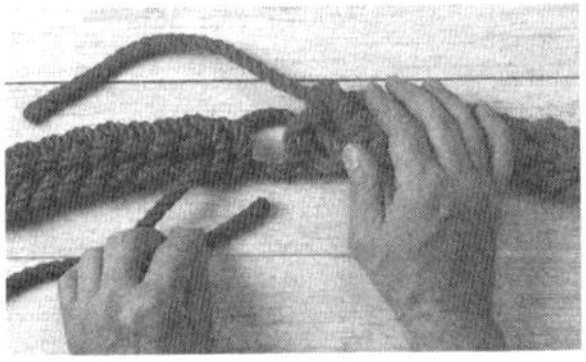

3. 把活端塞进靠近自己一侧的绳环内（从后往前）。

4. 使活端向上，从绳结的下面穿过绳环。

5. 把活端从侧面（图中所示为从上面到下面）以上、下、上、上的顺序，穿到本绳端的第二个绳环内。

6. 令活端向上穿过活端一端的第三个绳环内。

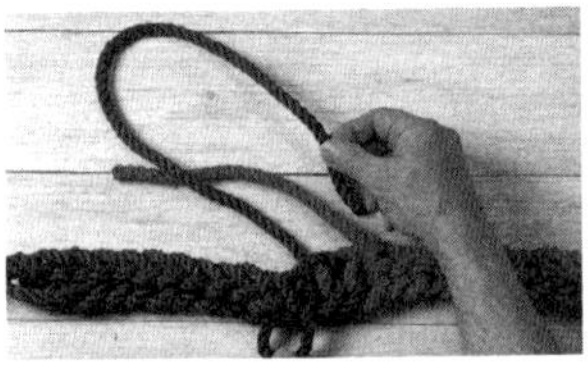

7. 最后令活端向上（从前往后）以上、下、下的顺序穿过绳结与本绳的会合处。

编织绳

用这种结可以编出 3 股的辫形效果。这种方法可以用来缩短绳索或装饰绳索，也可作为手提箱的临时提股。

1. 打 1 个顺时针的下手绳环，使 3 股线平行。

2. 把右侧的线从上面拉到中间。

3. 再把左侧的线从上面拉到中间。

4. 重复第 2 步，注意每次把外面的线当作活端。

5. 重复第 3 步，注意每次把外面的线当作活端。

6. 继续这种交替拉左右绳的编绳法，每一步都要拉紧。

7. 随时把下面的活端拉出来，以将下端出现的镜像（顺时针）辫绳解开。

8. 收紧绳结，并留下 1 个绳环。

9. 最后将活端从绳环中穿过。

锯齿形编织绳

这种方法可以把绳子缩短并编织成抗滑的、有装饰性的、平坦的编织绳，用做提梁或是系索。用粗糙的绳子（如图所示）可形成锯齿形的外观，用细线则可形成精致的梭织边。

1. 把两根绳的尾端系在一起。然后用左侧的绳绕着右侧的绳打 1 个半套结。

2. 再用右侧的绳绕左侧的绳打 1 个半套结。

3. 重复第 1 步，使新形成的套结与原来的套结紧靠在一起。

4. 重复第 2 步。在这个过程中，每一步都要用力收紧绳结。继续编织，直到编织足够的长度。

2 股的编织绳

这种 2 股的编织绳可呈现出 4 股的辫形，常用于装饰。制作时，可用同种颜色和尺寸的两根线，也可以用两根颜色相衬或对比明显的绳,以得到更好的效果。而且即使用不同材质的绳来编织也会很美观，只不过在编织时用力要更为小心。

1. 在两条绳中间各打 1 个绳耳，让两绳耳形成互锁的状态。

2. 把一个绳耳移到离另一绳耳根部一段距离的地方，要求移出的长度足够打所需的结。然后把两条绳如图分成左右 2 股。

3. 把左侧靠外的那条绳腿塞进（从后往前）右侧的绳耳中。

4. 用手分别捏住两条绳腿和绳耳，往两边拉开。

5. 重复步骤 3 ～ 4 直到绳耳的剩余部分只能允许绳腿再从中穿过 1 次。

6. 最后把活端塞入绳耳内固定绳结。

3 股的编织绳

这是最常见的编织绳，可用此法把细线编起来。马尾巴或人的头发都可用这种方法打成辫形。

1. 把 3 股线的尾端绑在一起，然后使其中一条位于左侧，另两条位于右侧。

2. 把最右边的 1 股线拉到中间。

3. 再把最左边的 1 股线拉到中间。

4. 重复第 2 步，每一步都要拉紧。

5. 重复第 3 步，在编织过程中用力要均匀，拉紧绳索。

6. 重复第 2 步，总是把 2 股线中最外面那股线作为活端。

7. 继续编辫子直到辫形绳到达足够长度。把尾端绑起来，防止散开。

4 股的编织绳

可将硬质的绳用此法编织成平坦的网状绳。

1. 在两条绳中间各打 1 个绳环，并令其互相交叉，然后把 4 股线分成左边的 2 条和右边的 2 条。

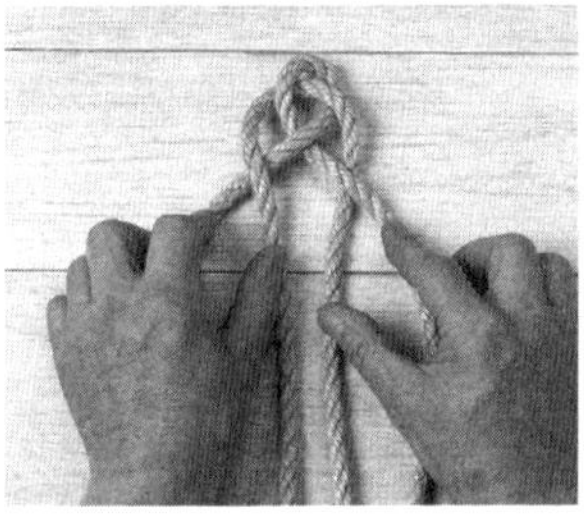

2. 令左边的两条线交叉，右边的两条线也交叉。

3. 然后交叉中间的2股线。

4. 重复第 2 步和第 3 步，并注意拉紧绳索。

5. 继续编织此绳，直到达到足够的长度，然后把尾端绑起来。

附录：术语表

安全工作荷载：绳索所能承受的估计荷载，应考虑各种会降低强度的因素所降低的强度（磨损和拉扯、损坏、因打结或其他用途使强度降低），大约是限额断裂强度的 1/7（见断裂强度）。

安全性：结的稳定性。

本绳：固定端和活端之间的绳索。

编织绳：这个术语可和辫绳互换。但这个术语一般指交织在一起的较为平坦的绳（见辫绳）。

辫绳：可与编织绳交换使用的术语，但通常指几股线交织起来，形成三维截面的绳（见编织绳）。

标记端：钓鱼线的活端。

吊索：连续的绳索、网带或皮带。

吊桶结：见血结。

断裂强度：制造商估计的绳索在折断前所能承受的荷载，一般用千克和吨来表示，不考虑磨损和拉扯，冲击荷载会大大减低强度（见安全荷载）。

对中：是作动词用，从对折绳索中找到绳的中点。

芳纶：第一种遇热不会熔化的人造（合成）纤维。不过因为它价格高昂，所以只用在特定的领域。

放置：绳股盘旋的方向，以见者的角度来看。不是顺时针的（右手系、Z 形），就是逆时针的（左手系、S 形）。

分类纤维：分级的天然纤维，强度和长度有限，主要由他们的植物来源决定；或是把连续的合成（人造）纤维切成不连续的纤维。

分裂薄膜：由塑料制成的带状的合成纤维。

固定端：绳上不经常使用的一端。

合成绳：由合成的单纤维丝、多纤维丝、分级纤维或分裂薄膜组成的绳索。

回环：指活端完全绕环、围栏、柱和绳 1 圈，回到本绳处（见线圈）。

回锁：指完成打结的最后一步时，把活端塞进去。没有这一步的话，绳结就会散开。

活端：绳索中经常使用的一端（见固定端）。

夹拧：在绳结中引起应力集中的点。

夹钳：用活端打 1 个绳耳并绕本绳形成 1 个临时的绳眼，再把活端几次塞进去缠绕起来的方式。

夹心绳：有绳芯的登山绳，通常把平行的纤维填充在紧密交织起来的绳壳里。

捆绑结：这种结是指把任何两条独立的绳捆绑在一起的结。

缆：任何 3 股的绳。

纽绞：因过紧的绳环而引起的一种

不利的变形。

强度：打结的绳完整的承受荷载的能力。

倾覆：指一个绳结因荷重过度、使用不当或是不小心收得太紧而使结扭曲。也有可能是因快速解开而引起的。

软置：任何柔软的绳索。

上手绳环：一种活端沿顺时针或逆时针转动，最后放在本绳上的绳环（见绳环）。

绳耳：一条绳两端之间松散的一段，特别是形成1个绳环后所留的空隙。

绳股：绳的主要组成成分，由反向扭转的纱制成。

绳环：有交叉的绳耳。

绳结：对止索结、绳环、缠结（包括套结和捆绑结）的专用术语，也指所有拴起来的绳。

绳索下口：见沿绳下滑。

绳头结：一种防止绳端散开的缠结。

绳芯：用纤维、纱、平置或编起来的材料来填充不希望出现的空间，例如在4股绳中心，或是为了获得所需的品质，如为获得强度弹性等而采用绳壳绳芯的形式。

绳眼：小的圆绳环。

绳肘：把绳交叉2次，形成的1个额外的扭曲绳环。

竖钩：见岩钉钢环。

缩帆：行船时，在遇强风时，缩小帆的面积以抵抗强风（作动词用），或是指帆上每个折痕或卷动（作名词用）。

索：严格来说三根右手系缆（以左手系平放）可制成一根9股索。这个术语可以泛指任何长度的大直径绳索。

套结：把线固定在如围栏、桅杆、柱、环或是另一条绳的结。

套索：可自由滑动、调节的绳环。

系结：用夹板或是大头针固定，经常是绕1个线圈，再打1个8字结（或2个），然后再绕1圈，通过这样的方法把船拴在固定位置上。或是把登山者拴起来，防止其坠落。

系索：一种短的绳索，用来拖拉、固定或悬挂物体。

下手绳环：一种活端置于本绳下的绳环。

线圈：绕索具、围栏、柱或绳扭转360°。

血结：最结实可靠的一种结，因为绕了很多的线圈，很受渔民、洞穴探险者和登山者的欢迎。（此结原来是用在手术中的，所以得此名。）

岩钉钢环：D形或梨形的金属抓环，有一个旋转的门，多为洞穴探险者或登山者使用。

沿绳下滑：登山者沿一端固定的登山绳下移。

硬置：硬的绳。

有效性：指绳上绳结的实际强度，通常用理论断裂强度的百分比来表示。

支承环：一个有孔洞的金属环或塑料环。

指向：拖拉活端的方向，可能是缠绕物体，也可能是穿过物体。

抓结：用于登山绳上的一种结，受到向下的力时会堵塞不动，但当重力移去时，可以向上滑动。